内蒙古主要草原类型区保护建设技术固碳潜力研究

侯向阳　丁　勇等　著

科学出版社
北　京

内 容 简 介

草原作为我国最大的陆地生态系统，其碳库潜力、影响碳积累的因素及在应对气候变化中的作用，越来越引起关注。本书在试验的基础上系统总结了在典型草原、草甸草原、荒漠草原和沙地草原等不同类型区不同保护利用措施对草原植被-土壤系统碳蓄积的影响，以及草原生态系统植被-土壤碳蓄积能力、增碳潜力等功能与生态条件的关系，揭示了内蒙古主要草原类型区土壤-植被系统碳储量分布特征及碳平衡规律，提出了不同草原类型区的固碳潜能和增碳潜力以及固碳增汇的关键技术方案。

本书可为从事草原学、生态学、土壤学、微生物生态学等专业的科研和教学人员提供参考。

图书在版编目(CIP)数据

内蒙古主要草原类型区保护建设技术固碳潜力研究 / 侯向阳等著.
—北京：科学出版社，2014
ISBN 978-7-03-042713-7

Ⅰ. ①内…　Ⅱ. ①侯…　Ⅲ. ①草原生态系统–碳–储量–研究–内蒙古
Ⅳ. ①S812

中国版本图书馆 CIP 数据核字(2014)第 282172 号

责任编辑：罗　静 / 责任校对：刘亚琦
责任印制：赵德静 / 封面设计：北京铭轩堂广告设计公司

科 学 出 版 社出版
北京东黄城根北街 16 号
邮政编码：100717
http://www.sciencep.com

中国科学院印刷厂印刷
科学出版社发行　各地新华书店经销
*
2015 年 1 月第　一　版　开本：787×1092 1/16
2015 年 1 月第一次印刷　印张：14　插页：4
字数：310 000

定价：98.00 元

(如有印装质量问题，我社负责调换)

著者名单

主著：侯向阳　丁　勇

著者：（以姓氏笔画为序）

丁　勇　王　珍　王　慧　杨婷婷　侯向阳　高　丽

萨茹拉　戴雅婷

资助项目

国家重点基础研究发展计划（973 计划）项目：

天然草原生产力的调控机制与途径（2014CB138800）

国家自然科学基金重点项目：

我国北方草原区气候变化适应性评价及其管理对策研究（70933004）

内蒙古自然科学基金重大项目：

内蒙古主要草原类型区保护建设技术固碳潜力研究（2010ZD08）

国家国际科技合作专项项目：

欧亚温带草原东缘生态样带建立及合作研究（2013DFR30760）

中央公益性科研院所基本科研业务费项目：

苏尼特右旗草原植被土壤碳储量研究

库布齐沙漠固沙灌木根际微生物的动态研究

鄂尔多斯高原沙地草原生态系统定位观测研究

序

在全球气候变暖的背景下，陆地生态系统的碳源/汇问题已经成为国际生态科学研究的热点问题之一，寻求到既保护大气环境、减少温室效应，又不阻碍社会经济发展的平衡点，已成为目前人类迫切要解决的问题。从解决的路径来看，在全球经济社会快速发展的今天，尤其是随着发展中国家经济发展水平的提高，在全球控制2度升温目标的过程中，温室气体的排放可能在一段时期内还会进一步增加，在降低温室气体排放强度的同时，继续增加温室气体吸收汇无疑是实现低碳发展的重要策略与手段。

草原是世界最广布的植被类型之一，约占全球陆地面积的1/3。我国草原面积约4亿hm^2，占国土面积的41.7%，其面积约为耕地面积的4倍、森林面积的3.6倍。草原是陆地生态系统的重要组成部分，也是目前人类活动影响最为严重的区域，其碳素行为很活跃，具有相当大的碳蓄积能力，这些潜在碳汇在全球碳循环中起着很大的作用。随着碳贸易市场的逐步形成，草原生态系统巨大的固碳潜力和碳汇价值将不断得到体现，而这一价值可能高于草原生产所创造的经济价值，因此，草原将在我国CO_2减排与固碳增汇战略中扮演重要的角色，承担重要的任务。

内蒙古草原主要分布于生态脆弱区，对人类干扰、气候和环境变化反应十分敏感。过去几十年里，由于各种原因，草原大面积退化，生态系统碳平衡被打破，碳固持能力严重衰退。随着国家对草原保护和建设的重视，有大量的直接或者间接的资金投入，希冀实现草原的恢复。那么，如何通过保护建设措施来实现草原的高效恢复和可持续利用，并从恢复和利用的过程中不断增强其碳汇功能，将是目前我们面临的亟待解决的重大科技问题之一。正值此时，我有幸先睹中国农业科学院草原研究所侯向阳研究员撰写的《内蒙古主要草原类型区保护建设技术固碳潜力研究》一书，读后欣喜万分。侯向阳研究员带领其团队植根草原，多年来专注于草原保护利用与退化草原的治理工作，在基础研究和应用基础研究方面取得了一系列重要进展，对推动我国草原科学的发展做出了积极的贡献，而该书是其团队近5年来取得的又一重要成果，该书对典型草原区、草甸草原区、荒漠草原区和沙地草原区不同保护利用措施对草原植被-土壤系统碳蓄积的影响进行了深刻总结，理清了草原生态系统植被-土壤碳蓄积能力、增碳潜力等功能与生态条件的关系，揭示了内蒙古主要草原类型区土壤-植被系统碳储量分布特征及碳平衡规律，核定了不同草原类型区的固碳潜能和增碳潜力并提出了固碳增汇的关键技术方案。

据我所知，如此全面系统地针对我国北方草原不同类型区进行碳平衡和固碳潜力研究，在国内尚属少见，将成果梳理撰写成书以期为业内各方学者提供参考和依据，弥足珍贵。该书的出版必将会推动我国草原生态系统碳平衡机理以及碳汇管理的研究和实践发展。所以欣然撰此序以代贺。

林而达

2014年7月于北京

前　言

我国草原面积广大，是祖国北疆重要的生态屏障，也是全国重要的草原畜牧业生产基地，其生态与生产功能举足轻重，无可替代。由于气候变化和人类不合理的利用，草原退化严重，植被生产力衰减，生态与生产功能不断下降。国家和地方十分重视草原的保护与建设。近年来，针对不同生态类型区特点，中央和地方政府实施了一系列的草原保护政策和建设措施，研发了许多草原科学利用的新技术，试图实现我国草原在“保护中利用、利用中恢复”。

生态系统“碳”的研究已经成为应对气候变化、实现区域可持续发展理论与实践中最受关注的焦点之一。“碳素”作为与生态系统生产功能和生态功能密切相关，且又对气候变化产生反馈效应的因子，将在当前和未来相当长一段时期内指导人类科学利用生态系统。本研究主要面向我国北方温性草原的不同生态类型区，包括典型草原区、草甸草原区、荒漠草原区和沙地草原区，针对草原生态保护和生产利用中的主要措施及技术，开展生态系统碳循环与碳平衡的研究，比较不同保护建设技术对草原植被-土壤系统碳蓄积的影响，分析代表性生态类型区的固碳潜能和增碳潜力，提出草原生态保护建设与科学利用可采取的关键技术措施方案，为我国自然生态系统保护和草原畜牧业永续发展决策提供重要的依据。

通过研究，获得如下主要结论：

(1) 以典型草原为例，研究了围封、刈割和不同放牧强度下草原土壤-植被的有机碳分布与碳储量。典型草原不同利用方式和放牧强度下植物碳含量较稳定，为 42%~44%，接近国际上通用的植物碳转换率 45%；地上、地下植物碳密度随利用强度的增强而减少，且两者之间有极显著相关性($P<0.01$)。不同利用方式和放牧强度下 0~100cm 土壤有机碳密度为 8.77~17.73kg/m^2，适度放牧利用有益于典型草原植被-土壤系统碳蓄积，碳密度为 13.53~16.82kg/m^2；在典型草原区域内，利用方式和放牧强度对土壤有机碳密度的影响大于空间差异；土壤有机碳的垂直分布呈显著的递减规律，基于不同退化程度之间的较大差异，可以用对数关系描述土壤碳密度与土壤深度之间的关系，即不退化草地 $y = 0.5685\text{Ln}(x)+3.118\ (R^2 = 0.849)$，轻度放牧退化 $y = 0.6943\text{Ln}(x)+3.843\ (R^2 = 0.833)$，中度放牧退化 $y = 0.4932\text{Ln}(x)+3.265\ (R^2 = 0.825)$，重度放牧退化 $y = 0.553\text{Ln}(x)+3.217\ (R^2 = 0.902)$。研究结合植被法与模型法估算了内蒙古锡林郭勒盟典型草原植被-土壤系统碳储量为 1.51Pg，其中 96%的碳储存在土壤当中。通过不同利用方式和利用强度的比较，研究认为内蒙古典型草原现实草地固碳潜能以中度退化下植被-土壤系统碳储量(17.73kg/m^2)为参照，估算出锡林郭勒典型草原不退化、轻度退化和重度退化草原单位面积和区域增碳潜力分别为 3.87kg/m^2、1.35kg/m^2、2.71kg/m^2 和 3.24Tg、16.83Tg、115.86Tg，区域总增碳潜力为 135.93Tg。

(2) 草甸草原不同放牧退化程度植被-土壤系统碳密度的研究表明，植物碳含量在不同退化程度下的变化范围 31%~45%，总体表现为中度退化下植物碳含量高于围封、轻度退化和重度退化的规律。植物碳密度由于现存生物量的贡献，呈现出随着退化程度的增加而减少的趋势。0~100cm 土壤有机碳密度变化范围为 5.26~30.57kg/m^2，其垂直分布呈显著递减规律，不同退化程度草地土壤碳密度没有表现出明显的一致性规律。草甸草原土壤固碳潜力为 30.57kg/m^2(10 年以上围封样地为最高参照)，增碳潜力可达 7.33~25.31kg/m^2，其增碳潜能大于典型草原。

(3) 不同植被群落、不同放牧制度及强度影响了荒漠草原的碳平衡和碳储量。对比不同降水年型下(2009 年、2010 年以及 2012 年)围封禁牧、自由放牧和划区轮牧对土壤呼吸差异，可以进一步揭示放牧制度的生态效应。结果显示，围封禁牧的土壤呼吸值 3 个年份均为最高的，相比围封禁牧，自由放牧和划区轮牧土壤呼吸值分别下降了 23.0%和 14.1%；生长季，不同放牧制度下草原植被-土壤系统表现为碳汇。但是，长期围封会通过土壤呼吸排放大量的碳，进而影响土壤碳蓄积；在干旱的年份，自由放牧和划区轮牧显著降低了生态系统的土壤呼吸速率，而在降水量充足的年份，各处理间没有明显差异。年内降水资源分配影响着植被-土壤系统的有机碳储量动态。以荒漠草原小针茅群落为例，地上、地下生物量受生长季降水分配的影响明显，不同降水分配下其变化曲线呈多态特征，土壤有机碳的季节变化呈单峰型曲线。从 5 月份开始土壤有机碳逐渐增加，到 7 月底达到峰值，8 月、9 月又逐渐降低，0~10cm 土层地下生物量和土壤有机碳呈显著正相关。不同植被类型植被-土壤的碳密度差异显著，以苏尼特荒漠草原为例，区域土壤平均碳密度为 14.63kg/m^2，其中短花针茅草原的土壤碳密度最高，为 18.69kg/m^2，红砂、珍珠柴草原化荒漠的土壤碳密度最低，仅为 4.36kg/m^2。另外，基于小针茅、无芒隐子草群落的放牧强度试验结果显示，地上生物量和地下生物量均随放牧强度增加而显著减小，随着土层深度的增加，地下生物量均呈明显降低趋势。以围封禁牧为对照，轻度放牧下荒漠草原土壤有机碳有所增加，中度放牧、重度放牧和极重度放牧下土壤有机碳较对照区均有不同程度降低，这进一步说明轻度放牧有利于土壤有机碳的积累。加强管理，恢复退化草地可有效增加草地植被-土壤有机碳储量。内蒙古苏尼特右旗小针茅草原面积为 9893km^2，以中度放牧为管理标榜，其地上植被、根系和土壤的增碳潜力分别可达 0.17Tg、0.53Tg 和 2.34Tg。

(4) 基于对不同保护利用方式及不同植被恢复模式下沙地草原生态系统碳的相关研究发现，围封禁牧和自由放牧地油蒿群落植被-土壤系统碳密度分别为 2.30kg/m^2 和 2.68kg/m^2，围封禁牧和自由放牧地植被碳密度和土壤有机碳密度在生长季差异不显著。随着植被恢复演替的推进，植被-土壤系统碳密度增大，流动沙地、半固定沙地和固定沙地植被-土壤系统碳密度分别为 1.13kg/m^2、1.70kg/m^2 和 2.58kg/m^2。与围封禁牧相比，自由放牧方式下无论在季节尺度上还是在日变化尺度上，土壤碳通量波动都变大。不同沙地恢复植被土壤微生物量碳差异显著，苜蓿地土壤微生物量碳最高，其余依次为固定沙地油蒿群落、中间锦鸡儿群落、半固定沙地油蒿群落。另外，研究还显示土壤微生物量碳与土壤呼吸、含水量和有机碳含量之间具有极显著相关关系。不同围封演替阶段油蒿草地碳储量为固定沙地 37.86Tg C、半固定沙地 26.55Tg C、流动沙地 15.79Tg C、鄂尔多斯高原沙地油蒿草场碳储量为 80.20Tg C。以固定沙地为参照，鄂尔多斯高原油蒿草场植被-土壤的增碳潜力为0.88~1.45kg/m^2，油蒿草场增碳潜力约为76Tg。轻度自由放牧对固定沙地油蒿草场碳密度也有一定影响，轻度放牧利用有助于土壤-植被的碳蓄积。

总体来看，不同草原类型固碳潜力的大小关系为草甸草原(30.57kg/m^2)>典型草原(18.51kg/m^2)>荒漠草原(以小针茅草原为主要代表类型)(15.84kg/m^2)>沙地草原(2.58kg/m^2)；单位面积增碳幅度，草甸草原为0~25.31kg/m^2，典型草原为0~3.87kg/m^2，沙地草原0~1.45kg/m^2；区域增碳潜力，典型草原为1.26kg/m^2，荒漠草原约为0.31kg/m^2，沙地草原为0.20kg/m^2；草甸草原多年围封有利于系统的碳固持，而典型草原、荒漠草原和沙地草原应采取适度的放牧利用措施。

本书在编写的过程中，侯向阳研究员和丁勇博士统筹规划，精准把握全书脉络与布局，组织团队将研究成果梳理总结并撰写成稿。第一章主要由侯向阳、戴雅婷、高丽撰写，第二章主要由萨茹拉撰写，第三章主要由萨茹拉、侯向阳和丁勇撰写，第四章主要由杨婷婷撰写，第五章主要由高丽、戴雅婷共同撰写。此外，参与撰写的人员还有王珍、王慧等。

本书的出版，是集体劳动与智慧的结晶，我们衷心希望本书能为从事草原生态系统碳循环研究工作的学者提供一定的参考。由于学术水平有限，书中难免有疏漏之处，期待有关专家和广大读者给予指正。

作　者

2014年7月20日

目　　录

第一章　草原碳储量与固碳潜力研究进展

第一节　陆地生态系统碳储量研究趋势和热点

一、陆地生态系统碳储量研究现状

《联合国气候变化框架公约》将气候变化定义为“经过相当一段时间的观察，在自然气候变化之外由人类活动直接或间接地改变全球大气组成所导致的气候改变”(IPCC，2007)。IPCC 第五次评估报告(AR5)采用大量、独立的数据进一步明确了自工业革命以来，化石燃料的燃烧、土地利用变化等人类活动导致大气中 CO_2、CH_4、N_2O 浓度显著增加，CO_2 浓度累计增加了约 40%，CH_4 增加了 150%，N_2O 增加了 20%(Ciais *et al.*，2013；於琍和朴世龙，2014)。AR5 报告指出，相对于 1961~1990 年，1880~2012 年全球地表平均温度约上升了 0.85℃；1971~2010 年海洋上层(0~700m)已经变暖；1979~2012 年，北极海冰面积以每十年 3.5%~4.1%的速度减少；随着气候变暖，高温热浪将变得更加频繁，且持续时间更长，湿润地区将有更多降水，而干旱地区的降水将变得更少；未来极端性天气气候事件的发生概率可能将进一步增加，而人类则需要更多的应对措施来避免自己受到不利的影响(中华人民共和国中央人民政府，2013)。为了阻止温室气体的增多，世界各国都在积极行动。《联合国气候变化框架公约》及《京都议定书》的签订得到了世界上许多国家的支持，促进了一系列国家政策的出台，创建了全球碳市场和新的体制机制。

地球系统碳循环是连接诸如温室气体、全球变暖和土地利用等重大全球变化问题的纽带(陈泮勤等，2008)。全球碳循环与气候变化的关系密切，使得地球系统的碳库变化和碳循环过程机制问题成为气候变化成因分析、变化趋势预测、减缓和适应对策等全球变化科学研究中的基础问题，并受到科技界和国际社会的广泛关注(于贵瑞等，2011)。参与碳循环过程的主要碳库包括大气、海洋、陆地生物圈、土壤和沉积物(钟华平等，2005)。研究表明，人类活动排放的 CO_2 有一半以上被陆地和海洋生态系统所吸收，但其大小和分布存在显著的不确定性，且年际差异巨大。全球生态系统碳源汇的时空不确定性主要来自陆地，因为相对于较为均一的海洋，陆地生态系统更为复杂多样(方精云等，2010)。

陆地生态系统的碳储量是研究陆地生态系统与大气碳交换的基本参数，也是估算陆地生态系统吸收和排放含碳气体数量的关键要素(Valentini，2000)。准确了解当前各种生态系统碳储库的大小、位置、碳排放和碳吸收通量，并切实评估不同类型植被和土壤的碳存储能力，是制定合理政策措施，提高世界植被和土壤的碳吸收速度，增加陆地碳存储量的基础(吕超群和孙书存，2004；Robin *et al.*，2000)。陆地碳库主要以 3 种形式存在：植物碳库、土壤有机碳库和凋落物碳库。全球陆地植被碳库在 420~830Pg C，凋落物在 70~150Pg C，土壤碳库是最大的碳库，在 1200~2000Pg C，是植被碳库的 1.5~3 倍。因此，土壤碳库在全球碳循环中起着更大的作用(于贵瑞等，2003)。

从全球不同植被类型的碳储量情况来看，陆地生态系统碳储量主要在森林地区(Falkowski *et al.*，2000)，森林生态系统中储存的总碳量约为 854~1505Pg C，其储存了全球 80%以上的地上碳储量和 40%左右的全球土壤碳储量(王棣等，2014；IPCC，2000)。全球森林生态系统碳储量变化有以下几个规律：森林植被的碳密度随纬度的升高而降低，而土壤碳密度则相反；全球森林土壤碳储量约为植被碳储量的 2.2 倍(Dixon *et al.*，1994)。全球草地生态系统中碳的总储量约为 308Pg C，其中约 92%(282Pg C)储存在土壤中，地上生物量中的碳所占的比例不到 10%(26Pg C)(张英俊等，2013；Schuman *et al.*，2002)，草地的植被碳储量也基本随纬度升高而降低，而土壤碳储量则相反(吕超群和孙书存，2004)。全球湿地生态系统中碳的总储量约为 77Pg C(曾掌权等，2013)，全球湿地碳储量的绝大多数储存在泥炭地中，而 90%的泥炭地分布在北半球温带及寒冷地区(Eino，1996)。IPCC 的报告估计，在未来的 50~100 年中，农田土壤可固定碳 40~80Pg C，由于土地利用变化，导致碳释放量为 1.1Pg C，它远小于农田的碳储量(王春权等，2009)。

从不同的气候带来看，碳蓄积主要发生在热带地区，全球 50%以上的植被碳和近 1/4 的土壤有机碳储存在热带森林和热带草原生态系统，另外约 15%的植被碳和近 18%的土壤有机碳储存在温带森林和草地，剩余部分的陆地碳蓄积则主要发生在北部森林、冻原、湿地、耕地及沙漠和半沙漠地区，这与全球碳密度的空间分布格局相一致(遇蕾和任国玉，2007；陶波等，2001；Watson and Verardo，2000)。从全球来看，陆地生态系统土壤有机碳主要储存在北半球，特别是在气候变化背景下最为脆弱的区域——永久冻土区(寒带湿润区)，土壤有机碳储量最高，与之相反，植被碳储量最高值出现在热带湿润区(表 1-1)(Jörn *et al.*，2014)。

表 1-1　陆地生态系统碳储量沿气候区分布特征(单位：Pg C)

气候区	植被碳储量	土壤有机碳储量	总碳储量
热带潮湿区	140.2	128.0	268.1
热带湿润区	151.7	150.9	302.6
热带干旱区	42.5	136.2	178.7
热带山地	40.5	56.1	96.6
暖温带湿润区	28.7	63.0	91.7
暖温带干旱区	24.2	78.5	102.7
寒温带湿润区	28.5	210.3	238.8
寒温带干旱区	9.1	102.2	111.3
寒带湿润区	23.5	356.7	380.2
寒带干旱区	5.1	69.1	74.2

续表

气候区	植被碳储量	土壤有机碳储量	总碳储量
极地湿润区	2.2	52.4	54.5
极地干旱区	0.5	12.3	12.8
合计	496.6	1415.7	1912.2

注：来自 Jörn *et al.*，2014。

中国陆地生态系统是一个巨大的碳库，在全球碳循环及全球气候变化中起着相当重要的作用(王绍强和周成虎，1999)。中国学者们对中国陆地生态系统碳储量进行了大量的研究，并取得了若干重要成果。根据已有的研究结果，中国陆地生态系统碳储量在 95.99~191.79Pg C，植被碳储量在 6.1~57.9Pg C，土壤有机碳储量在 50~185.69Pg C(表 1-2)。不同研究采用的估算方法主要有两种：一种是采用资源清查数据和植被面积进行计算，另一种是采用模型进行估算(Yu *et al.*，2010)。中国不同植被类型的碳储量由大到小顺序为：草地、森林、农田、灌丛、荒漠、湿地，其中草地、森林、农田三大生态系统碳储量占中国陆地生态系统碳储量的近 80%(表 1-3)。在草地、灌丛、荒漠、湿地生态系统中，90%以上的碳储存在土壤中，只有在森林和农田生态系统中，植被碳储量所占比例超过了 10%。

表 1-2　中国陆地生态系统碳储量估算(单位：Pg C)

文献来源	植被碳储量	土壤有机碳储量	生态系统碳储量
方精云等，1996	6.1	185.69	191.79
Peng and Apps，1997	57.9	100	157.9
王绍强等，1999	—	100.18	—
潘根兴，1999	—	50	—
Ni，2001	35.23	119.76	154.99
李克让等，2003	13.34	82.65	95.99
解宪丽等，2004	—	84.14	—
黄玫等，2006	14.04	—	—
Ji *et al.*，2008	13.74	82.77	96.51
Yu *et al.*，2010	13.71	84.24	97.95

注：来自 Yu *et al.*，2010。

表 1-3　中国不同植被类型碳储量

植被类型	植被碳储量/(Pg C)(占生态系统碳储量百分比)	土壤有机碳储量/(Pg C)(占生态系统碳储量百分比)	生态系统碳储量/(Pg C)	占全国碳储量百分比/%
森林	7.47(25.09%)	22.31(74.94%)	29.77	26.69
草地	2.52(5.54%)	43.00(94.48%)	45.51	40.79

续表

植被类型	植被碳储量/(Pg C)(占生态系统碳储量百分比)	土壤有机碳储量/(Pg C)(占生态系统碳储量百分比)	生态系统碳储量/(Pg C)	占全国碳储量百分比/%
灌丛	0.85(8.54%)	9.10(91.46%)	9.95	8.92
农田	2.00(15.17%)	11.18(84.83%)	13.18	11.81
荒漠	0.47(5.62%)	7.89(94.38%)	8.36	7.49
湿地	0.24(4.99%)	4.57(95.01%)	4.81	4.31
合计	13.56(12.15%)	98.03(87.86%)	111.58	

注：来自 Yu *et al.*，2010。

中国陆地生态系统的碳储量分布状况与全球陆地生态系统碳储量空间分布的规律在大体上是吻合的。这表现在中国东部地区，由热带雨林向北到北方针叶林之前植被碳储量基本随纬度升高而降低，土壤碳储量随纬度升高而增加。但由于气温、降水、季风和地形等区域条件的影响，中国陆地生态系统的碳储量格局又有其自身的独特之处(吕超群和孙书存，2004)。中国东北地区的寒温带、温带山地针叶林植被碳储量很高；北部地区植被和土壤碳储量具有随经度减小而递减的趋势；在我国中西部之间具有一条过渡带，与腾冲-黑河人口分界线平行，植被和土壤碳储量在界线两旁差异是比较大的；在西部地区则呈现随纬度减小而增加的趋势(王绍强等，1999)。

二、陆地生态系统碳储量研究存在的问题

20 世纪 70 年代，由国际地圈-生物圈计划发起了全球碳循环研究，紧接着 IPCC 第一次评估报告的发布和《联合国气候变化框架公约》、《京都议定书》的签订，极大地促进了全球范围内碳循环的研究(Yu *et al.*，2010)。尤其是近 20 年来，来自世界各地的学者们对陆地生态系统碳储量进行了大量的研究，取得了一些卓有成效的成果。这些研究结果让人们对陆地生态系统碳储量的大小及分布有了一定的认识。但是，陆地生态系统碳储量的估算研究仍然存在较大的不确定性。不确定性的来源主要有：土地利用/覆盖变化(LUCC)、气候变化、管理措施、深层土壤有机碳储量和估算方法。

土地利用/覆盖变化(LUCC)是估测陆地生态系统碳储量中最大的不确定因素(陈广生和田汉勤，2007；Levy *et al.*，2004；King *et al.*，1995)。土地利用/覆盖变化会对生态系统的结构和功能产生很大影响，并改变生态系统的小气候状况以及物理化学性质，从而影响凋落物的质量(碳氮比、单宁和纤维素含量等)和分解速率、土壤生物(动物和微生物组成)、土壤物理结构(砂砾、黏粒、粉粒组成以及土壤黏聚体结构)、土壤碳、氮、水含量、土壤有机质质量(易分解和不易分解的有机质比例)等(陈广生和田汉勤，2007)。因此，土地利用/土地覆盖形式由一种类型转换为另一种类型会伴随着大量的植被和土壤碳存储的变化(Foley *et al.*，2005；Watson *et al.*，2000)。研究表明，由于原始林转化为次生林或森林生态系统退化以及森林或农田转化为草地和农田等，发生在低纬度森林区域的土地利用/覆盖变化已经造成每年大约(1.65±0.4) Pg C 释放到大气中(Dixon *et al.*，1994)。由于耕种措施的采用，农田土壤有机质的分解速率加快，因此，无论是草地还是森林转化为农田后，土壤的碳储量都会减少(Houghton and Goodale，2004；Guo and

Gifford，2002)。在湿地逐渐旱化过程中，尽管植被生物量碳可能增加(例如，草地湿地转化为林地)，但是除了一些沙质和裸露湿地外，大多数情况下，都会造成更多的土壤碳释放到大气中(Mitra *et al.*，2005)。

气候变暖通过影响生态系统净第一性生产力(NPP)和土壤呼吸(R_h)对植被碳库和土壤碳库产生影响，同时还可以改变凋落物的产量及分解速率(徐小锋等，2007)。一般认为，气候变暖可增加植被碳库，还可增加凋落物的量，影响陆地生态系统的碳源和碳汇，全球陆地生态系统表现为一个很弱的碳源，同时碳循环的速率加快。随着全球气候变暖，这种趋势变得更加明显(王春权等，2009；徐小锋等，2007)。不同的生态系统土壤对气候变暖的响应是不同的。一般认为，热带土壤有机碳含量相对较低，气候变暖条件下，土壤释放碳的作用不强，而植物地下碳库进入土壤的作用比较强。所以，气候变暖最终导致土壤碳库的增加。而在高纬地区，气候变暖将导致土壤碳的大量损失，并大大超过因为气候变暖所导致的碳增加量，使土壤表现为碳源。这其中气候变暖对高纬度地区土壤碳库的影响最大(Keyser *et al.*，2000)。

不同的管理措施也会造成陆地生态系统碳储量的变化。在巴西亚马逊的马瑙斯(Manaus)地区研究发现，良好的管理方式使草地土壤中碳储量有所增加；相反，没有良好的管理甚至不管理的草地土壤碳储量严重下降(Cerri *et al.*，1991)。可能原因是良好的草地管理措施使草的根系能够生长到更深的土壤，由于深层土壤的根系分解速率较慢，这些根系就保留在土壤中成为土壤有机质的一部分，从而增加土壤的碳储量(Nepstad *et al.*，1991)。森林转化为草地后，如果不进行管理，全球热带地区 0~40cm 深度内的土壤碳储存将减少 20%(Detwiler，1999)。Canadell 等(2002)指出，如果采用最佳的管理措施，仅全球农田土壤每年就能增加 0.4~0.8Pg C 的固碳量。管理对土壤碳储量的增加具有重要影响(Eden *et al.*，2005)。除了农业、林业和草地管理措施，其他措施如湿地保护、增加城市森林面积、荒漠地带植被保护或栽种、适当火烧、苔原/冻土的保护等都可以增加系统碳固定或减少碳损失。

目前，陆地生态系统土壤碳储量估算中均采用 1m 深度的土壤剖面数据，这对于大多数矿物质土来说是适宜的。因为，在矿物质土中有机碳含量随着深度的增加而降低；但是，对于有机质土来说是不适宜。因为，深层有机质土有机碳含量很高(Jörn *et al.*，2014)。例如，分布于苔原和热带地区的泥炭土 3m 深度和 11m 深度土壤碳储量分别高达 1672Pg C(Tarnocai *et al.*，2009)和 89Pg C(Page *et al.*，2011)，是 1m 深度全球土壤碳储量估算值的 2 倍。还有研究表明，采用 3m 深度土壤剖面数据估算的碳储量值是 1m 深度土壤碳储量估算值的 1.5 倍(Jobbágy and Jackson，2000)。深层土壤碳库还可能受土地利用/覆盖变化的影响(Fontaine *et al.*，2007)。

不同的研究采用的估算方法不同，也是导致陆地生态系统碳储量估算值差异较大的重要原因。例如，由于不同的全球植被碳储量研究结果是基于不同的模型和驱动数据进行独立模拟所得出的，各模型的过程机理有很大不同。因此，各研究结果具有一定程度上的差异(表 1-4)(孙晓芳等，2013)。例如，LPJ-DGVM 假定养分元素如氮、磷、钾等供应充足，植物生长中不受这些养分元素的限制，而实际上生态系统碳蓄积的过程通常会受到养分元素尤其是氮元素的限制。因此，导致该模型对植被碳储量的模拟结果偏大

(孙晓芳等，2013)。与陆地生态系统植被碳储量估算研究相比，土壤碳储量的估算方法中存在更大的不确定性(Jörn *et al.*，2014；陶波等，2001)。土壤碳储量的估算中的不确定性主要来自以下几个方面：第一，土壤分类系统的不统一，采样方法的差异，以及选用不同的土壤碳蓄积量计算方法和参数估计方法使目前的土壤碳蓄积量的估算存在极大的不一致，土壤实测数据不充分和缺乏连续、可靠、完整、统一的土壤剖面数据也使碳储量量测的可行性大打折扣(Yang *et al.*，2014；王绍强等，2000)；第二，土壤碳氮含量、质地、容重、根量等理化性质存在很大的空间差异，气候、母岩、植被和土地利用对土壤碳库容量的综合影响也很难确定(Jörn *et al.*，2014；王绍强等，2003)；第三，由于数据来源、模型类型、输入参数等不同造成不同的模型估算结果存在较大差异。例如，最近有学者比较了采用 11 个不同模型估算全球土壤有机碳储量的结果，表明全球土壤有机碳储量估算值在 510~3040Pg C(Todd-Brown *et al.*，2013)。

表 1-4 不同模型模拟的全球植被碳储量

模型	全球植被碳储量/(Pg C)	文献来源
LPJ	923	孙晓芳等，2013
BIOME	785	Prentice *et al.*，1993
IBIS1	550	Foley *et al.*，1996
CEVSA	741	Cao and Woodward，1998
IBIS2	557.4	Kucharik *et al.*，2000
Review	500~950	Cramer *et al.*，1999
CASA	651.1	Potter *et al.*，1999
SDGVM	500~550	Woodward and Lomas *et al.*，2004
ORCHIDEE	641	Krinner *et al.*，2005

注：来自孙晓芳等，2013。

三、陆地生态系统碳储量研究趋势和热点

针对陆地生态系统碳储量研究中存在的问题及不确定性，在今后的陆地生态系统碳储量研究应加强以下研究。

(一)土地利用/覆盖变化对陆地生态系统碳储量的影响

由于土地利用/覆盖变化对生态系统碳储量的影响涉及人类活动，因此，土地利用/覆盖变化预测模型(模拟人为因素造成的土地利用/覆盖变化)、植被动态模型(模拟自然因素引起的自然植被覆盖变化)和生态系统过程模型(模拟土地利用/覆盖变化造成的生态系统碳、氮、水和能量过程变化)三者的结合是未来的发展趋势(陈广生和田汉勤，2007)。

(二)气候变化对陆地生态系统碳储量的影响

关于陆地生态系统对气候变暖的响应，已有大量的模型被用于研究。但是，由于

气候系统的复杂性与碳循环的复杂性，以及它们之间的复杂关系与双向反馈作用，目前的模型均存在不同程度的缺欠。结合先进的研究手段，跨时间和空间尺度研究陆地生态系统碳循环过程对气候变暖的响应与反馈是未来该领域研究的主要方向(徐小锋等，2007)。

(三)管理措施对陆地生态系统碳储量的影响

合理管理措施的应用能够显著降低土地利用/覆盖变化造成的碳释放量或增加陆地生态系统的固碳量。鉴于人为因素影响的复杂性，目前管理措施影响生态系统碳储量的定量化研究还很少，有待于今后开展更多的长期试验和进一步改进管理措施影响生态系统碳储量的定量化模拟(陈广生和田汉勤，2007)。

(四)深层土壤碳储量研究

目前的陆地生态系统土壤碳储量研究多采用 1m 深度的土壤剖面数据，导致陆地生态系统土壤有机碳储量的低估。土地利用变化和农牧业管理对深层土壤有机碳变化具有重要影响，但目前观测数据较少，且缺乏系统性研究。今后应加强深层(>1m 深度)土壤有机碳储量的研究，以减小陆地生态系统土壤有机碳储量估算中的误差。

(五)估算方法的改进

由于不同的估算方法导致陆地生态系统碳储量研究结果存在较大差异。今后着力于建立适用于全球或区域等不同尺度上的多个土壤分类系统，推进观测采样和度量计算方法的规范化完善化，扩充研究地点，积累更为连续完整的土壤调查数据，做好不同时空尺度上数据的整合和集成工作，考虑多方面影响因子的综合作用，提高对土壤碳储量估测的准确性。

在分析植被碳储量与气候变化的关系时，要分区域进行，根据不同地区的自然环境条件分析气候变化对植被碳储量的作用，不能一概而论。例如，在植物生长受温度影响较大的北美洲森林和草原区以及欧亚大陆草原区，植被碳储量对温度和降水的增加反应敏感，而在南美洲的热带雨林区，温度和降水的增加并没有使植被碳储量产生相应的增加趋势，这主要是由于光照是该地区植物生长的关键限制因素(孙晓芳等，2013)。

基于对碳存储过程限定性的不同理解和各个影响因子的不同参数化条件，每一个模型的建模机理和参数选用都存在着差异。因此，各模型的适用范围和有效性也各不相同。由于陆地生态系统的类型、性质、分布面积及其所处的气候土壤等自然地理特点，以及它们对气候变化的反应特性都存在较大的空间差异性，使得任何一个模型都不能满足所有时空尺度上的碳储量计算，每个模型的估算及预测能力都存在不足和缺陷。因而，在特定地区完善和改良现有的用于模拟分析碳储量的各类模型，提高参数的易获取性和有效性，减少模拟结果的不确定性，增加模型间的可比性是目前的建模工作亟待解决的问题(吕超群和孙书存，2004)。

第二节 草原碳储量及固碳潜力研究趋势

草地碳储量包括地上生物量碳储量、凋落物碳储量、地下生物量碳储量和土壤碳储量。其中，地下生物量碳储量和土壤碳储量占据了草地碳储量的绝大部分。1983 年，Olson 的研究表明世界草地碳储量为 486.1Pg C，其中土壤碳储量占 89.63%(Olson，1983)。2000 年，Prentice 对世界草地生态系统碳储量进行了二次估算，结果为 279Pg C，显著低于 Olson 对草地碳储量的估算结果(Prentice *et al.*，2000)。估算结果的不同可能是由于所用的数据源和估算方法不同引起的，另外，也与草地生态系统的演变和退化关系密切。

而我国学者针对中国陆地生态系统碳储量的估算结果同样存在较大差异。李克让等利用生物地球化学模型对中国陆地生态系统碳储量进行了估算，结果为 959.8Gt C，其中，植被和土壤碳储量分别占 13.89%和 86.11%(李克让等，2003)。王绍强等采用第二次全国土壤普查数据资料估算了我国土壤有机碳总储量为 924.2Gt C(王绍强等，2000)。方精云等多年的研究成果表明，我国草地土壤有机碳储量占草地生态系统总碳储量的 96.6%，且近二十年来，我国草地碳储量未发生显著变化(方精云等，1996；Fang *et al.*，2007)。由此可见，中国陆地生态系统是一个巨大的碳库，对于全球碳循环具有重要作用。而草地生态系统对气候变化以及人为干扰更为敏感。目前，对草地生态系统碳储量的估算由于数据来源不同以及所用的分类系统不同而存在较大差异，尤其是地下生物量实测数据缺乏，使草地生态系统碳储量的估算存在较大不确定性。

一、植被碳储量

植被碳储量对于评价生态系统结构功能具有重要作用。植被生物量的研究对于碳循环具有重要意义(Zheng *et al.*，2004；Brown *et al.*，1999)。目前，区域尺度下植被生物量的估算方法主要有 3 种，即实地调查测定、遥感反演和模型模拟。实地调查测定的方法耗费人力、财力、物力和时间，且尚未形成统一的方法和标准。由于只能获得少数样本，因此缺乏代表性(Hese *et al.*，2005)。Dong 等(2003)运用地面森林清查资料与 NDVI 建立回归模型估算了区域尺度下陆地植被生物量。Myneni(2001)基于遥感影像并结合实地调查数据，估算出北方森林植被碳储量。李克让等(2003)利用 CEVSA 模型模拟了我国植被碳储量。Ni(2001)曾运用碳密度方法对全国各草地类型碳储量进行估算，中国草地生态系统碳储量为 44.09Pg C，沼泽和温带草甸草原的植被碳密度相对较大。方精云等(1996)根据文献中报道的草地清查资料以及地下和地上部分比例系数估算了我国草地约含碳 1019Tg C。朴世龙等(2004)利用我国草地资源清查资料并结合同期的遥感影像，建立了基于遥感数据的我国草地植被生物量估测模型，同时利用模型研究了我国草地植被生物量的空间分布特征，我国草地总生物量碳为 1044.76Tg C。马文红等(2006)运用实地调查数据，对内蒙古温带草原不同草地类型的碳密度进行了研究，草甸草原的碳密度最高，其次为典型草甸草原，而荒漠草原的碳密度最低。李裕元等(2007)的研究发现，位于干旱区的黄土高原草地水土流失严重，其碳密度与荒漠地区相近，两个地区的固碳潜力都较弱。以上众多研究结论存在差异，原因是植被碳储量受地理位置以及水热条件等因子影响较大。

二、土壤碳储量

(一) 草原土壤碳储量研究现状

国外对土壤有机碳的研究相对较早，但早期主要偏重于对其肥力特征的定性和定量研究。随着科学技术的发展，许多学者陆续开展了土壤有机碳动态以及碳循环驱动因素等方面的研究。Ajtay 等(1979) 曾经估算全球草地生态系统的碳储量是整个陆地生态系统总碳储量的 15.2%，有 89.4%储存在草地土壤中。而在稍早的研究中 Whittaker 和 Li-kens(1975) 估算的草地生态系统的碳储量为 266Pg C，约为全球陆地生态系统的 12.7%。土壤有机碳库估算的研究在我国碳循环的研究中占有重要地位，众多学者开展了大量研究工作并取得了显著的成果。程励励等(1994) 估算了内蒙古地区 0~20cm 深度土壤有机碳储量为 33.7t/hm^2，与太湖地区的估算结果接近。方精云等(1996) 对中国土壤有机碳总储量的估算结果为 185.7Pg C，其中的 21%在青藏高原。王艳芬等(1998) 和李凌浩等(1998) 分别研究了人类活动对锡林郭勒盟主要草地类型土壤有机碳分布的影响。

土壤碳循环的动态研究一般采用相关关系模型、机理过程模型以及基于实测数据和遥感数据的模型等。该法对于研究大尺度碳循环比较理想，产生了 MIAMI 模型、CENTURY 模型、DNDC 模型、CASA 模型和 CHIK-UGO 模型等一系列较好的模型(Piao *et al.*，2009；李红梅，2009)。周广胜等(1999) 应用 CENTURY 模型对内蒙古锡林郭勒羊草草原的研究结果显示：该模型模拟的土壤有机碳储量比实测值低 13%~18%。李凌浩等(1998) 运用 CENTURY 模型并结合野外调查的方法研究了锡林河一个样地的碳储量。于贵瑞等曾估计中国草地生态系统碳储量约为 44.09Pg C，其中草地土壤碳储量占 41.03Pg C。曾永年等(2004) 对黄河源区的高寒草地土壤有机碳储量进行了估计，其碳储量约为 1.5Pg C。

随着遥感技术的发展，我国学者对土壤有机碳的研究更加深入。Piao 等(2009) 基于土壤有机碳与归一化植被指数(NDVI) 及气候因子的多元回归方程，估算了 1982~1999 年中国草地土壤有机碳库年均增加(6.0±1.0) Tg C。而 Yang 基于大样本野外测定数据的分析结果则表明，过去 20 余年中国北方草原和青藏高原草原的土壤有机碳没有明显变化。显然，基于多元回归方程的估计值(Piao *et al.*，2009) 并不支持 Yang 等(2004，2010) 基于测定数据的分析结果。若按 1981~2000 年中国草地植被平均碳汇 7Tg C/a (Fang *et al.*，2007) 计算，草地土壤碳汇则为 3~4.7Tg C/a。结合 Piao 等(2009) 的研究可得，中国草地土壤碳库年均增加(4.9±1.6) Tg C，但此估计值具有极大的不确定性(黄耀等，2010)。总的研究发现，我国的土壤有机碳储量有明显的地域性，而这种地域性与土壤条件、气候因素和人类活动等因素有关。总之，由于我国土壤有机碳的空间分布不均匀，且植被和土壤类型划分标准不统一，以及不同的研究侧重点，使得众研究学者的估算结果存在较大差异(许信旺，2008)。

(二)影响土壤有机碳储量的因素

土壤碳储量受自然和人为因素的综合影响，包括植被、气候、土壤和土地利用方式等多种因素。众多研究学者也开展了大量关于土壤有机碳的研究工作。在自然状态下，不同的植被类型进入土壤中的植物残体量不同，进而影响土壤有机碳的分布状况。植物残根是草原土壤有机碳的主要来源，在土壤中埋藏较深且分解速率较低。因此，草原土壤有机碳密度高于森林土壤有机碳密度(苏永中和赵哈林，2002)。而不同的气候条件、温度和水分等自然条件决定了植被类型。已有研究表明，土壤有机碳密度分布的地带性受温度和降水的综合影响，通常随降水量的增加其土壤有机碳密度也增加，在降水量相同时，土壤碳密度和温度呈负相关关系。王淑平等(2002)取得了类似的研究结论，认为土壤有机碳含量与降水量之间具有显著的正相关关系，而温度对土壤有机碳的影响则比较复杂，在适宜的温度条件下有助于土壤有机碳的积累，不适宜的温度会影响土壤有机碳的积累，起到相反的作用。另外，土壤有机碳储量还受植物种类组成的影响。王艳芬等详细分析了草甸草原、典型草原和荒漠草原 3 种不同类型下土壤有机碳与植物种类组成的关系。结果表明，不同的植物种类组成导致植物残体的分解速率不同，从而对土壤有机碳储量及分布产生影响(王艳芬等，1998)。此外，影响土壤有机碳储量的因素还有土壤理化性质、黏土矿物的类型、地形地貌等土壤环境特征。土壤有机碳含量通常与黏土含量呈显著的正相关关系(王绍强和刘纪远，2002)。

土壤有机碳含量和分布还受土地利用方式等人为因素的影响，在众多人类活动中，开垦是影响土壤碳储量及碳循环的最重要因子，而过度放牧会促使绿色植物向凋落物转化并输入土壤，使得土壤呼吸作用加强，加速了碳素向大气的释放。相关研究表明，耕作制度、轮作体系、作物残留物等人类活动都会影响土壤有机碳储量(李甜甜等，2007)。李凌浩(1998)综述了不合理的土地利用如草原开发和过度放牧对草原生态系统土壤有机碳的影响。de Ben(2000)应用 20 世纪 70 年代的 LULC 地图和 90 年代的卫星影像，估算了墨西哥恰帕斯 Selva Lacandona 地区 3 个亚区的土地利用/土地覆被变化及其对碳通量的影响。李家永和袁小华(2001)以千烟洲试验站为例，通过实测对比分析了红壤丘陵区不同土地利用方式对土壤有机碳储量的变化和陆地生态系统碳循环的影响。刘子刚和张坤民(2002)通过对湿地开发引起的碳释放的经济损失的估算，评价了湿地碳储存的价值及其附加效益。李忠佩(2004)研究了不同土地利用方式下锡林郭勒草原土壤有机碳密度的变动。

三、草原固碳潜力研究

陆地生态系统的碳库都包括植物和土壤两部分。对于草地生态系统来说，植物碳库相对比较稳定。因此，草地生态系统的固碳主要考虑土壤的固碳能力。目前大量实验观测表明，由于过度放牧等原因导致的草地退化将造成土壤有机碳的损失，而一些人类活动，特别是人工种草、围封草场和退耕还草等措施可以促进草地土壤有机碳的恢复和积累，具有固定 CO_2 的能力。IPCC(2001)报告分析和评价了草场退化、放牧管理、草地保护和恢复、施肥、灌溉、引种及防火对草地土壤有机碳的影响，并估算了全球草地 2010 年的固碳潜力为 0.24Pg C。

退化草地在植被恢复过程中提高了草的生物量和草地的生产能力，从而增加了土壤结构的稳定性和土壤中还田的生物量，还田草被残体在土壤中分解富集，引起土壤碳库的增加。郭然等(2008)估算了中国典型草地恢复退化草地的固碳潜力为4.2~51.65t•hm^{-2}，平均为31.58t•hm^{-2}。高寒草甸恢复退化草地的固碳潜力为15.24~65.75t•hm^{-2}，平均为34.26t•hm^{-2}。且草地恢复重建会逐步改善土壤的物理和化学特性，最终使退化草地生态系统逐步由碳源向碳汇方向转变(王文颖等，2007)。由此可知，退化草地通过植被恢复后土壤具有很大的固碳潜力。从郭然等(2008)的估算结果来看，我国退化草地生态系统的恢复具有很大的固碳潜力。如果能够用30年使退化草地得到恢复，则每年可以固定大气CO_2 152Tg C•a^{-1}。这比美国(9Tg C•a^{-1})、加拿大(0.2~0.6Tg C•a^{-1})和俄罗斯(0.4~0.8Tg C•a^{-1})的估算要大得多。我国目前已经实施的草地管理措施的固碳潜力为39.06Tg C•a^{-1}。2004年新增面积的固碳潜力为9.17Tg C•a^{-1}，这种新增面积的固碳能力将随着时间推移有一种累积效应，但由于目前缺乏该方面的全国规划，难以给出比较可靠的草地生态系统固碳潜力估计值。

第三节　草原碳储量及固碳潜力研究方法

一、地上生物量的研究方法

相比较地下生物量的研究而言，人们对于地上生物量的研究更多，时间更长且更广泛，积累和记录了大量的文献资料。地上生物量包括植物活体和枯落物。活体是植物的绿色部分(徐霞等，2010)；枯落物包括立枯物和凋落物，立枯物是指植物由于自然衰老、外力机械损伤或少水干枯而死亡的部分，死后不脱落到地面，而以立枯的形式存在；凋落物是自然脱落或者由于外力作用而脱离植物体落于土壤表面的死物质(孙刚等，2009)。对植被生物量的研究，有传统的收获法，但在传统的区域尺度上，收获法测生物量的可操纵性不强。而现代的方法，如观测估计、遥感反演算、模型建立的方法具有一定的优势(郝文芳等，2008)。

二、地下生物量的研究方法

早在300~400多年前人们就开始了对根系的研究，近几十年更是吸引更多的人关注并参与其中。目前，人们对于地下生物量的研究的方法有很多，但是每个方法都有它的不足。没有一个确切的研究方法和流程，也没有简单快捷的方法，人力、财力时间消耗较大。朱桂林和宇万太曾概括地介绍了地下生物量的主要测定方法，如挖土法、钻土法、内生长土芯法等传统常见的方法，也介绍了同位素法、微根区法、核磁共振法、X射线法、雷达法等新技术。其中，钻土法和挖土法传统方法简单易行，对测定的结果可信度高，但是会对草地造成较大的破坏，在时效和劳动力上的投入比较多，跟不上现代研究的需求和步伐。内生长土芯法在当前使用得较多和普遍，多与土钻结合使用，其优点是可以较准确的区分和测定死根和活根的生物量，缺点是改变了根在土壤的生长环境，使实验的代表性打折扣，而且会导致死根的增加，会对正常的年生物量做出低估的判断(朱桂林等，2008；宇万太和于永强，2001）。

还有一些手段较新的方法，通过建立数学模型间接的测定地下生物量。其缺点是测试的精确度差，优点是简单易行、高效，不会破坏草地植被。建立一个有效的模型对地下生物量估测的发展有很大的促进作用(Fitter *et al.*，1998；Ingram and Leers，2001；Lauenroth，2000)。其中，根冠比法是先建立一个地上与地下生物量的对应比例关系，再来进行估测。其快速简便，适合大范围的估测，对土壤的破坏少。但是，需要确定大量根冠之间的关系的数据。由于此类数据目前可用的资源少，使该方法不能得到有效的推广。此外，元素平衡法是根据各个矿质元素在植物各个系统的不同部分的输入输出比例，来确定根部的含量，再通过元素的含量测定出生物量。通常用碳元素和氮元素，其优缺点与根冠比法相同。

另外，还有借助电脑、摄录机和电磁波等新技术提高测定的效率。微根区管法是目前研究中较为先进的方法，利用该方法可以长时间对根的分枝、生长、长度和死亡进行定量的检测(Fitter *et al.*，1998)。核磁共振法，这种最早应用于医学的方法，现在有人(Osama *et al.*，1985；Bottomley *et al.*，1986)使用该法在测定地下根系部分得到了应用。该方式是一种对根系不会产生损伤的前提下，获取根系的各种参数和水分的移动信息，且是三维成像，有重复高、直观、简单、精确的特点。

三、土壤碳储量研究方法

土壤碳储量研究一般按土壤类型、模型法、植被类型和生命带、GIS 估算、相关关系统计方法来统计，不同研究者所用的各种统计方法无本质差别。但是，所用的资料来源不一，加上土壤分布的空间变异性和各区域相关因素的差异性，使得各方法在研究中受到不同的限制，统计数据在一定程度上也具有一定的不确定性(刘留辉等，2007)。

(一)土壤类型法

土壤类型法实际上是土壤分类学方法，它是通过土壤剖面数据计算分类单元的土壤碳含量，根据各种分类层次聚合土壤剖面数据，再按照区域或国家尺度土壤图上的面积得到土壤碳蓄积总量。此方法能提供更多碳蓄积与土壤发生学相关的认识，有利于分析碳蓄积量估计中不确定性的原因，易识别土壤碳的空间格局(Eswaran *et al.*，1993；潘根兴，1999)。

(二)模型方法

模型方法是通过各种土壤碳循环模型(相关关系模型、机理过程模型、基于实测数据和遥感数据的模型等)来估算土壤碳的蓄积量。模型是研究大尺度陆地生态系统碳循环的必要手段。在研究中，曾产生过许多模型，如 Thornthwaite Memorial 模型和 MIAMI 模型等经验模型，BIOME 模型、MAPSS 模型、CENTURY 模型、BIOMEBGC 模型和 CASA 模型等机制模型，CHIKUGO 模型等半经验半机制模型(于贵瑞等，2003；周广胜和王玉辉，1999)。该方法可以综合考虑决定进入土壤的碳数量和质量，以及决定土壤碳分解速率的各种因子，从而可以估算土壤碳蓄积量，并且能够根据大量实测数据和气候变化模拟数据，预测不同情况下的土壤碳蓄积量动态变化趋势，探讨土壤碳蓄积和固定潜力，分析气候变化对土壤碳蓄积的不同综合影响（苏永中和赵哈林，2002；Eswaran *et al.*，1993；潘根兴，1999）。目前全球关于研究碳循环的著名模型主要以经验模型为主，大部分以碳库的大小以及与其他碳库间的碳通量来进行估算。

（三）植被类型、生态系统类型和生命地带法

植被类型、生态系统类型和生命地带法是按照植被、生命地带或生态系统类型的土壤有机碳密度与该类型分布面积计算土壤碳蓄积量。使用该方法能较容易地了解不同植被、生态系统和生命地带类型的土壤有机碳库蓄积总量，而且各类型还可以包含多种土壤类型，分布范围更加广泛，更能反映气候因素及植被分布对土壤碳蓄积的影响。但全球植被类型与面积难以精确统计，植被与土壤类型并不一一对应，加之土地利用方式在人为影响下不断变化，这样，统计中不确定因素增多，计算误差也会较大。不过，在缺乏土壤剖面资料的情况下，推算所得结果仍具有一定意义（刘留辉等，2007）。

（四）GIS 估算法

首先用地理信息系统软件 ARC/INFO 将一定比例土壤图数字化，建立以土属为单位的空间数据库，然后计算各土壤土属每个土层的有机质质量分数，选取该土属内所有土种的典型土壤剖面，按照土壤发生层分别采集土壤有机质质量分数、土层厚度和容重等数据，计算出每个土层的土壤有机质平均质量分数和土层平均深度及其平均容重等，并建立土壤有机质的属性数据库，利用 ARC/INFO 的空间分析功能计算出各类土壤的有机碳储量（刘留辉等，2007）。

（五）相关关系统计法

相关关系统计法是通过分析土壤碳的蓄积量与采样点的各种环境变量、气候变量和土壤属性之间的相关关系，建立一定的数学统计关系，在有限数据基础上计算土壤碳的蓄积量。土壤碳蓄积量的地理格局和土壤形成因子之间的关系可以通过比较土壤碳和母质、土壤理化性质、地形、植被和气候的空间分布，从而得到土壤碳的含量与形成影响因素之间的空间相关关系（Eswaran *et al.*，1993；潘根兴，1999；方华军等，2003）。建立土壤有机碳含量与降水、温度、土壤厚度、质地、海拔高度、容重之间的相关关系，是普遍采用的一种方式。但是，由于各区域的主要控制因素不同，相关性表现不一，因此，所确定的统计关系需要得到检验和验证后方可应用。

四、草原固碳潜力研究方法

（一）退化草地恢复的固碳潜力估算

退化草地恢复的固碳潜力（GSP）就是退化草地恢复到退化前草地的土壤有机碳水平时所能够固定的土壤有机碳总量，在数量上与草地退化所造成的草地土壤有机碳的损失

相等。退化草地恢复的固碳潜力可通过草地退化面积和过牧造成的土壤有机碳损失量来估算(郭然等，2008)。

$$SOC=soc \times BD \times H/10 \tag{1-1}$$

式中，SOC 为以 $t \cdot hm^{-2}$ 为单位表示的表土有机碳含量。soc 为以 $g \cdot kg^{-1}$ 为单位表示的土壤有机碳含量；BD 为土壤容重($g \cdot cm^{-3}$)；H 为表土层厚度，鉴于目前国内关于人类活动对草地土壤碳动态的影响研究中一般取样至 30cm。

$$GSP=(SOC_0-SOC_d) \times A \tag{1-2}$$

式中，SOC_0 为未退化草地的表层土壤有机碳含量，SOC_d 为退化草地的表层土壤有机碳含量，两者单位均为 $t \cdot hm^{-2}$；A 为退化草地恢复的面积(hm^2)；GSP 为固碳潜力。

(二)草地管理措施的固碳潜力估算

草地生态系统的固碳能力现状可以根据草地管理措施的实施面积和单位面积的固碳速率来估算。

固碳速率指为采取措施和不采取措施两种情况下土壤有机碳年变化量的差值，即采取了固碳措施比不采取固碳措施导致的每年土壤有机碳的增量。鉴于草地管理措施对土壤发生的作用主要集中在表层，因此，根据文献数据得出的完整 0~30cm 土层的固碳速率作为草场固碳速率的变化范围。在很多试验中，相比土壤有机碳年变化量，在结果中更多地被提及的是土壤有机碳含量。因此，计算固碳速率和潜力的公式如下：

$$DSOC_m=(SOC_{mn}-SOC_{m0})/n \tag{1-3}$$

式中，$DSOC_m$ 为采取固碳措施的土壤有机碳变化量($t \cdot hm^{-2} \cdot a^{-1}$)，$SOC_{m0}$ 为试验前采取措施样地的土壤有机碳含量($t \cdot hm^{-2}$)，SOC_{mn} 为试验结束后采取措施样地的土壤有机碳含量($t \cdot hm^{-2}$)，n 为试验时间长度(a)。

$$DSOC_{ck}=(SOC_{ckn}-SOC_{ck0})/n \tag{1-4}$$

式中，$DSOC_{ck}$ 为不采取固碳措施(对照)的土壤有机碳变化量。SOC_{ck0} 为不采取措施样地试验前的土壤有机碳含量($t \cdot hm^{-2}$)，SOC_{ckn} 为试验结束后不采取措施样地的土壤有机碳含量($t \cdot hm^{-2}$)。

$$CSR=DSOC_m-DSOC_{ck} \tag{1-5}$$

$$CSP=CSR \times A \tag{1-6}$$

式中，CSR 为土壤固碳速率($t \cdot hm^{-2} \cdot a^{-1}$)，CSP 为土壤固碳潜力($t \cdot a^{-1}$)，A 为管理措施的实施面积($hm^2$)。

第四节　内蒙古草原碳储量及固碳潜力研究进展

一、内蒙古不同生态类型区植被-土壤系统固碳潜力比较研究

（一）研究目的、意义

全球和区域碳循环已成为全球变化研究和宏观生态学的核心研究内容之一。草原作为我国最大的陆地生态系统，约占国土陆地面积的41.7%。地处欧亚大陆温带干旱、半干旱地区的内蒙古草原是我国北方温带草原的主体，其植被-土壤碳储量在我国草地碳平衡中占有重要地位（朴世龙等，2004）。本研究在内蒙古草原从东到西开展了草甸草原、典型草原、荒漠草原及沙地草原的植被-土壤系统碳储量及其固碳潜力的估算研究，旨在为我国草地生态系统碳循环研究提供基础参数，对大力发展草原碳汇，重视草原固碳研究，系统分析草原生态系统在全球气候变化中的生态价值和贡献，增强草原生态系统碳储量、发挥草原固碳潜力具有重要意义。

（二）研究方法

研究样地分别设置在内蒙古呼伦贝尔草甸草原（49°08′~49°21′N，119°27′~120°07′E）、锡林郭勒典型草原（43°26′~44°08′N，116°04′~117°05′E）、苏尼特右旗荒漠草原（41°55′~43°39′N，111°08′~114°16′E）及鄂尔多斯沙地草原（39°46′~40°19′N，109°59′~111°07′E）。

2012年8月在草甸草原研究区域内设了3个样地，样地Ⅰ选在海拉尔谢尔塔拉种牛场（49°21′N，120°07′E）的贝加尔针茅群落；样地Ⅱ为陈巴尔虎旗境内的贝加尔针茅群落（49°19′N，119°27′E）；样地Ⅲ为鄂温克旗伊敏镇附近的贝加尔针茅群落（49°08′N，119°45′E）。

2011年8月在典型草原区内选择内蒙古锡林郭勒盟白音锡勒牧场（43°26′~44°08′N，116°04′~117°05′E）的羊草（*Leymus chinensis*）草原作为代表样地开展研究工作。样地为2005年开始的放牧控制实验样地，研究选取5个放牧梯度和一个割草场，每个小区2hm^2，分别为GI3.0（3.0羊单位/hm^2）、GI4.5（4.5羊单位/hm^2）、GI6.0（6.0羊单位/hm^2）、GI7.5（7.5羊单位/hm^2）和MT（割草场）放牧时间为每年的6月初至9月中旬，持续100天左右，晚上不归牧；割草时间为每年的8月中旬。除此之外，为了分析不同围封年限植被-土壤系统碳密度差异，研究还分别在FA6（2005年围封）、FA15（1996年围封）和FA32（1979年围封）羊草样地取样。利用随机取样方法，在样地内分别设置1m×1m样方10个，记录和测定植物种类组成、盖度、高度和生物量。并在样方内用直径4cm土钻取土壤样品，分层深度为0~10cm、10~20cm、20~30cm、30~40cm、40~60cm和60~100cm，每样方内取3钻并按层混合，带回实验室风干、过筛，测试相关指标。此外，为了计算土壤有机碳储量，采用土壤剖面环刀法（3次重复）测定对应土层土壤容重。

2011年和2012年7~8月对荒漠草原（苏尼特右旗）进行植被、土壤基况调查。选择

苏尼特右旗 8 种主要草地类型，每一主要草原类型均布设 4~6 个样地，每样地布设 3 个样方。共设置了 38 个样地，获得 110 多个草本和灌木样方。草本及矮小灌木的样方大小为 1m×1m，灌木和高大草本的样方为 10m×10m，测定样方内的主要植物种、植被盖度、地上生物量、0~80cm 各层地下生物量和土壤有机碳。每种草地类型选择 2~3 个样地进行地下生物量和土壤有机碳的测定。

2010 年 8 月在沙地草原进行取样。研究样地设在农业部鄂尔多斯沙地草原生态环境重点野外科学观测试验站达拉特旗基地，位于鄂尔多斯高原北部库布齐沙漠东段(40°19′N，109°59′E)。选择固定沙地样地、半固定沙地样地和流动沙地样地三种类型进行植被-土壤系统调查。固定沙地样地建于 1990 年，未围封之前是流动沙地，经过 20 多年的围封保护已经演替为固定沙地；半固定沙地样地和流动沙地样地于 2009 年开始围封禁牧。每个样地上随机布设 50m 样线，在 0m、25m 和 50m 处各做 1 个 5m×5m 样方，记录油蒿的盖度、株数、高度、冠幅。在每个 5m×5m 样方中选取 3 株标准株，选取原则要以其能够代表该样方的总体水平为准(包括冠幅大小、新老枝比例)，齐地面刈割。在每个 5m×5m 样方内对角线设 3 个 1m×1m 的样方，分种记录盖度、株树、高度后，齐地面刈割。10 月，在流动沙地、半固定沙地、固定沙地样地中，用 1m×1m 的正方形金属框随机布点，收取框内立枯物和凋落物，每个样地取样 9 个，共 27 个。在地上部分刈割后，取 50cm×50cm×70cm 土方，分 5 层取样(0~10cm、10~20cm、20~30cm、30~50cm、50~70cm)，测定地下生物量。挖取 3 个土壤剖面，按 0~10cm、10~20cm、20~30cm、30~50cm 分 4 层取样。每个剖面每个土层取样大约 1kg，样品量过大时，把土样放在塑料布上，用手捏碎混匀，用四分法舍弃一部分，取剩余部分。同时，采用环刀取样，用于测定土壤容重，每个剖面每个土层 3 次重复。

植物全碳和土壤有机质的测定均采用重铬酸钾-外加热法。

（三）主要结论

不同生态类型区的固碳潜力反映了该生态系统碳截留能力。对不同土壤类型、植被类型或生态系统类型下的植被-土壤系统碳储量和固碳潜力进行估算可评价各类型的相对重要性，为重建、预测生态系统碳源/汇的时空格局变化提供有价值的基础数据。在草甸草原的研究结果表明，3 个样地不同放牧退化程度地上植物碳密度 CK 为 48.93~87.12g/m^2、GL 为 30.16~53.82g/m^2、GM 为 19.98~75.54g/m^2、GH 为 17.48~46.19g/m^2；0~30cm 根系碳密度 CK 为 328.35~1198.61g/m^2、GL 为 354.83~400.78g/m^2、GM 为 397.70~583.07g/m^2、GH 为 167.29~423.76g/m^2；土壤有机碳密度 CK 为 5.26~30.57kg/m^2、GL 为 8.06~15.27kg/m^2、GM 为 12.53~14.99kg/m^2、GH 为 9.58~23.24kg/m^2。从植被-土壤系统碳储量来看，3 个样地不同放牧退化程度植被-土壤系统碳密度 CK 为 5.70~31.85kg/m^2、GL 为 8.48~15.70kg/m^2、GM 为 13.00~15.52kg/m^2、GH 为 9.77~23.59kg/m^2。草甸草原不同退化程度植被-土壤系统固碳潜力 CK 为 31.84kg/m^2、GL 为 15.70kg/m^2、GM 为 15.47kg/m^2、GH 为 23.58kg/m^2(图 1-1)。

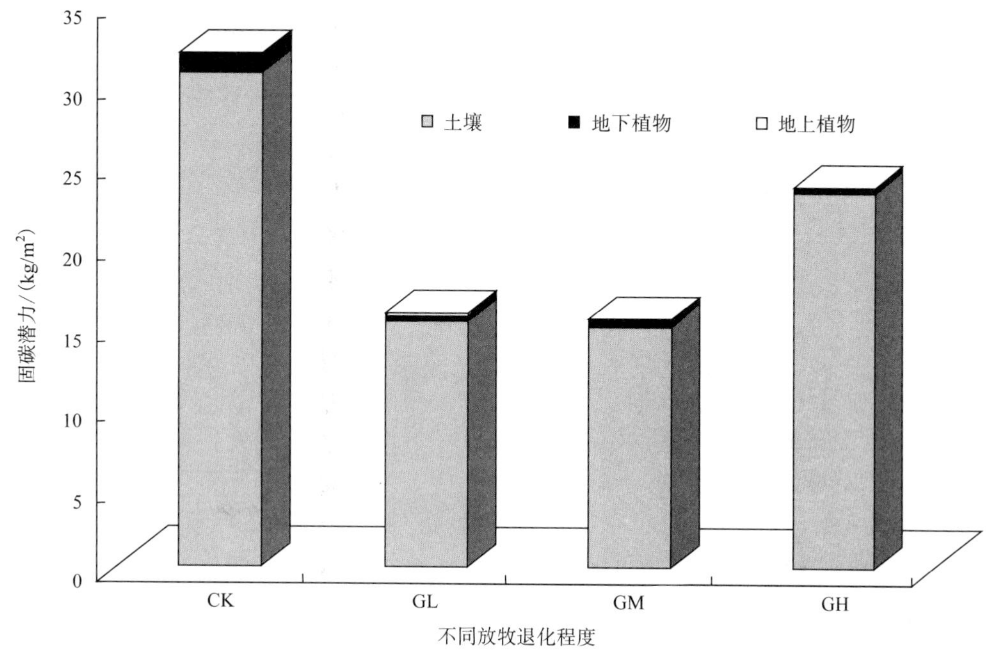

图 1-1　草甸草原不同退化程度植被-土壤系统固碳潜力

图中 CK、GL、GM、GH 分别代表对照区、轻度放牧退化、中度放牧退化和重度放牧退化。

典型草原不同放牧利用方式和退化下的地上植物碳密度为 FA6 (192.88g/m^2)>GI3.0 (133.86g/m^2)>FA15 (123.77g/m^2)>GI4.5 (107.73g/m^2)>FA32 (105.16g/m^2)>MT (104.58g/m^2)>GI6.0 (75.66g/m^2)>GI7.5 (31.56g/m^2)；0~30cm 根系碳密度为 MT (800.53g/m^2)>FA15 (595.45g/m^2)>FA6 (591.07g/m^2)>FA32 (505.93g/m^2)>GI7.5 (482.72g/m^2)>GI3.0 (450.79g/m^2)>GI6.0 (407.20g/m^2)>GI4.5 (376.75g/m^2)；0~100cm 土壤有机碳密度为 FA6 (17.73kg/m^2)>MT (16.82kg/m^2)>GI4.5 (15.54kg/m^2)>GI3.0 (14.20kg/m^2)>FA32 (13.88kg/m^2)> GI6.0 (13.54 kg/m^2)>FA15 (9.72kg/m^2)> GI7.5 (8.77kg/m^2)；植被-土壤系统碳密度为 FA6 (18.51kg/m^2)>MT (17.73kg/m^2)> GI4.5 (16.02kg/m^2)>GI3.0 (14.78kg/m^2)>FA32 (14.49kg/m^2)>GI6.0 (14.02 kg/m^2)>FA15 (10.44kg/m^2)>GI7.5 (9.29kg/m^2) (图 1-2)。

荒漠草原不同草地类型系统碳密度研究结果表明(图 1-3)，芨芨草盐化草甸的地上碳密度最高，为 44.95g/m^2，红砂、珍珠柴草原化荒漠的地上碳密度最低，为 18.28g/m^2，其余各草地类型地上碳密度分布在 22.54~29.73g/m^2，隐子草退化草地的根系碳密度最高，为 882.39g/m^2，隐子草草原+红砂、珍珠柴草原化荒漠的根系碳密度最低，为 230.07g/m^2。不同草地类型土壤碳密度不同，短花针茅+多根葱草原的土壤碳密度最高，为 18.69kg/m^2，红砂、珍珠柴草原化荒漠的土壤碳密度最低，只有 4.36kg/m^2。但是由于分布面积的差异，不同草地类型土壤有机碳储量差异较大。小针茅+无芒隐子草草地由于面积最大，其土壤碳储量最大；红砂、珍珠柴草原化荒漠由于土壤碳密度最低，且分布面积较小，其土壤碳储量最少。

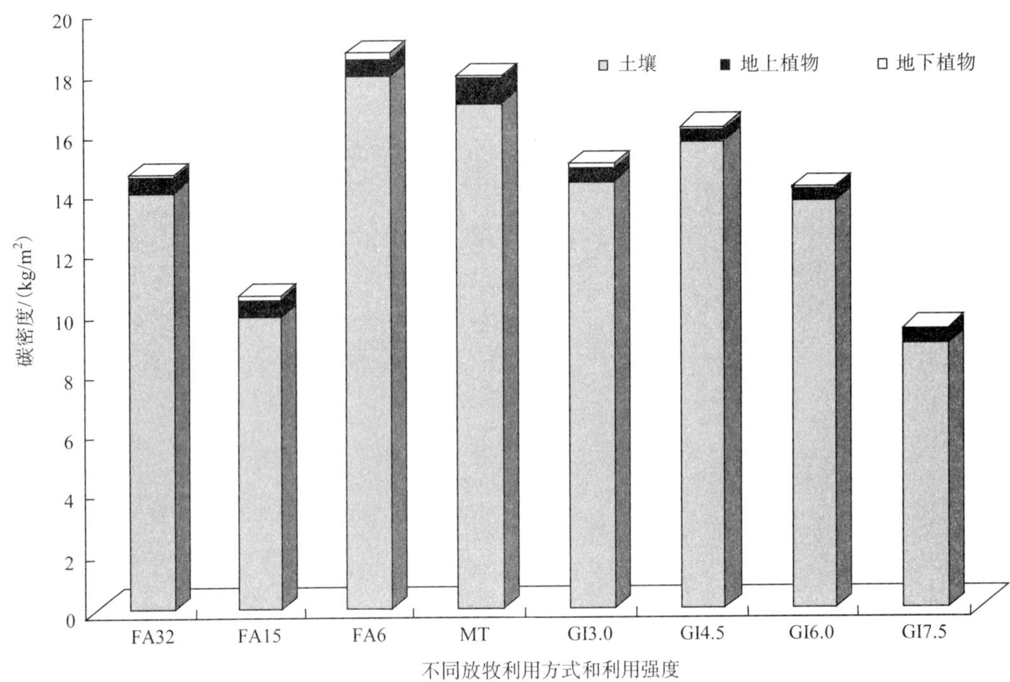

图 1-2 典型草原不同放牧利用方式和程度植被-土壤系统碳密度

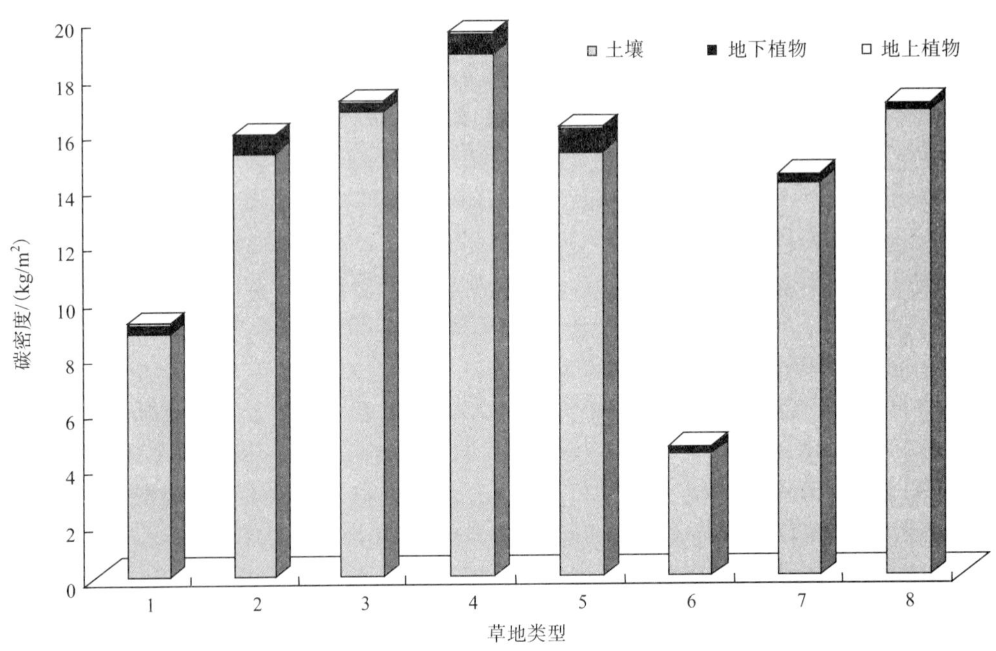

图 1-3 荒漠草原不同草地类型植被-土壤系统碳密度

图中 1~8 分别代表不同草地类型，依次为克氏针茅草原、小针茅+无芒隐子草草原、沙生针茅草原、短花针茅+多根葱草原、隐子草草原+红砂、珍珠柴草原化荒漠、芨芨草草原以及中间锦鸡儿+褐沙蒿草原。

沙地草原固定沙地、半固定沙地、流动沙地地上植物碳密度分别为 101.93g/m^2、54.83g/m^2、4.99g/m^2；根系碳密度分别为 11.32g/m^2、6.41g/m^2、0.12g/m^2；土壤有机碳密度分别为 2.47g/m^2、1.64g/m^2、1.12g/m^2；油蒿群落植物碳密度和土壤有机碳密度在不同围封演替阶段均表现出固定沙地>半固定沙地>流动沙地的趋势。固定沙地、半固定沙地、流动沙地油蒿草场土壤碳密度占植物-土壤系统碳密度的 96%、97%、99%，可见，油蒿草场 90%以上的碳储存于土壤中。随着演替阶段的推进，植物-土壤系统碳密度增大，固定沙地、半固定沙地和流动沙地植物-土壤系统碳密度分别为 2.58kg/m^2、1.70kg/m^2、1.13kg/m^2（图 1-4）。

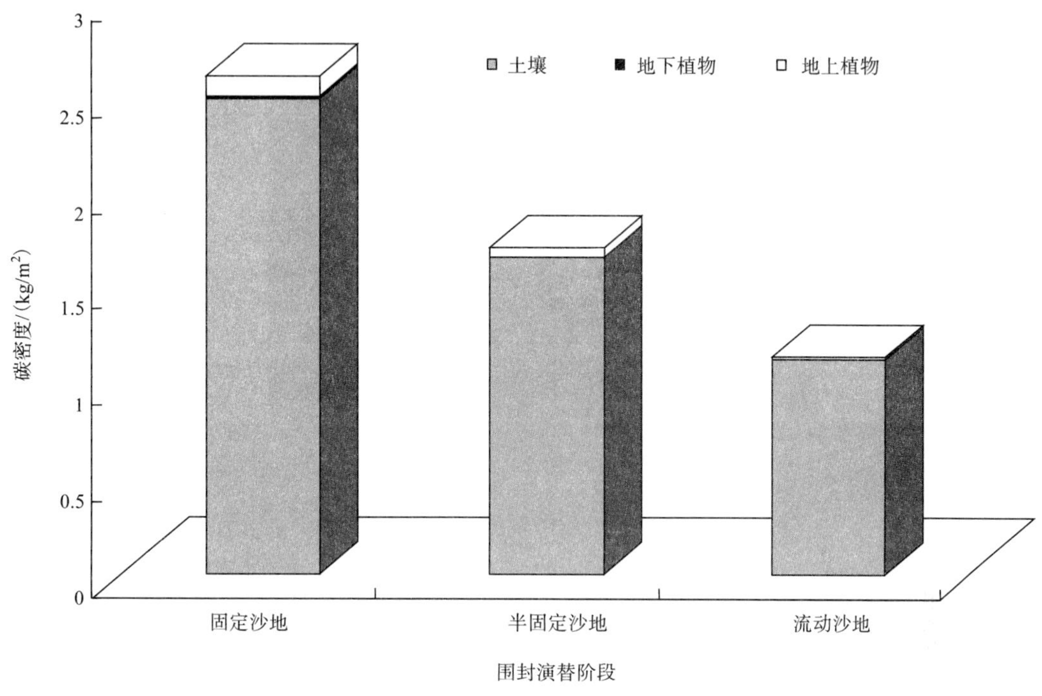

图 1-4　沙地草原不同围封演替阶段植被-土壤系统碳密度

不同生态类型区植被-土壤系统固碳潜力的大小排序为草甸草原(30.57kg/m^2)>典型草原(18.51kg/m^2)>荒漠草原(以小针茅草原为主要代表类型)(15.84kg/m^2)>沙地草原(2.58kg/m^2)。其中，草甸草原地上植物固碳潜力为 132.64g/m^2、地下植物固碳潜力为 1198.61g/m^2、土壤固碳潜力为 30.57kg/m^2；典型草原地上植物固碳潜力为 192.88g/m^2、地下植物固碳潜力为 591.07g/m^2、土壤固碳潜力为 17.72kg/m^2；荒漠草原地上植物固碳潜力为 22.54g/m^2、地下植物固碳潜力为 671.59g/m^2、土壤固碳潜力为 15.15kg/m^2；沙地草原地上植物固碳潜力为 101.93g/m^2、地下植物固碳潜力为 11.32g/m^2、土壤固碳潜力为 2.47kg/m^2(图 1-5)。从单位面积增碳来看，草甸草原为 0~25.31kg/m^2、典型草原为 0~3.87kg/m^2、沙地草原 0~1.45kg/m^2；从区域尺度平均增碳潜力来看，典型草原为 1.26kg/m^2、荒漠草原约 0.31kg/m^2，沙地草原约 0.20kg/m^2。即生态环境越好的地区或生态类型区，其草原植被-土壤固碳和增碳潜力越大。

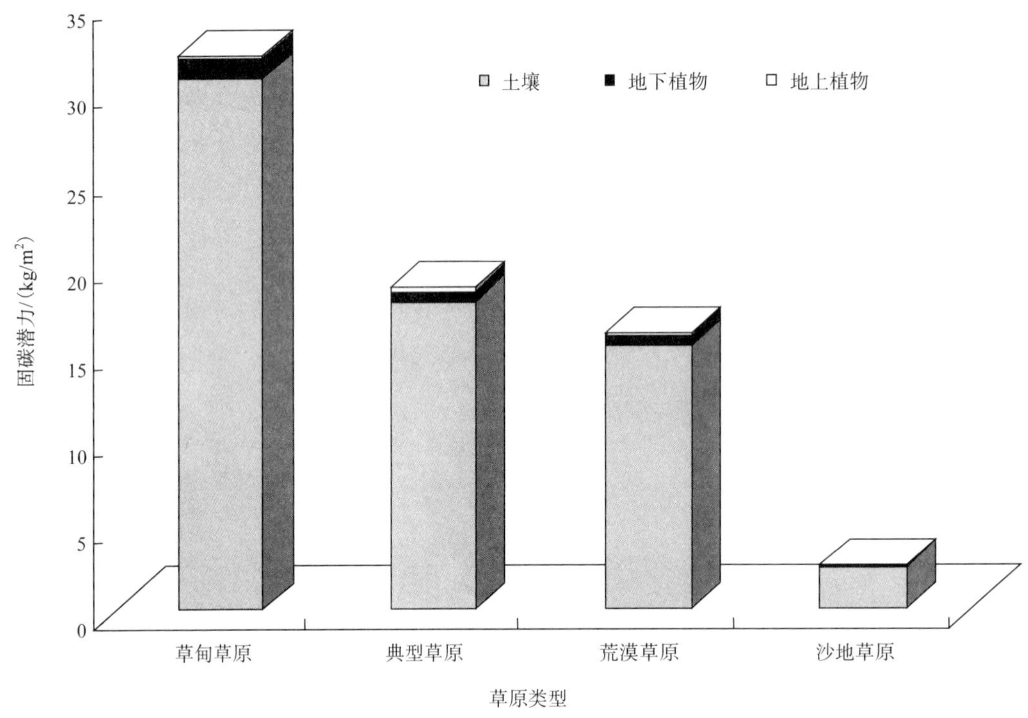

图 1-5　内蒙古不同草原类型植被-土壤系统固碳潜力

从草地植被碳密度来看，很多研究指出内蒙古温带草原不同草原类型间地上和地下生物量存在较大差异，地上、地下碳密度大小顺序为草甸草原>草甸>典型草原>荒漠草原（马文红，2006）。造成内蒙古不同类型草原间生物量碳密度差异的主要原因是水热条件的分配格局，湿润指数可以更好地解释生物量的空间变化。东部地区降水量高、温度低、水分的蒸散小、植物“可利用的水分”较高，土壤肥力较高，植被发达，因而具有较高的地上和地下生物量碳密度；而西部降水量少、温度高、水分蒸散作用大、植物“可利用的水分”较低，土壤贫瘠，植被生长稀疏、低矮，碳储存能力较小。此外，内蒙古草原土壤氮含量随降水量的增加而增加，这种正相关也会在一定程度上影响地上生物量与降水量的斜率变化（Bai *et al.*，2010；Evans *et al.*，2011；Li *et al.*，2011）。对内蒙古不同类型草原土壤碳密度进行系统的比较研究较少见报道。有研究比较了典型草原和荒漠草原土壤有机碳含量，结果表明典型草原土壤有机碳显著高于（$P<0.05$）荒漠草原，说明典型草原的肥力状况要好于荒漠草原（高安社等，2005）。造成土壤有机碳蓄积量差异的原因较多，一方面，碳密度受水热条件的影响，一般具有随着降水量的增加而增加，随温度的降低而增加的空间分布特征（Post *et al.*，1985）；另一方面，土壤质地也是影响有机碳含量的主要因素，土壤颗粒粒径大小不同，对土壤中有机物质的吸附性能不同，导致它们吸附了

不同性质和组成的有机物质（高安社等，2005），Christensen（1985）研究了几种不同类型土壤后发现，土壤碳、氮在黏粒中分布较多，而在粗粒部分较少，王岩等（2000）利用超声波分散沉降法研究我国 7 种不同省份耕作土壤发现，在不同土壤颗粒粒径中碳、氮含量和分布均随土壤颗粒的加粗而逐渐下降；除此之外，植被状况也是影响土壤有机碳密度分布格局的重要原因，盛学斌和赵玉萍（1997）认为，草原生态系统生物量增多，土壤有机质就会增多。

（四）意义及展望

内蒙古草原分布广阔，采取必要的措施保护和恢复草地生态系统，利用草地植物和土壤的固碳能力，对于我国环境保护与履行国际合约将起到十分重要的作用。与此同时，草原生态环境的破坏相当严重，对我国草地生态系统固碳潜力进行评估，并提出有针对性的管理手段和措施是亟需解决的科学问题。不同生态类型区由于气候条件、环境因子的差异，其碳储量及固碳潜力也有所差异，因此，研究不同类型草原固碳潜力，对不同类型草原放牧管理方式的准确评估和草原碳增汇减排对策的提出具有重要的理论和现实意义。

二、典型草原放牧优化与草地土壤碳蓄积研究

（一）研究目的、意义

草地生态系统作为陆地生态系统中最重要的类型之一，覆盖地球土地表面 1/4 左右（侯向阳和徐海红，2011），其中，羊草草原是具有典型代表性的类型之一，是研究生态系统对人类干扰和全球气候变化响应机制的典型区域之一。揭示不同利用方式和放牧利用强度对草原土壤有机碳储量及其分布的影响是有效保护、合理利用和科学管理草地生态系统的关键前提和重要研究命题之一。本研究以内蒙古典型草原亚带草地生态系统为例，对比不同年限围栏封育保护和不同放牧退化程度下土壤有机碳储量，为科学制定草原保护和利用措施提供参考依据。

（二）研究方法

2011 年 8 月在典型草原区内选择内蒙古锡林郭勒盟白音锡勒牧场（43°26′~44°08′N，116°04′~117°05′E）的羊草草原作为代表样地开展研究工作。样地为 2005 年开始的放牧控制实验样地，实验设置 5 个放牧梯度和一个割草场，每个小区 $2hm^2$，分别为 GI3.0（3.0 羊单位/hm^2）、GI4.5（4.5 羊单位/hm^2）、GI6.0（6.0 羊单位/hm^2）、GI7.5（7.5 羊单位/hm^2）和 MT（割草场），放牧时间为每年的 6 月初至 9 月中旬，持续 100 天左右，晚上不归牧；割草时间为每年的 8 月中旬。除此之外，为了分析不同围封年限植被-土壤系统碳密度差异，研究还分别在 FA6（2005 年围封）、FA15（1996 年围封）和 FA32（1979 年围封）羊草样地取样。利用随机样方法，在样地内用直径 4cm 土钻取土壤样品，分层深度为 0~10cm、10~20cm、20~30cm、30~40cm、40~60cm 和 60~100cm，每样方内取 3 钻并按层混合，带回实验室风干、过筛，测试相关指标。此外，为了计算土壤有机碳储量，采用土壤剖

面环刀法(3 次重复)测定对应土层土壤容重。

土壤有机质的测定采用重铬酸钾-外加热法。

土壤有机碳密度计算公式如下(金峰等，2001；Pouyat *et al.*，2002)：

$$P=\sum_{i=1}^{n}(0.58\times d_i\times H_i\times b_i\times 0.1) \tag{1-7}$$

式中，P 为 SOC 密度(kg/m^2)，d_i 为有机质含量(%)，H_i 为土层高度(cm)，b_i 为土壤容重(g/cm^3)，i=1,2,3,…n 为取样土层数(深度)。

(三)研究结果

土壤是草地生态系统中碳的主要存储库，占系统的 90%以上。放牧利用在明显影响到植被生物量的同时，也会对土壤的碳密度产生影响，致使不同利用方式和放牧强度下草地土壤碳密度产生差异。

土壤碳密度主要由土壤容重和土壤有机碳含量决定。土壤容重是指土壤在自然结构状态下，单位面积干土的重量，是土壤重要的属性之一，可以反映土壤土质状况和孔隙度等土壤的整体特征。一般情况下，土壤容重小，说明土壤比较疏松、孔隙多、保水保肥能力较强；反之，表明土体紧实、结构性差、孔隙少、透水性和通气性差、保水保肥能力弱。所以，土壤容重本身可以作为土壤肥力指标之一，同时也是计算土壤有机碳密度必不可少的参数。放牧利用主要是通过家畜的践踏等直接影响土壤容重。

图 1-6a 显示，不同利用方式和放牧强度下土壤容重的变化。土壤容重大体上表现出随着利用强度和土层深度的增加而增加的趋势。各个土层中 GI4.5 和 GI7.5 处理下的土壤容重表现得最高，随着深度的增加，在 60~100cm 深处，可达 1.59g/m^3 和 1.49g/m^3。FA32 样地各层土壤容重普遍低于其他处理，在 0~10cm 处仅为 1.13g/m^3。

土壤有机碳含量是指单位质量土壤中有机碳的量，代表土壤中有机碳的比例，用%或 g/kg 表示。放牧利用影响土壤有机碳的输入和输出，而输入和输出又决定了土壤有机碳含量的变化。如图 1-6b 显示，土壤有机碳含量也像土壤容重一样会随着土层深度的增加而减少。表层 0~10cm 土壤中有机碳含量可达 1.71%~2.89%，而 60~100cm 深层土壤中有机碳含量只有 0.19%~1.12%。这可能是由于表层土壤有枯枝落叶及家畜排泄物的添加，增加了土壤有机碳含量；而到了深层土壤，植物枯枝落叶很难到达，而且植被根系也会逐渐减少，致使土壤有机碳含量明显减少。除了 60~100cm 土层，其余土层中 FA6 和 MT 处理下的土壤有机碳含量显著高于(P<0.05)其他处理。与 FA6 相比较，草地经过 32 年和 15 年的围封，土壤有机碳含量在各个土层都有所减少，减少了 5.81%~73.02%。除了 0~10cm 土层，其余土层 GI7.5 处理土壤有机碳含量最低，显著低于(P<0.05)其他放牧处理。

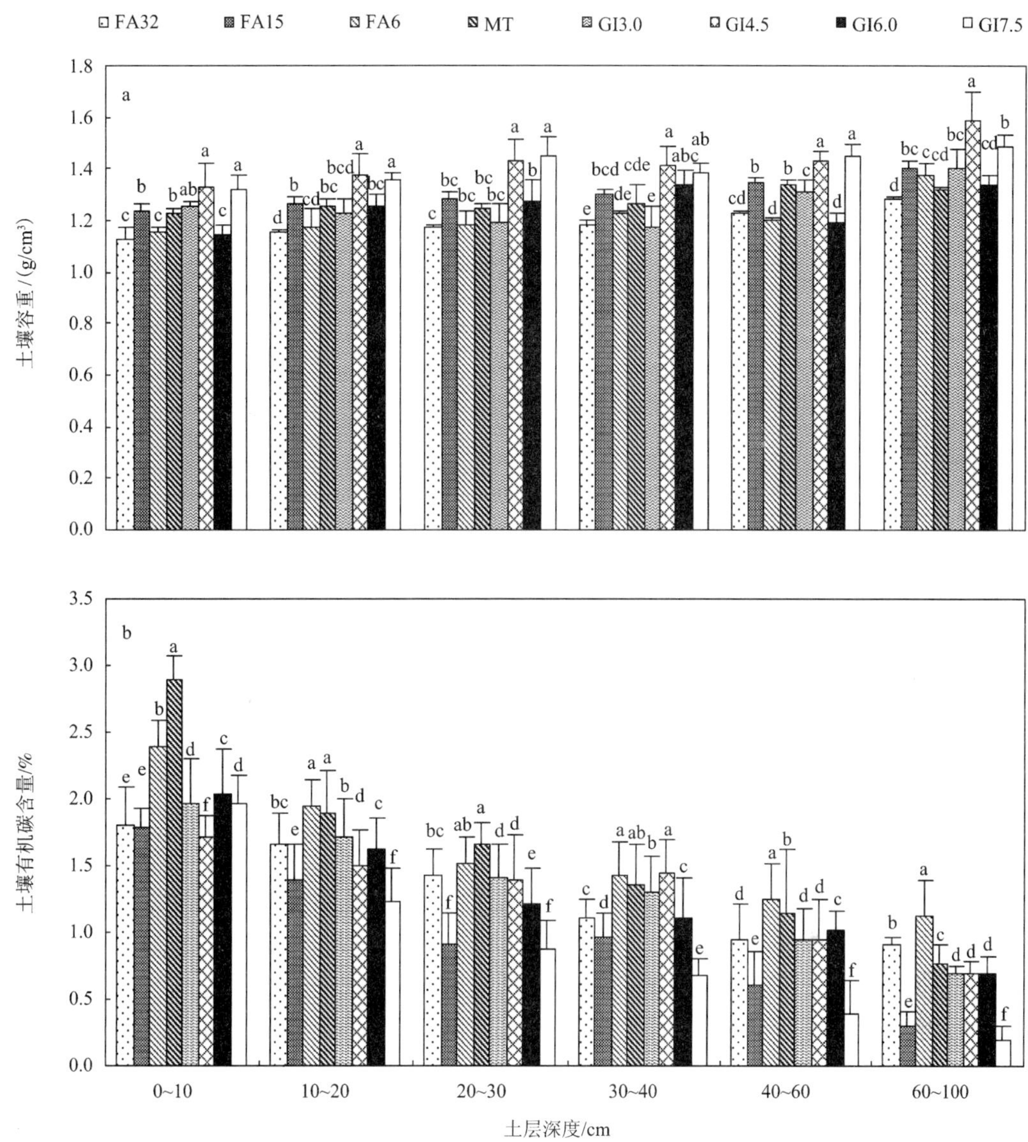

图 1-6　土壤容重和有机碳含量的变化

本研究比较了不同利用方式和放牧强度下草地的土壤碳密度（表 1-5）。结果显示：0~30cm 土壤有机碳在 MT 和 FA6 处理下最高，并随着放牧率的增加而减少，FA32 和 FA15 处理下的土壤有机碳密度又低于轻度放牧和中度放牧处理。该层土壤有机碳密度占到 0~100cm 总量的 38.70%~63.09%。从 30~40cm 土层深度来看，FA6、MT 和 GI4.5 表现出较强的储碳能力，土壤储碳优势逐渐表现出来，重度放牧下的土壤有机碳密度仍然最低。40~60cm 平均碳密度在 FA6 和 MT 处理下最高，在放牧样地间中度放牧强度同 0~30cm 一样，仍然表现的最高。60~100cm 平均碳密度在 FA6 处理下最高，其次为 FA15 和 GI4.5，重度放牧下最低。从 0~100cm 测试范围的总碳密度来看，发现不同放牧利用方式和利用强度之间均存在显著性差异（$P<0.05$），碳密度大小序列为 FA6（17.73kg/m^2）>MT

(16.82kg/m^2)>GI4.5(15.54kg/m^2)>FA32(13.88kg/m^2)>GI6.0(13.54kg/m^2)>FA15(9.72kg/m^2)>GI7.5(8.77kg/m^2)。

表 1-5 土壤碳密度垂直分布特征

土层深度/cm	土壤有机碳密度/(kg/m^2)							
	FA32	FA15	FA6	MT	GI3.0	GI4.5	GI6.0	GI7.5
0~10	2.029f	2.217e	2.764b	3.558a	2.465cd	2.267e	2.318de	2.605c
10~20	1.909cd	1.767de	2.297a	2.375a	2.109b	2.067bc	2.035bc	1.668e
20~30	1.681c	1.174d	1.801b	2.070a	1.682bc	1.995a	1.542c	1.261d
0~30	5.619e	5.158f	6.861b	8.004a	6.255c	6.328c	5.895d	5.534e
30~40	1.312d	1.245d	1.751b	1.727b	1.524c	2.041a	1.491c	0.940e
40~60(均值)	1.153d	0.809e	1.494a	1.539a	1.235c	1.344b	1.213cd	0.572f
60~100(均值)	1.161b	0.424e	1.532a	1.004c	0.987cd	1.121b	0.931d	0.289f
30~100	8.262c	4.560e	10.868a	8.821b	7.942cd	9.212b	7.641d	3.238f
总碳密度	13.880de	9.718f	17.729a	16.824b	14.197d	15.540c	13.536e	8.772g

注：阴影部分为多层碳密度，不同字母表示其在不同放牧利用方式和利用强度下有显著差异(P<0.05)。

放牧管理是草原管理的重要内容，但放牧管理影响下草原碳循环和分布的生态过程还没有被完全认知，从已有的文献中很难得出放牧管理与碳滞留量之间明确的关系。本研究的观点倾向于适度放牧有益于土壤有机碳的积累。在中国北方草原，围栏封育被很多人认为是保护和恢复退化草原最经济和有效的方法。但是，也有研究认为长期围封会产生一些负面影响(Derner *et al.*，1997；Milchunas *et al.*，1992)。从本研究结果来看，长时间围栏封育处理下的土壤有机碳明显低于适度围封和放牧利用处理，这一结果产生的原因可能是长期围栏封育处理下土壤有机碳储量年增率低于适度围封和放牧利用，造成多年碳积累差异。

(四)意义及展望

本研究从草原土壤碳积累的角度佐证了中度干扰假说、放牧优化假说等，认为适度放牧有利于草原生态系统的良性运转。未来我们需要破解如何通过综合调控放牧制度和放牧强度来增强草地生态系统土壤碳库。关于这一问题，还需要在不同草原类型区开展大量的控制实验，以获取有价值的信息，来指导草原碳增汇实践。另外，草原围栏封育管理应该遵循适应性管理法则，即加强草原生态系统多项指标的监测及生态系统健康评估，并适时采取措施，对一定年限围栏封育草地进行科学利用，要科学认识放牧利用对维持草原生态系统健康的重要性及特殊意义，适时采取相应措施，发挥适度放牧利用对退化草原碳积累和恢复进程的优化调控作用。

三、典型草原放牧利用与土壤有机碳储量关系的研究

(一)研究目的、意义

放牧是人类对草地生态系统利用和管理的主要方式之一，放牧强度将对草地土壤碳储量产生差异性影响，但是其影响的研究结论存在较多争议。所以，放牧管理影响草地生态系统碳循环和分布的生态过程没有完全被认知(高英志等，2004)。本研究以内蒙古典型草原亚带具有一定空间距离的3个草地生态系统为例，比较研究放牧强度和空间距离对草地土壤有机碳储量的影响，揭示同一草原生态类型区内系统碳储量差异的重要原因，为科学制定草原保护和利用措施提供参考依据。

(二)研究方法

本研究选择内蒙古锡林郭勒盟东乌珠穆沁旗境内离乌里雅斯太镇50公里处的大针茅(*Stipa grandis*)草原(45°40′N，117°07′E)(样地Ⅰ)以及白音锡勒牧场(43°26′~44°08′N，116°04′~117°05′E)的大针茅草原(样地Ⅱ)和羊草(*Leymus chinensis*)草原(样地Ⅲ)作为代表样地开展研究工作。样地Ⅰ和样地Ⅱ选在以居民点为中心的自由放牧方式家庭牧场。参照李博(1997)对草原退化梯度的定义，再根据研究的需要，以居民点为中心，呈条带放射状向外呈现出草原群落的不同退化程度。根据与居民点的距离将放牧区划分为轻度放牧退化(grazing lightly，GL)、中度放牧退化(grazing moderately，GM)、重度放牧退化(grazing heavily，GH)三个等级。具体划分方法是以居民点为中心在自由放牧地上设置放射状的3条样线，样线之间有一定的距离，使其所包含的信息尽可能代表整个草地(王明君等，2007；高雪峰等，2007；李春莉等，2008；李怡，2011)。再选择牧户附近基本不受干扰或干扰极少的草地作为对照区(no grazing，CK)。样地Ⅰ对应的CK为1979年围栏封育样地，样地Ⅱ对应CK为利用率最低的冬季放牧场。样地Ⅲ为2005年开始的放牧控制实验样地，实验设置5个放牧梯度和一个割草场，每个小区2hm^2，分别为GL(3.0羊单位/hm^2)、GM(4.5羊单位/hm^{2}和6.0羊单位/hm^2)、GH(7.5羊单位/hm^{2}和9.0羊单位/hm^2)，放牧时间为每年的6月初至9月中旬，持续100天左右，晚上不归牧；割草时间为每年的8月中旬。本样地的对应CK为放牧实验区附近1996年的围栏封育样地。

2011年8月对3个样地进行土壤碳密度调查。利用随机样方法，在样地内用直径4cm土钻取土壤样品，分层深度为0~10cm、10~20cm、20~30cm、30~40cm、40~60cm和60~100cm，每样方内取3钻并按层混合，带回实验室风干、过筛，测试相关指标。此外，为了计算土壤有机碳储量，采用土壤剖面环刀法(3次重复)测定对应土层土壤容重。

土壤有机质的测定采用重铬酸钾-外加热法。

土壤有机碳密度计算公式如下(金峰等，2001；Pouyat *et al.*，2002)：

$$P=\sum_{i=1}^{n}(0.58\times d_i\times H_i\times b_i\times 0.1) \tag{1-8}$$

式中，P 为 SOC 密度(kg/m^2)，d_i 为有机质含量(%)，H_i 为土层高度(cm)，b_i 为土壤容重(g/cm^3)，i=1,2,3,…n 为取样土层数(深度)。

(三)主要结论

本研究选择的 3 个样地虽然在空间上有一定距离，但是，其植被地带均属温带典型草原亚带，利用双向方差分析方法分析 3 个样地的土壤碳密度，既可以揭示土壤碳密度在空间上的分布差异，又能够研判土壤碳密度在不同放牧退化程度间的差别。图 1-7 显示，3 个样地土壤碳密度范围相似，样地Ⅰ为 10.80~14.84kg/m^2，样地Ⅱ为 9.92~13.33kg/m^2，样地Ⅲ为 9.72~14.54kg/m^2。总体来讲，研究区草地土壤碳密度为 9.72~14.84kg/m^2，均值为 12.30kg/m^2。在不同退化程度下，CK 的碳密度为 9.72~10.80kg/m^2，均值为 10.12kg/m^2；GL 为 11.91~14.20kg/m^2，均值为 12.96kg/m^2；GM 为 13.33~14.84kg/m^2，均值为 14.24kg/m^2；GH 为 11.27~12.54kg/m^2，均值为 11.87kg/m^2，总体呈现出 GM>GL>GH>CK 的关系特征。利用双向方差分析法，分析样地间和不同放牧退化程度间差异，检验结果为不同放牧退化程度间 P=0.001<0.05，说明不同放牧退化程度对土壤有机碳密度有显著影响；样地间 P=0.093>0.05，说明不同样地间的土壤有机碳密度差异无统计学意义。

从土壤有机碳储量的垂直分布角度来辨析样地间与处理间差异，标准误差分析结果见表 1-6。结果表明，同一样地 4 种处理间土壤有机碳储量标准差平均值均高于同等放牧利用程度下样地之间的标准差均值。这说明不同处理对草原土壤有机碳储量变化的影响要大于样地空间分布所致的差异。

表 1-6 0~100cm 各层土壤有机碳在不同样地和不同放牧程度之间的标准差

		0~10	10~20	20~30	30~40	40~60	60~100
同一样地 4 种处理测试结果标准误差	Ⅰ	0.444	0.655	0.195	0.214	0.335	0.160
	Ⅱ	0.161	0.197	0.295	0.179	0.124	0.216
	Ⅲ	0.203	0.162	0.265	0.222	0.215	0.277
	标准误差均值	0.269	0.338	0.252	0.205	0.225	0.218
同一处理 3 个样地测试结果标准误差	CK	0.314	0.142	0.223	0.191	0.288	0.049
	GL	0.120	0.565	0.120	0.189	0.238	0.179
	GM	0.211	0.281	0.142	0.226	0.169	0.105
	GH	0.340	0.194	0.140	0.116	0.044	0.102
	标准误差均值	0.246	0.295	0.156	0.181	0.185	0.109

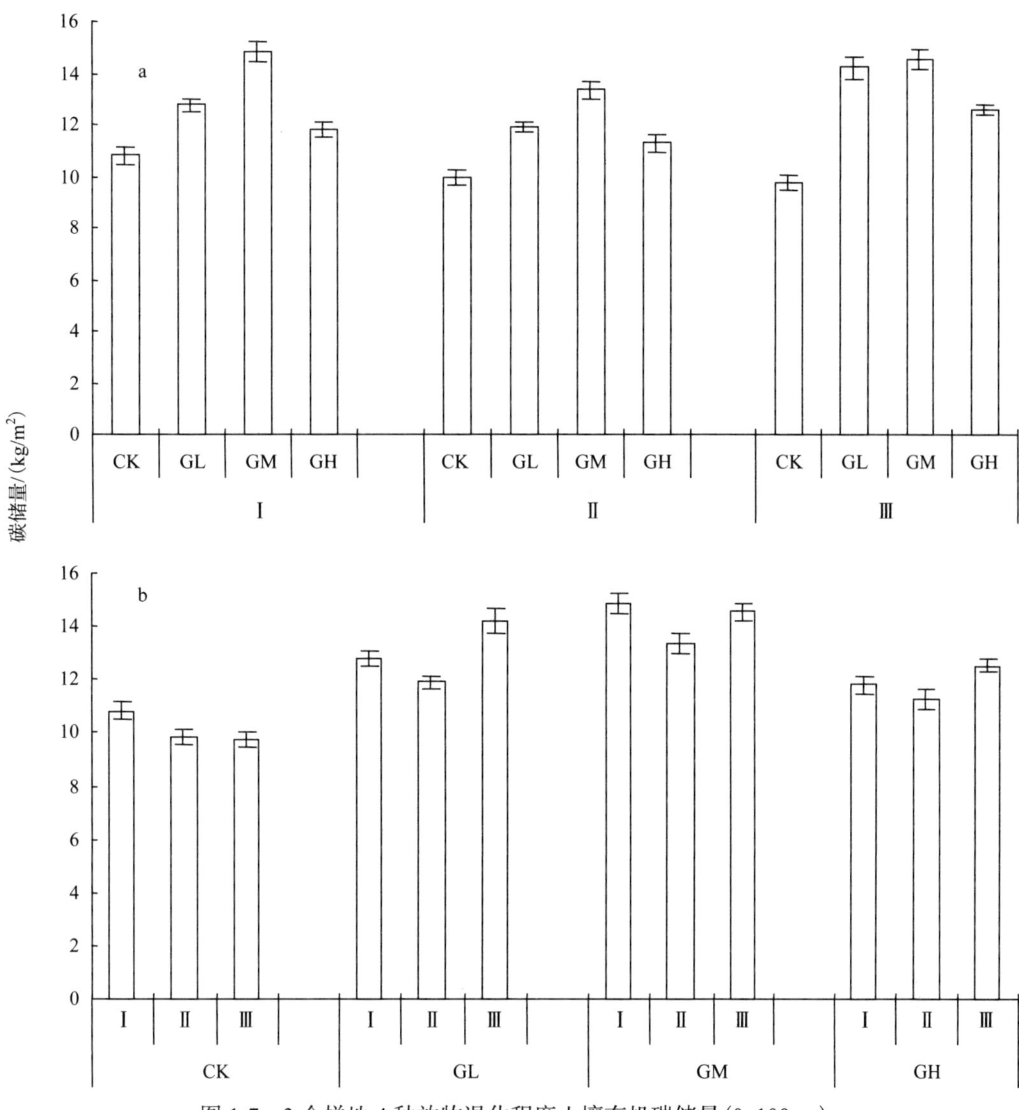

图 1-7　3 个样地 4 种放牧退化程度土壤有机碳储量(0~100cm)

Ⅰ，Ⅱ和Ⅲ分别代表东乌珠穆沁旗大针茅草原，白音锡勒牧场大针茅草原和白音锡勒羊草草原；CK，GL，GM，GH 分别代表对照区，轻度放牧样地，中度放牧样地和重度放牧样地。a 为同一样地不同处理间土壤有机碳储量分布图，b 为同一处理不同样地间土壤有机碳储量分布图。下同。

土壤有机碳库的动态变化是当前全球变化研究领域中的热点和难点问题(方精云等，2010)。本研究从 0~100cm 土壤有机碳储量及分层土壤有机碳储量中发现，具有空间距离的 3 个样地之间土壤有机碳储量差异不显著，不同利用方式和不同放牧退化程度对土壤有机碳储量的影响大于空间差异。这一结果可以用 Clements(1916)提出的气候顶级假说(climatic climax)来解释。Clements(1916)认为，在同一气候区内，无论演替初期的条件多么不同，植被总是趋向于减轻极端情况而朝向顶级方向发展，群落逐渐趋向一致，生境最终均会发展成为一个相对稳定的气候顶级。本研究选取的 3 个样地均属大陆性温带半干旱草原典型草原亚带，土壤质地类型趋同，故其土壤有机碳储量在空间分布上具有相似性是完全有可能的。有许多学者做过不同放牧退化程度对土壤碳储量的影响研究，虽然得出的结论不同，但都证明了一点，就是放牧程度对草地碳储量的影响是显著的($P<0.05$)。对大针茅草原土壤碳储量的研究表明，方差分析不同放牧退化程度(CK、GL、GM 和 GH)下的土壤单位面积碳储量差异显著($P<0.05$)(李怡，2011)。以内蒙古锡林郭勒流域羊草典型草原作为研究对象，研究不同放牧强度土壤有机碳含量，发现常年放牧地表现出 GL>GH>GM>CK，且不用放牧强度之间存在显著性差异($P<0.05$)(刘楠和张英俊，2010)。由此可见，放牧退化程度会造成草原土壤显著的碳密度差异，且不同放牧退化程度对草原土壤有机碳密度变化的影响要大于样地空间分布所致的差异，即退化与碳密度相关。放牧利用程度是导致同一草原生态类型区内系统碳储量差异的重要原因。

(四)意义及展望

放牧强度对草原土壤碳储量有显著影响，尤其长期超载过牧会使系统崩溃，而适牧对草原土壤系统没有负面的影响或有积极的影响(高英志等，2004；萨茹拉等，2013)。针对不同的草原类型区开展放牧退化程度对土壤碳储量的影响研究，指出适合当地的保护利用措施对草原保护和持续利用有重要的意义，为实现草原畜牧业可持续发展提供科学理论和技术支撑。

四、不同放牧制度对荒漠草原碳平衡影响的研究

(一)研究目的、意义

内蒙古短花针茅荒漠草原(*Stipa breviflora* desert steppe)作为亚洲中部特有的一种草原类型，是最干旱的草原类型，它广泛分布于内蒙古中部、阴山山脉以北的乌兰察布高原地区，生态环境异常严酷，系统极度脆弱，稳定性较差，在自然和人为干扰下极易退化，影响草地生态系统的源汇特征。本研究以内蒙古苏尼特右旗荒漠草原为研究对象，采用野外调查、室内生化实验与统计分析相结合的方法，对不同降水年份(2009年、2010年和2012年)和利用方式下(自由放牧、划区轮牧和围封禁牧)的荒漠草原碳输入(地上生产力、地下生产力)和碳输出(土壤呼吸)各项指标进行测定。通过对荒漠草原的研究，揭示不同放牧制度对荒漠草原碳平衡的影响，对于精确估计荒漠草原在全球碳收支中的作用(源和汇)，确定荒漠草原合理的放牧管理措施，促进草原增汇减排具有重要的指导意义。

(二)研究方法

在苏尼特右旗选取短花针茅天然草原作为试验区，样地从 1999 年一直处于自由放牧状态。在地势相对平坦、植被均匀的地段设立试验处理，分别设立不同草原利用方式处理，分别为：自由放牧、季节性放牧和围封禁牧。为达到科学试验设计统计上所有处理的可比较性和对等性，采用完全随机区组设计，将选取的短花针茅草原架设围栏，设立区组与小区。共分 3 个区组，每个区组随机分布 3 种不同草地利用方式处理，共 9 个处

理区。其中，自由放牧小区仍保持当地放牧强度。围封样地处于无放牧状态，季节性放牧采用划区轮牧周期(7天)，在6~10月分别进行为期一周的放牧。季节性划区轮牧与自由放牧区全年载畜率一致为1.24只/hm^2。

野外测定于2009~2012年，从牧草返青期开始(5月)，至生长期结束为止(10月)，每月10日左右进行测定。主要测定内容：划区轮牧、自由放牧与禁牧下短花针茅荒漠草原生物量(地上、地下)、生长期间凋落物和家畜采食量、土壤呼吸及环境因子。

(三)研究结果

1. 微气候的变化

2009年和2010年的大气平均温度分别为6.0℃和5.3℃，高于长期大气的平均温度，而2012年的全年大气平均温度为4.5℃，低于长期的大气的平均温度(1953~2008年，4.9℃，图1-8)。温度最低的年份为1953年(2.9℃)，而从1953~2012年温度呈现不规律的变化趋势，但整体上其年度变化的温度随年度的增加呈显著的正相关(R^2=0.46，P<0.01)，温度的最高值出现在1998年(6.9℃)。年降水量的丰富度在一定程度上对草地植物具有重要的作用，但其降水量的季节分配对植物的影响更重要。2009年的全年降水量为156.3mm，2010年为203.5mm，低于多年的平均降水量(214.3mm)，而2012年降水量为328.9mm，其高于多年的平均降水量。

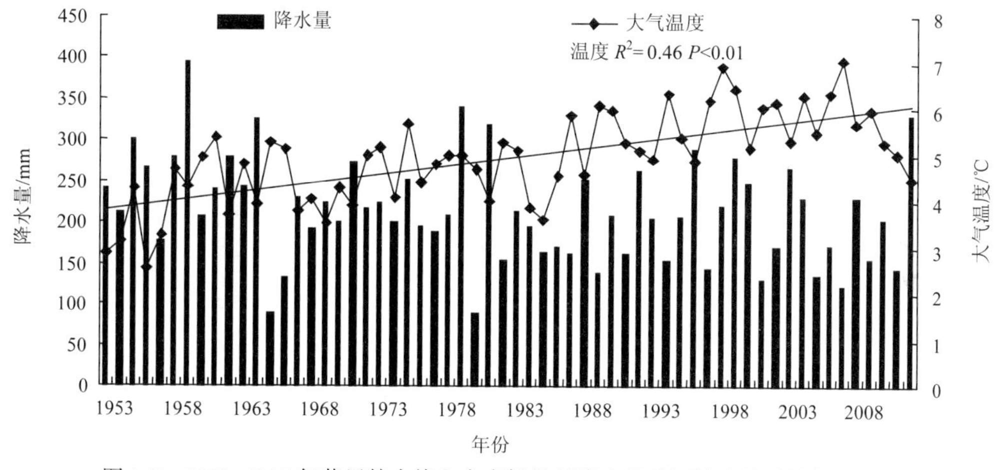

图1-8　1953~2012年苏尼特右旗和白音锡勒月降水量(柱子)和月平均气温(线)

2. 碳的输入与输出

干旱年份(2009~2010年)，放牧处理使得脆弱的荒漠生态系统固碳能力变得更弱。降水量充足年(2012年)，充足的降水量弥补了放牧对荒漠草原的影响。适度的放牧(划区轮牧)显著增加了荒漠草原碳储量(图1-9a)。2009年，围封禁牧区土壤碳输出值最高，而在2010年以及2012年，各处理下划区轮牧的土壤碳输出值最高。在干旱的年份，自由放牧显著降低了生态系统的土壤呼吸速率；而在降水量充足的年份，各处理间没有明显差异(图1-9b)。

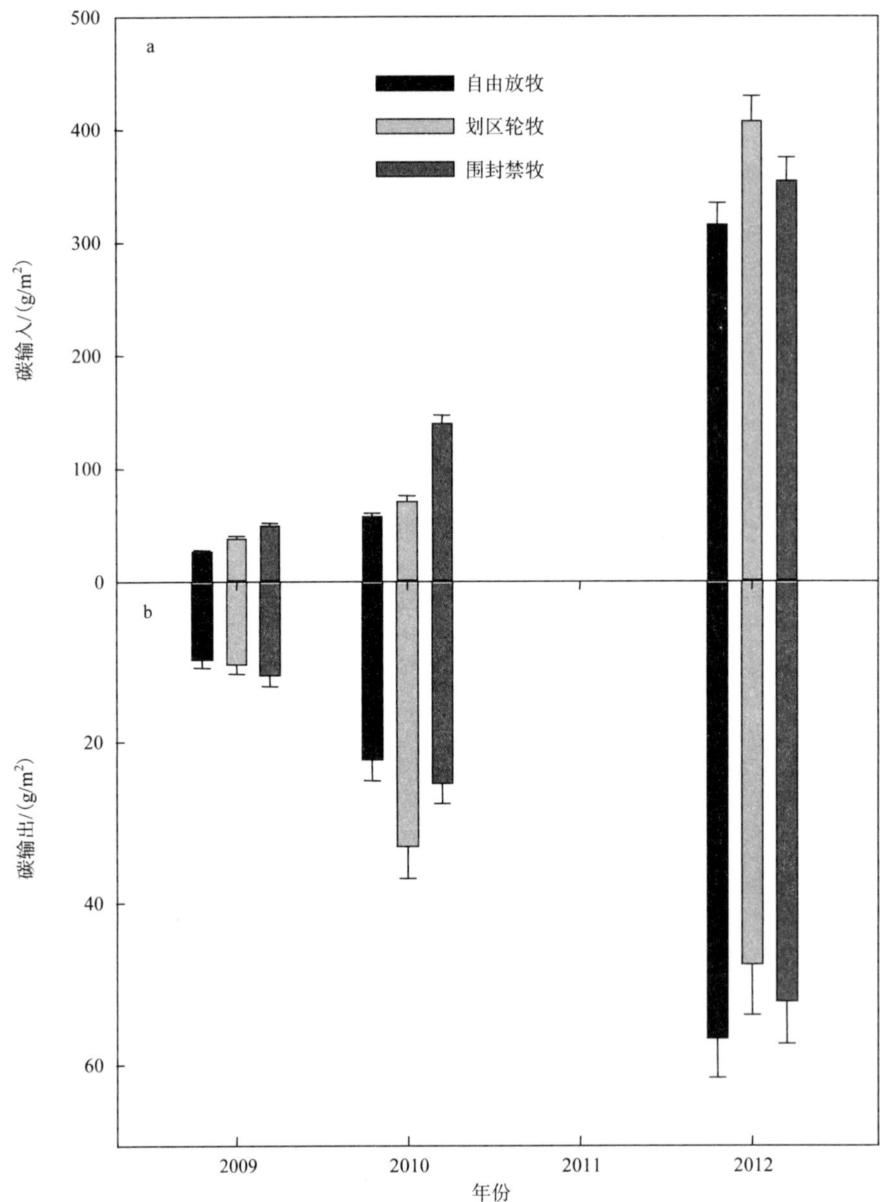

图 1-9　2009 年、2010 年和 2012 年荒漠草原碳的输入(a)与输出(b)

3. 碳平衡

干旱年份，荒漠草原的不同利用方式(自由放牧和划区轮牧)显著降低了群落的固碳能力；而降水量充足的年份，降水量补偿了过度放牧对荒漠草原带来的负面效应。而合理的利用方式(划区轮牧)有利于荒漠草原生态系统碳的储存；降水量对干旱草原碳平衡起着至关重要的作用(图 1-10)。

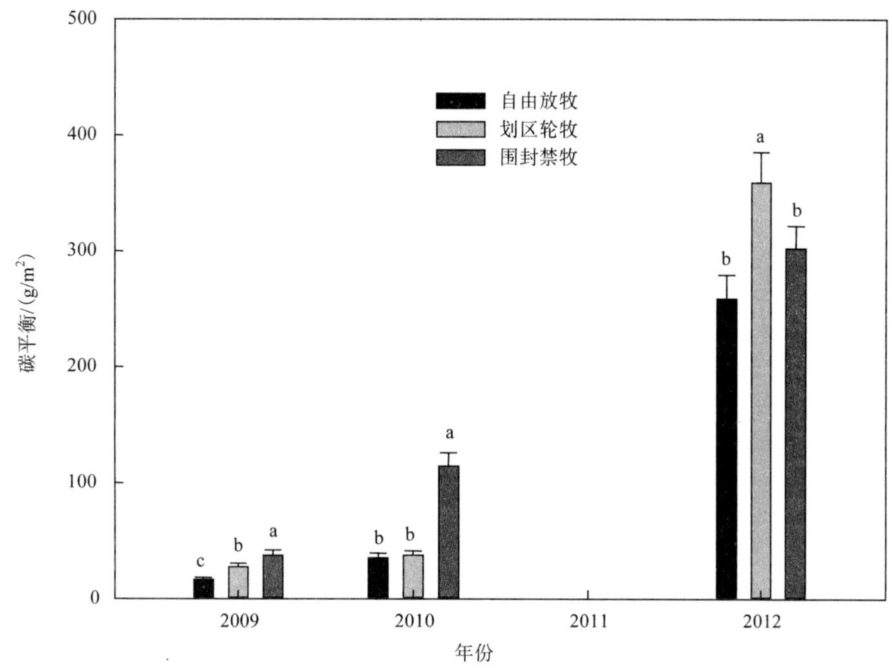

图 1-10　2009 年、2010 年和 2012 年荒漠草原碳平衡

(四)意义及展望

放牧对草地生态系统各个生理生态环节都有较明显和微妙的影响，大量的研究也已经证实。但在众多的关于放牧的研究中，还存在着很多的不确定性。此外，气候变化也是一个复杂的综合学科问题，如何降低研究的不确定，对于未来研究气候变化对陆地生态系统具有重要意义，同时也具有重要的实际操纵性。签于目前研究进展，未来应该从如下几个方面加强研究：整合全球不同生态系统对于放牧试验的数据，只有这样超大时空的实验数据，才能得出更加精确的综合性研究结论；加强中短期实验研究数据和模型的结合，利用模型预测和反演，得出更具说服力的实验结论，为放牧及气候变化下陆地生态系统的保护和适应提供理论依据；增加对长期进行气候变化实验的人员和费用支持，用大时间尺度的数据来预测放牧及气候变化下生态系统的演替规律。

五、沙地草原不同修复措施下生态系统恢复研究

(一)研究目的、意义

库布齐沙漠及其周缘地处中国北方农牧交错带，是具有特殊地理景观的生态过渡地带。多年来，由于自然和人为的影响，该地区植被破坏严重，土壤沙化和荒漠化问题严重，使其成为退化生态系统恢复与重建的重点区域。加快植被恢复和提高土壤质量是库布齐沙地水土保持、防风固沙和生态系统恢复的主要目标。在库布齐沙地植被

恢复的过程中形成了自然恢复状态下的植被群落和人工种植的植被群落类型，其中油蒿是当地天然分布的优良固沙植被，其枝条分枝角度大，空间扩展能力强，且根系通过对土壤的固定、与土壤的物质交换能促进土壤发育(靳虎甲等，2009)。中间锦鸡儿因其耐旱、耐沙埋、抗风蚀、成活率高、固沙能力强等特性，成为库布齐沙漠地区广泛种植的防风固沙、水土保持树种(牛西午等，2003)。荒漠植被根系通过分泌物、凋落物等根产物影响根际微生物数量、种群与活性，根际微生物进而又直接影响土壤-植物-微生物间的物质能量循环，根际微生物数量及活性越高，越能提高植物抗逆性、促进植物养分吸收、土壤肥力积累以及结构改善(李春俭等，2008)。因此，对生态系统的恢复不仅要考虑植物种类，同时也不能忽视土壤微生物和土壤性质的变化。通过了解不同植被恢复类型根际土壤微生物分布特征，可以直接或间接地反映出植被对土壤的改良作用及植被恢复的生态效果。为此，本研究以库布齐沙地自然恢复的油蒿群落与人工种植的中间锦鸡儿群落为研究对象，以流动沙地为对照，采用野外调查、室内生化实验与统计分析相结合的方法，分析两种植物根际与非根际土壤微生物、土壤化学性状的差异，探讨根际土壤微生物与土壤化学性状间的相关关系，并运用综合指数法评价两种植被类型对土壤生态系统的恢复效果，为库布齐沙地植被恢复与重建提供科学依据。

(二)研究方法

试验样地位于库布齐沙带东段，农业部鄂尔多斯沙地草原生态环境重点野外科学观测试验站内。在研究区选择油蒿群落、中间锦鸡儿群落 2 种不同的群落类型，并以流动沙地作对照，设置样地。其中，油蒿群落是研究区固定沙地自然恢复 16 年的自然植被；中间锦鸡儿群落是研究区人工种植 16 年生的人工植被。在各样地中按“S”型选取 6~8 株植物，采集 0~10cm、10~20cm、20~30cm、30~40cm 不同深度根际、非根际土壤(将植物根系周围 1cm 的土壤作为根际土壤，离植物根系 20cm 以外的土壤作为非根际土壤)，并将各点土样分层混合，分装于无菌塑料袋中包扎密封，带回实验室于 4℃冷藏。

土壤微生物数量的测定采用稀释涂布平板法，土壤微生物生物量碳的测定采用熏蒸法，土壤微生物生物量氮的测定采用凯氏定氮法。土壤含水量的测定用烘干法，pH 用 1 : 2.5 土水比浸提酸度计法，有机质用重铬酸钾外加热容量法，全氮用凯氏定氮法，速效氮用碱解蒸馏法，全磷用 NaOH 熔融-钼锑抗比色法，速效磷用 Olsen 法，速效钾用乙酸铵浸提-火焰光度计法测定。

(三)主要结论

根际土壤微生物以其独特的环境和性质在荒漠植被演替过程中发挥着重要作用，能准确地反映出植物对土壤环境的影响。因此，可作为植被恢复的重要生物指标。土壤中微生物的数量分布一方面可以反映土壤物质能量的转化循环程度，另一方面也可以反映出土壤肥力状况。比较两种固沙灌木对土壤微生物总数的影响，得出油蒿根际、非根际土壤微生物总数均高于中间锦鸡儿(图 1-11)。与流沙对照相比，油蒿根际、非根际土壤微生物总数提高了 9.23 倍和 5.73 倍，中间锦鸡儿根际、非根际土壤微生物总数提高了 6.49 倍和 4.20 倍。表明两种植物无论在根际界面还是非根际界面，均对土壤微生物生长起到促进作用，土壤微生物条件比流动沙地有不同程度的改善。其中，天然恢复的油蒿群落根际土壤环境更能促进微生物繁殖与生长，根际聚集效应在 0~20cm 土层尤为明显。对两种固沙灌木根际与非根际土壤微生物群落数量进行研究，

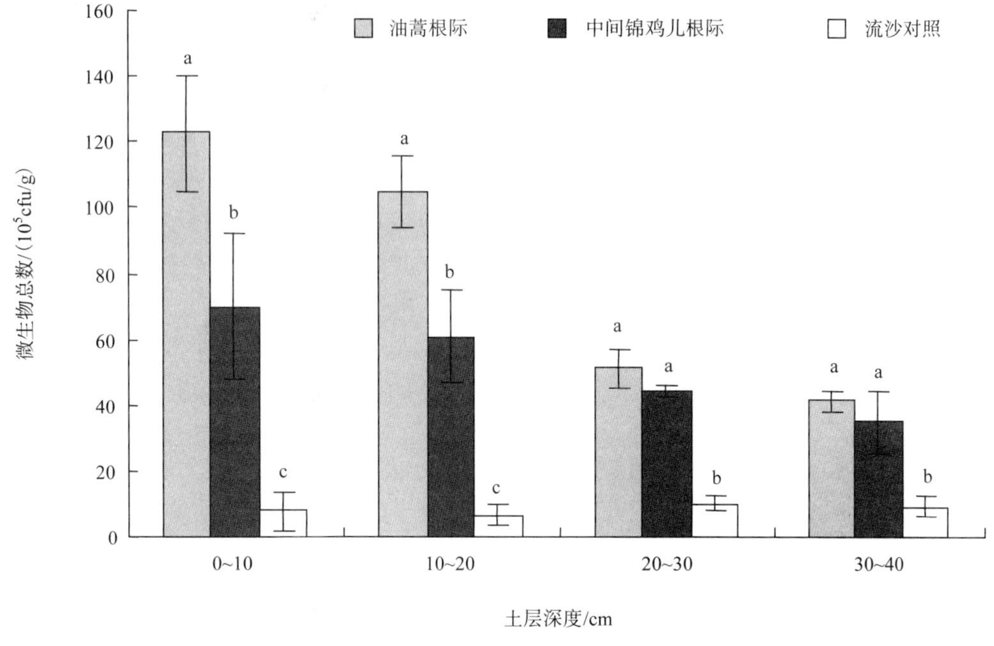

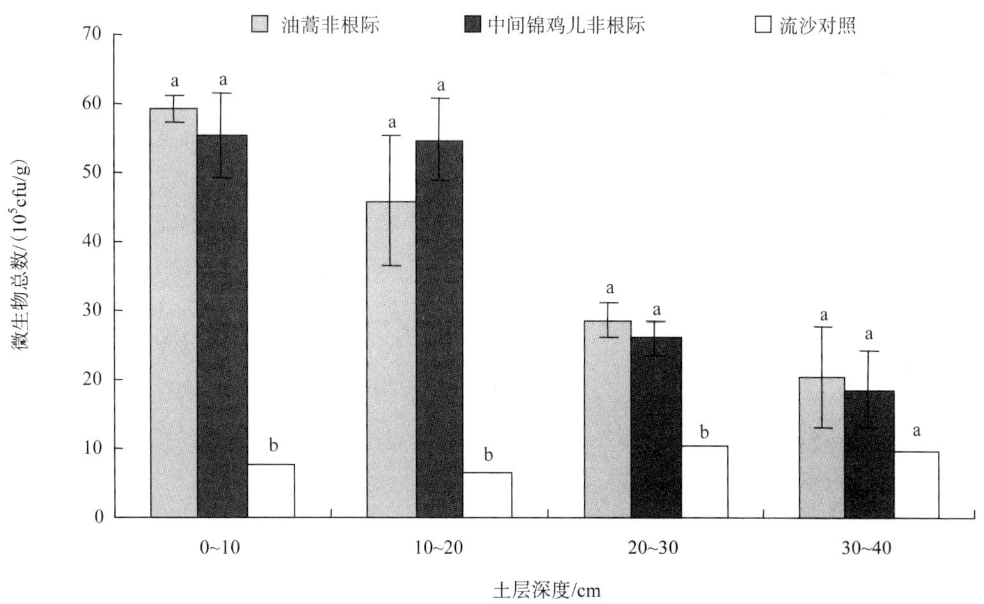

图 1-11　两种植物根际和非根际土壤微生物总数含量分布

得出油蒿根际、非根际土壤细菌数量均高于中间锦鸡儿，与流沙对照相比，油蒿根际、非根际土壤细菌数量提高了 8.16 倍、3.34 倍，中间锦鸡儿提高了 3.84 倍、2.66 倍，细菌可分解有机残体，释放 CO_2，产生有机酸类物质，能够有效提高土壤有效性，敏感反映土壤肥力状况。研究结果表明，自然恢复的油蒿群落根际土壤环境更有利于细菌生长，从而更有利于土壤养分的聚集与改善；中间锦鸡儿根际土壤真菌数量显著高于油蒿，与流沙对照相比，油蒿、中间锦鸡儿根际土壤真菌数量分别提高了 3.91 倍、11.47 倍，非根际土壤中除表层(0~10cm)显著高于流沙外，三者间差异不显著。结果表明，两种植物在根际界面对土壤真菌具有一定的促进作用，尤其以中间锦鸡儿群落最为明显；中间锦鸡儿根际、非根际土壤放线菌数量均显著高于油蒿，与流沙对照相比，油蒿根际、非根际土壤放线菌数量分别提高了 11.14 倍、5.77 倍，中间锦鸡儿根际、非根际土壤放线菌数量分别提高了 23.57 倍、15.83 倍。在较高的营养条件下，细菌大量存在，有机质分解彻底，纤维素和木质素较少，从而不利于真菌群落的生长，在土壤贫瘠且保水性较差时，干旱的环境为放线菌生长繁殖创造了有利环境。因此，在土壤养分下降的条件下，细菌生长繁殖受到抑制，真菌、放线菌有明显上升趋势。本研究中，中间锦鸡儿根际土壤真菌、放线菌数量高于油蒿群落，说明中间锦鸡儿根际土壤肥力有下降趋势。

微生物种群结构是表征土壤微生物活性及养分状况的重要指标之一。不同植被类型根际土壤微生物群落组成各不相同。油蒿根际细菌、真菌、放线菌数量分别占微生物总数的百分比为 91.51%、0.04%和 8.47%，中间锦鸡儿根际细菌、真菌、放线菌比例为 73.77%、0.13%和 26.10%。可以看出，油蒿根际土壤细菌比例高于中间锦鸡儿约 17%，真菌、放线菌比例低于中间锦鸡儿约 0.10%、17%。细菌在养分较高的土壤中比例较大，而在土壤养分低的环境下比例减少，放线菌菌丝体产生的孢子使其种群能够在严酷条件下保存下来，因此在严酷环境中更有生存优势(李阜棣等，1996)。Beatriz 等(2003)认为土壤真菌和放线菌数量的升高是土壤质量退化的标志。研究结果表明，油蒿根际土壤具有较好的养分条件，中间锦鸡儿主根发达、须根较少，根围环境较为严酷，真菌和放线菌比例的升高，在一定程度上反映出中间锦鸡儿土壤有退化趋势。

根际分泌物通过改变土壤微区域理化性质和生物学特性而使其区别于原土体，从而促进根系周围微生物繁殖和生长，对根际有直接影响。因此，根际效应可以反映出植物根系对土壤微生物的聚集作用。本研究中，两种植物根际微生物总数、细菌、真菌、放线菌数量均高于非根际土壤，R/S 值介于 1.32~4.45，均大于 1，表明两种植被类型根际微生物均受根系及分泌物影响较大，与非根际土壤相比形成了微生物的聚集效应。两种植被类型土壤微生物总数的根际效应总体表现为油蒿>中间锦鸡儿，表明天然恢复的油蒿群落根系对微生物的聚集作用较中间锦鸡儿显著。

土壤微生物生物量是土壤有机质的活性部分及速效养分的来源，参与调节土壤矿化和物质能量流动过程，可以用来反映土壤微生物功能活性。对两种植被类型根际与非根际土壤微生物生物量进行研究，得出油蒿根际、非根际土壤微生物量碳含量总体显著高于中间锦鸡儿，与流沙对照相比，油蒿根际、非根际土壤微生物量碳含量提高了 300.05%、118.31%，中间锦鸡儿根际、非根际土壤微生物量碳含量提高了 236.34%、

32.08%（图 1-12）。土壤微生物量碳对土壤养分循环起着重要作用，比有机碳更能反映土壤质量的变化。结果表明，两种植被类型对土壤微生物活性有不同程度的促进作用。其中，油蒿相对较高的土壤微生物量碳含量表明油蒿群落对于土壤有效养分和生物活性的促进作用强于中间锦鸡儿群落；油蒿根际、非根际土壤微生物量氮含量总体高于中间锦鸡儿，与流沙对照相比，油蒿根际、非根际土壤微生物量氮含量提高了 2858.13%、1674.52%，中间锦鸡儿根际、非根际土壤微生物量氮含量提高了 1895.06%、

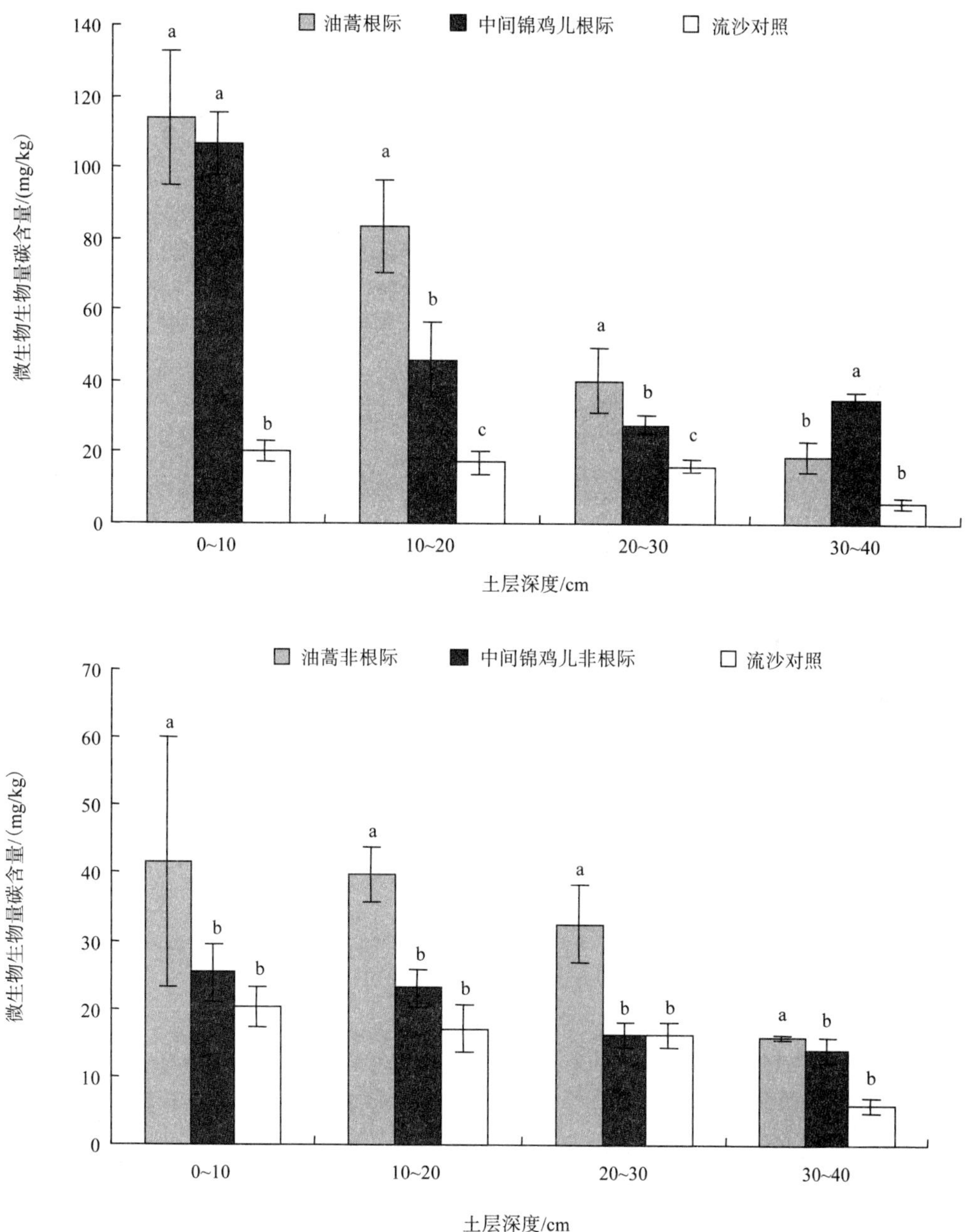

图 1-12　两种植物根际和非根际土壤微生物生物量碳含量分布

936.25%(图 1-13)。土壤微生物量氮是土壤微生物同化、矿化活性的重要指标，是植物氮素的“活性库”。结果表明，两种固沙灌木对根际土壤氮素积累和循环有明显的促进作用，无论是在根际土壤还是非根际土壤，油蒿群落对土壤有效氮的利用和转化能力要高于中间锦鸡儿群落。

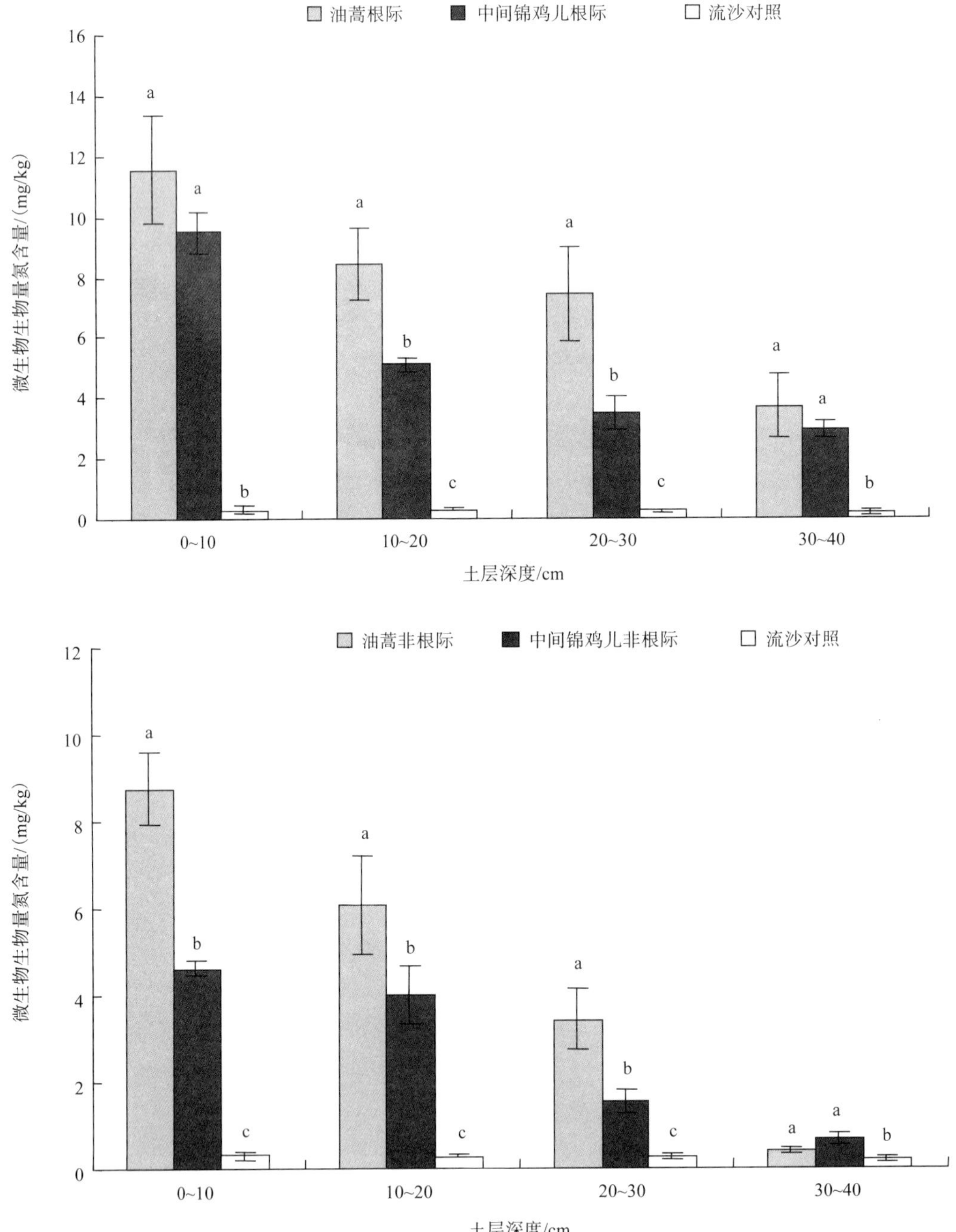

图 1-13　两种植物根际和非根际土壤微生物生物量氮含量分布

植被恢复对土壤环境的改变不仅体现在微生物种类组成和结构上，也体现在土壤理化性状的改变。植被恢复过程中，植被群落对根际土壤不断适应和改造，同时土壤营养元素也是植被恢复与重建的驱动力之一。与流沙对照相比，两种植被类型根际、非根际土壤有机质、全氮、全磷、速效氮、速效磷、速效钾含量均有不同程度的提高。其中，油蒿根际、非根际土壤有机质含量提高了303.58%、142.86%，中间锦鸡儿提高了121.43%、85.72%；油蒿根际、非根际土壤全氮含量分别提高了273.88%和158.62%，中间锦鸡儿根际、非根际提高了67.35%和30.27%；油蒿根际和非根际土壤全磷含量提高了87.27%和97.41%，中间锦鸡儿提高了143.60%和140.42%；油蒿根际、非根际土壤速效氮含量提高了501.99%和379.37%，中间锦鸡儿提高了11.12%和96.43%；油蒿根际、非根际土壤速效钾含量提高了36.92%和37.08%，中间锦鸡儿提高了32.99%和32.79%。结果表明，油蒿和中间锦鸡儿两种植被恢复方式下土壤养分得到明显改善；对两种植被类型根际与非根际土壤化学性状进行研究，得出两种植被类型根际、非根际土壤有机质、全氮、全磷、速效氮、速效钾含量均比流动沙地有不同程度的提高，说明植被恢复可有效提高土壤肥力。比较两种植被类型对土壤养分的改善效果得出：在土壤有机质、全氮、速效氮含量分布上，油蒿根际、非根际土壤显著高于中间锦鸡儿，表明油蒿群落对土壤肥力的改善和聚集作用优于中间锦鸡儿群落。

土壤微生物与土壤养分之间关系密切，土壤微生物可以促进土壤有机质的积累，土壤养分的积累又可增强微生物活性，为微生物提供碳源，两者之间存在着复杂的相互作用关系。本研究采用逐步回归和通径分析方法，对油蒿、中间锦鸡儿群落根际土壤微生物与土壤化学性状的关系进行深入探讨，得出土壤pH、有机质和全氮含量是影响两种植物根际土壤微生物数量和微生物生物量变化的主要土壤因子。其中，在油蒿根际土壤环境中，影响微生物总数、细菌数量、微生物量碳的主要土壤因子是有机质、全氮和pH，影响真菌数量的关键土壤因子是有机质，影响放线菌数量、微生物量氮的主要因子是有机质和pH；在中间锦鸡儿根际土壤环境中，影响微生物总数、微生物量氮含量的主要土壤因子是全氮，影响细菌、微生物量碳含量的主要土壤因子是有机质，影响真菌的主要因子是全氮、pH和速效钾，影响放线菌数量的关键因子是pH。

土壤质量是土壤养分状况、健康状况的综合量度，土壤质量评价可以反映出土壤生态系统的变化以及效应，是检测土壤退化与恢复效果的重要手段。本研究选取了14个基于土壤微生物学和化学性质的指标，应用主成分分析法，以各指标特征值贡献率为权重，加权计算两种植物根际、非根际土壤化学和微生物学指标值，运用土壤综合指标数法，综合评价其土壤健康状况，通过土壤综合指数衡量土壤质量的改善效果。在本研究中，土壤综合指数排序为：油蒿根际>中间锦鸡儿根际>油蒿非根际>中间锦鸡儿非根际>流沙对照(表1-7)。从非根际到根际，两种植物土壤质量均有明显提高，表明植物改变了根际土壤环境，促进了土壤养分积累和微生物活性。与流沙对照相比，油蒿根际与非根际土壤SQI值分别提高了1307.83倍、1003.17倍，中间锦鸡儿提高了1068.17倍、822.67倍。表明两种植被恢复类型均有助于土壤养分的富集以及土壤微生物活性的促进，增加了土壤保肥能力，进而形成较好的土壤质量。无论在根际、非根际土壤中，油蒿群落土壤综合指数均显著高于中间锦鸡儿群落，表明自然恢复的油蒿群落更有利于土壤微生物生长、土壤物质能量转化以及土壤养分积累，土壤质量的改良效果显著优于人工种植的中间锦鸡儿群落。因此，可以作为库布齐沙地生态恢复的适合途径之一。

表 1-7　不同样地土壤综合指数排序

样地	得分	名次
油蒿根际	0.7853	1
油蒿非根际	0.6025	3
中间锦鸡儿根际	0.6415	2
中间锦鸡儿非根际	0.4942	4
流沙对照	0.0006	5

（四）意义及展望

油蒿和中间锦鸡儿作为干旱、半干旱地区的优势种群，在沙地草原生态恢复与重建中具有重要地位。研究两种固沙植被根际土壤微生物学和化学性质差异，并进行了以微生物学指标、土壤化学指标为基础的土壤质量综合评价，为深入了解库布齐沙地土壤生态系统恢复过程提供一定的参考，对于库布齐沙地生态恢复建设中生态恢复措施的选择具有一定的参考意义。

库布齐沙地生境条件千差万别，本研究只代表其中一种生境下的结果。因此，在今后的研究中，应研究不同生境条件下、不同恢复阶段油蒿和中间锦鸡儿的根际和非根际的生态效应，探明恢复过程中微生物变化的过程和机理；进一步研究根际和非根际环境的微生物基因组学、蛋白质组学特征，揭示微生物分子生物学功能和作用机制，以获得更有普遍性的结论和规律。

第二章　典型草原不同保护利用方式和利用强度对碳储量的影响

第一节　引　　言

随着人类活动和气候变化的不断加剧，生态系统退化问题已成为全球各国面临的重要的且不可回避的生态与环境问题。森林、农田和草地作为陆地上主要的三大生态系统，是人类维持生存和发展的基础物质来源，也是目前遭受破坏最为严重的生态系统。在这三大生态系统当中，草地面积广大，世界草地面积达 $24\times10^8hm^2$，约占全球陆地面积的1/5，我国草地约 $4\times10^8hm^2$，占到国土面积的40%以上，它们主要分布于干旱、半干旱的环境恶劣地区，这些地区是农田和森林等生态系统所无法生存为继的，只有草地能够坚守并持续发挥着重要的物质生产与生态屏障功能。在人类活动与气候变化干扰下，草地生态系统显得极为脆弱，植物生长受阻以致植被高度、盖度下降，生态系统能量与物质循环受阻以致系统失衡等，这些都导致草地生态系统生产力发生持续衰减，人-草-畜矛盾日益突出。至此，人们开始关注草地生态系统对人类活动干扰和气候变化的响应，试图从不同的视角开展深入的机理性研究，以探索与寻求科学的草地保护利用方法与途径，寄以不断提高草地生态与生产功能的期望，尤其是提高草地第一性生产力与系统的碳蓄积能力，因为这是维系草地生态系统生态与生产功能的关键所在，且两者具有统一性。故近年来，国外和国内学者在生态系统碳循环方面做了大量的基础性研究工作，该领域的研究也已经得到了国际组织的密切关注，国际地圈和生物圈计划(IGBP)、国际全球环境变化和人文因素计划(IHDP)、世界气候研究计划(WCRP)以及国际生物多样性计划(DIVERSITAS)等组织将其列为重要科学问题。碳循环的研究与发展为继续深入开展生态系统碳循环研究奠定了良好的基础并提出了明确的方向。聚焦国内外研究前沿，对有关草地生态系统碳循环的几个主要方向的研究进展进行简单归纳，希望能够在把握这些研究热点与前沿的基础上，凝练出符合我国现实草情的亟待解决的关键问题与研究内容。

气候变化在全球范围内对自然、经济、社会复合系统产生影响，由于这种影响范围之大，尤其是在情景模拟下，对人类未来的影响程度之深而备受关注。气候变化是一个较大尺度的问题，其发生和加剧、缓解和阻止都是一个大尺度、长时期问题，不可能一蹴而就地完成。气候变化已经并仍在对草地生态系统产生影响，而且据预测，未来这种影响，尤其是不利影响可能会更大。所以，关注气候变化，研究气候变化对草地生态系统生态和生产功能的影响将是一个现在和未来都很重要的科学命题。当下，面对我国草原大面积退化的现实问题，我们更应该认识到，在气候变化的背景下，人类的无序活动在过去几十年里所产生的巨大影响，这种影响已经远远超出气候变化所影响的程度和范围。草原的主要人类活动仍然是放牧利用，不合理放牧利用被认为是草地生态系统功能持续衰退的关键诱因。然而，与气候变化相比，气候的人为调控目前还难以实现，放牧利用则具有高度的人为可调控性，这一点将为我们科学合理利用草原，通过适应性放牧管理来调节草地生态系统，以在最大程度上适应气候变化，维持和不断提升生态系统功能提供了切入点和可能。放牧以及与放牧相关的草地保护利用措施，如围栏封育保护、草地刈割利用、不同强度与方式的放牧利用以及草地垦荒等，这些都将对生态系统植被-土壤主要性状，尤其是碳蓄积产生较大影响，因此，该方面的研究就显得非常重要，这些问题已经受到国内外学者们的关注，一些研究工作也在试图解答人类利用对草地产生影响的机理、过程和结果。

国内草地生态系统碳储量研究发展历时约 30 年，经历了两次土壤普查，伴随着 3S 技术的发展，我国学者将其应用于碳储量的研究和估算中(岳曼等，2008)，从区域和国家等不同尺度对草地生物量及碳储量进行了估算。国外碳储量的研究也有近 40 年历史，20 世纪 80 年代以前，国际上一些学者开始根据土壤剖面资料对全球总碳库存量做试探性估算。

生态系统“碳”的研究已经成为热点，在气候变化加剧、人类活动对生态系统影响越来越剧烈的背景下，“碳素”作为与生态系统生产功能和生态功能密切相关，且又对气候变化产生反馈效应的因子，必将在当前和未来相当长一段时期内得到学术界的重视，一系列重要的科研项目和科研成果的出现，为指导人类科学利用生态系统、积极减缓和应对气候变化提供科学依据与技术支撑。草地生态系统作为陆地上最为重要的生态系统之一，其面临的生态退化及全球变化影响，已成为全球和我国最为关切的生态问题之一，近年来国家从自然-社会经济等不同层面展开了一系列的草原保护建设工程，落实了一些重要的政策机制，起到了一定的效果。但是，因为有关草地生态系统的基础性、机理性的研究还比较薄弱，系统完善的基础理论与技术的缺乏影响到草地保护的效率与效果。因此，追踪国际研究前沿，围绕可调控的人类活动——放牧利用对草地生态系统碳库分布、碳蓄积及碳储量等方面的影响，开展全面、系统深入的研究，将对科学保护草原，实现草原生态生产功能维持与提高的适应性管理提供具有重要价值的科学基础。

本研究部分以内蒙古典型草原区为研究对象，开展不同保护利用措施对典型草原植被-土壤系统碳储量的影响研究，具有重要的理论意义与现实指导价值。首先，典型草原是我国温性草原中最具代表性的类型，且面积最大，在该区域开展研究，其结论具有代表性和应用前景。其次，从不同保护利用措施对草地生态系统碳储量的视角开展植被-土壤碳分布、碳蓄积及区域碳储量评估的研究，可以深入揭示不同干扰对系统碳循环和碳平衡的影响，从理论上揭示草地生态系统在保护和利用下生态生产功能提升或衰减的过程和机制，这对丰富草业科学、生态科学，尤其是恢复生态学和放牧生态学的理论和研究内容都具有重要的科学意义。最后，本研究的另一重要意义在于在揭示不同保护利用措施对草地植被-土壤系统碳储量影响机理的基础上，探讨退化草原恢复和功能提升的有效方法、措施等，为构建草原保护建设与可持续利用，完善草原“生态-生产-生活”

的理论与技术体系奠定科学基础。

本研究部分以揭示不同保护利用措施下草地生态系统植被-土壤碳分布特征，阐明放牧利用对系统关键要素及其碳蓄积的影响，估算区域碳储量为主要目的，开展如下三个方面的内容。

(1) 不同放牧退化草地植被-土壤碳密度及其分布规律研究

在合理布置试验和科学采样的基础上，重点研究不同退化状况下典型草原草地植被的碳含量与碳密度；分析不同退化程度土壤碳密度的空间分布特征与垂直分布规律；阐明地上植物碳储量、地下植物碳储量及土壤碳储量之间的相关关系。为深入开展放牧利用对草地碳蓄积影响及典型区域植被-土壤系统碳储量估算奠定基础。

(2) 不同利用方式和放牧强度对草地植被-土壤碳蓄积的影响研究

研究不同利用方式(围封禁牧、草地刈割与放牧利用)和强度对植物碳含量及碳密度的影响；分析不同干扰方式与强度下土壤碳含量与碳密度的变化规律；解析植被-土壤系统碳密度与碳含量变化对干扰方式及强度的响应；探讨不同干扰方式和强度对土壤理化性状的影响，进而阐释植被-土壤碳蓄积差异产生的过程与机制。

(3) 典型草原区域植被-土壤碳储量估算与空间分布格局研究

基于地上活体生物量与枯落物及地下生物量的关系、地上生物量与草地生态系统退化程度的关系、不同退化程度土壤有机碳密度与垂直分布深度的关系等，利用 MODIS-NDVI 数据，构建植被-土壤碳密度模型，并结合内蒙古锡林郭勒盟典型草原不同退化程度的面积，开展区域植被-土壤碳储量的估算研究，并对系统碳储量的空间分布格局进行分析。

第二节　研究材料和主要研究方法

一、研究区域概况

(一) 地理概况

研究区域位于内蒙古锡林郭勒盟典型草原，海拔 1000~1400m。研究区域内设了 3 个样地，样地Ⅰ选在东乌珠穆沁旗乌里雅斯太镇正东 50km(45°40′N，117°07′E)处的大针茅群落；样地Ⅱ和样地Ⅲ分别为白音锡勒牧场(43°26′~44°08′N，116°04′~117°05′E)锡林河流域大针茅群落和羊草群落。验证实验的 11 个样点在研究区内随机选取。

(二) 气候特征

研究区域气候类型属于温带半干旱草原气候，冬季受蒙古高压气流控制寒冷干燥，夏季受季风影响，较为温暖湿润。气温日差和年差较大，年平均气温 0.5~1℃，无霜期为 4 月末到 10 月初，约为 150d；年均降水 350mm 左右，且 60%~80%的降水量集中在 5~8 月的生长季，蒸发量 1600~1800mm，约为降水量的 4~5 倍。3~5 月常有大风，月平均风速达 4.9m/s。

（三）土壤状况

土壤是由各种成因综合作用而产生的一个独立的历史自然体。草地类型与土壤类型总是紧密相连，而且不同植被类型也对划分土壤类型起着重要的作用。典型栗钙土和黑钙土为研究区域主要的地带性土壤。锡林郭勒典型草原主体土壤为栗钙土，也是最具有代表性的土壤类型，在研究区内广泛分布于锡林河流域及东乌珠穆沁旗满都宝力格苏木至苏尼特右旗朱日河镇以东的广大低山丘陵及高平原区域。值得提到的是栗钙土又可细分为典型栗钙土和暗栗钙土两大亚类，分别与大针茅草原和羊草草原相对应。黑钙土则主要分布于锡林河流域上游丘陵地区，少量分布于锡林河南部的熔岩台地和玄武岩，这些区域的水分条件最好。

（四）植被状况

锡林郭勒典型草原是欧亚大陆草原一个古老的植物地理区域，因而，其植物区系受多方面的渗透和影响，物种非常丰富。研究区域内植物群落主要以大针茅和羊草为建群种，是欧亚大陆草原广泛分布的生态系统类型（姜恕，1985）。

本研究选取的样地Ⅰ和样地Ⅱ为大针茅建群的植被类型。优势种有羊草、糙隐子草（*Cleistogenes squarrosa*）、冷蒿（*Artemisia frigida*），伴生种有冰草（*Agropyron cristatum*）、黄囊薹草（*Carex korshinskyi*）、星毛委陵菜（*Potentilla acaulis*）、猪毛蒿（*Artemisia scoparia*）、知母（*Anemarrhena asphodeloides*）等。样地Ⅲ为羊草建群的植被类型。优势种有大针茅、冰草、糙隐子草，伴生种有早熟禾（*Poa pratensis*）、洽草（*Koeleria cristata*）、羽茅（*Achnatherum sibiricum*）、黄囊薹草、冷蒿、细叶葱（*Allium tenuissimum*）、二裂委陵菜（*Potentilla bifurca*）、猪毛菜（*Salsola collina*）等。

二、研究样地设置

（一）不同放牧利用方式植被-土壤系统碳密度分布及其碳储量和固碳潜力估算研究

样地的空间分布如图 2-1 所示。样地Ⅰ和样地Ⅱ选在以居民点为中心的自由放牧方式家庭牧场（图 2-2）。参照李博（1997）对草原退化梯度的定义，再根据研究的需要，以居民点为中心，呈条带放射状向外呈现出草原群落的不同退化程度。根据与居民点的距离将放牧区划分为轻度放牧退化（grazing lightly，GL）、中度放牧退化（grazing moderately，GM）、重度放牧退化（grazing heavily，GH）三个等级。具体划分方法是以居民点为中心在自由放牧地上拉放射状的 3 条样线，样线之间有一定的距离，使其所包含的信息尽可能代表整个草地（王明君等，2007；高雪峰等，2007；李春莉，2008；李怡，2011）。再选择牧户附近基本不受干扰或干扰极少的草地作为对照区（no grazing，CK）。样地Ⅰ对应的 CK 为 1979 年围栏封育样地，样地Ⅱ对应 CK 为利用率最低的冬季放牧场。样地Ⅲ为 2005 年开始的放牧控制实验样地（图 2-3），实验设置 5 个放牧梯度和 1 个割草场，每个小区 2hm^2，分别为 GL（3.0 羊单位/hm^2），GM（4.5 羊单位/hm^2 和 6.0 羊单位/hm^2），GH（7.5

羊单位/hm^2 和 9.0 羊单位/hm^2)，放牧时间为每年的 6 月初至 9 月中旬，持续 100 天左右，晚上不归牧；割草时间为每年的 8 月中旬。本样地的对应 CK 为放牧实验区附近 1996 年的围栏封育样地。除此之外，为了分析不同围封年限植被-土壤系统碳密度及其环境因子之间的关系，研究还分别在 2005 年和 1979 年开始围封的羊草样地取样。

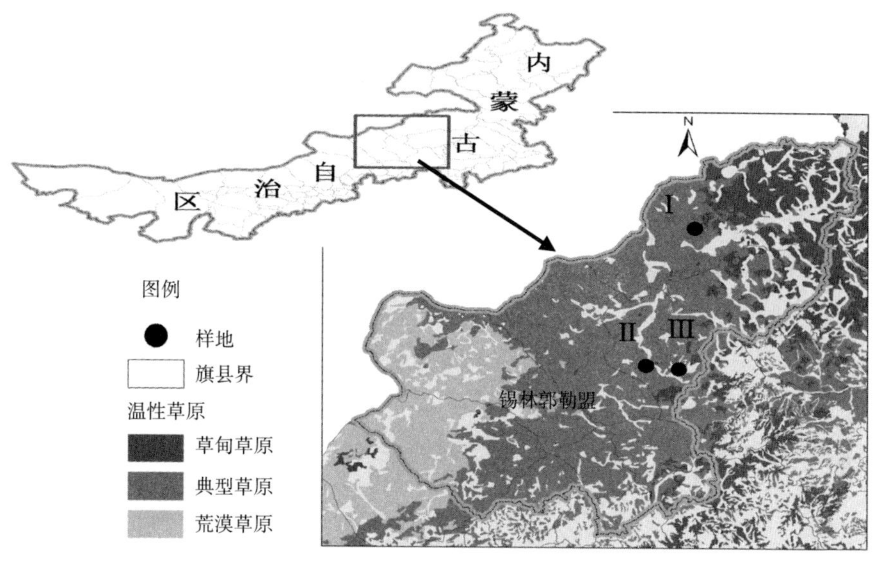

图 2-1　研究区域分布图(另见彩图)

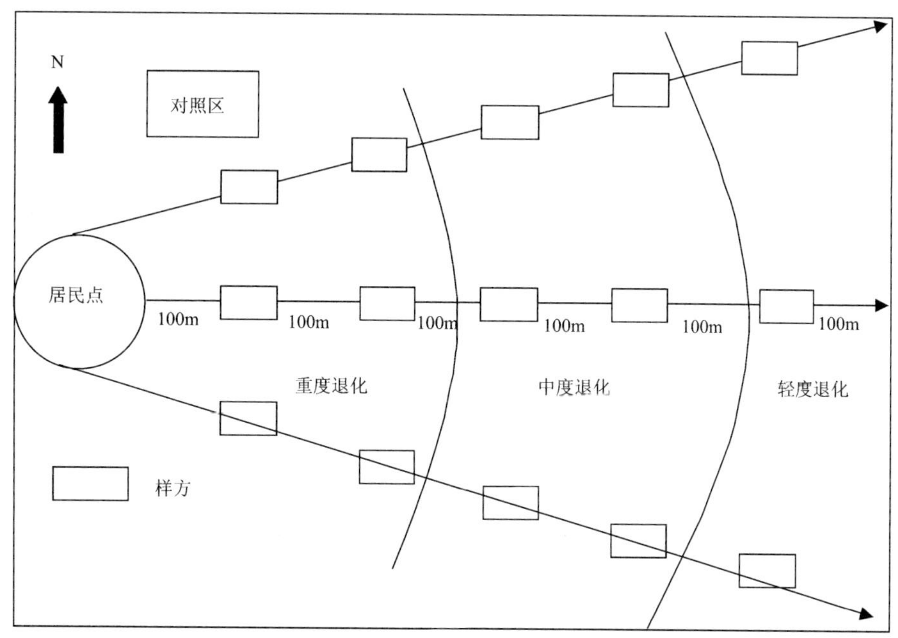

图 2-2　样地Ⅰ和样地Ⅱ实验设计

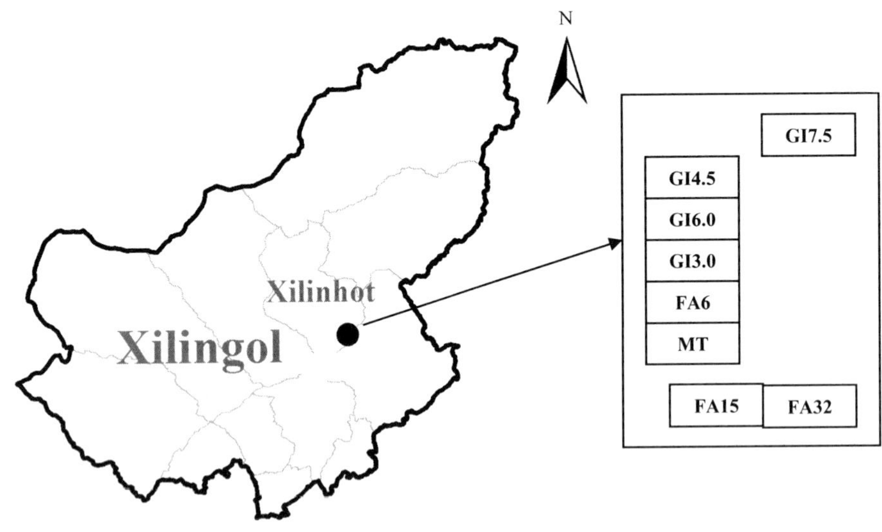

图 2-3　样地Ⅲ实验设计

（二）不同放牧利用方式对土壤呼吸及生态系统碳平衡的影响研究

在白音锡勒选取大针茅天然草原作为试验区，选择有代表性的地段(地势平坦、植被均匀)作为试验区。同样，为达到科学试验设计统计上所有处理的可比较性和对等性，实验采用完全随机区组设计，3 个处理：自由放牧(从 1979 年后一直作为放牧利用)，割草(一年两次，5 月和 8 月，从 1999 年开始)和围封(1999 年围封以来一直处于未利用状态)。每个处理 3 次重复，共 9 个处理区。

三、取样和测定方法

（一）不同放牧利用方式植被-土壤系统碳密度分布及其碳储量和固碳潜力估算研究

1. 野外取样

三个试验样地的样品采集工作均在 2011 年 8 月下旬进行，模型验证数据为 2012 年采集。

地上、地下植物采样方法：样地Ⅰ和样地Ⅱ每条样线上每隔 100m 设置一个 1m×1m 的样方，记录和测定植物种类组成、盖度、高度和生物量干重，用这些指标来辅助判定放牧退化程度(李博，1997)。样地Ⅲ利用随机取样方法，在每个样地分别设置 1m×1m 样方 10 个，测定指标上同。另外，选择其中 5 个样方将地上部分分种齐地刈割，并用报纸包好，拿回实验室测定地上活体生物量和枯落物量。在植物样方内利用根钻取 0~10cm、10~20cm、20~30cm、30~40cm 4 层地下生物量，每个样方取 3 次重复混合测定。采取随机取样原则对针茅和羊草进行活体取样，齐地剪下取地上和地下新鲜部分各 5g 左右，用液氮速冻，运抵实验室进行植物内源激素的分析。

土壤与微生物样品采集方法：在测定生物量的样方内用直径 4cm 土钻取土壤样品，分层深度为 0~10cm、10~20cm、20~30cm、30~40cm、40~60cm 和 60~100cm，每样方内取 3 钻并按层混合，带回实验室风干、过筛，测试相关指标。此外，在样地内挖一个深度为 1m 的剖面坑，采用土壤环刀法，与上述土层一样在每层用环刀取土以测定土壤容重，重复 3 次。取容重时应先将剖面用削土刀或剪刀削齐铲平，再用带有环刀套的环刀垂直压入土壤内，用锤子砸入，使环刀和环套全部进入土壤中为止，再取出环刀。除掉黏附在环刀外壁上的土，用削土刀或剪刀削去环刀两端的根系，使土壤恰好与环刀齐平，并将环刀内的土壤全部装入铝盒内。验证试验主要在随机选取的样地上分 0~10cm、10~20cm、20~30cm、30~40cm、40~50cm 5 层取土壤样品。取样方法同上。微生物测定样品分 0~10cm、10~20cm、20~30cm 三层取，取样方法同上述，取完后装入塑料自封袋，4℃低温下运回实验室。

2. 样品处理与制备

将待测植物样品粉碎过 150 目的筛，筛完留下的部分用研钵等工具再进行手工磨碎，直至所有的样品都可以过筛为止，制备成草粉，用于牧草营养价值和生理指标的测定。土壤养分测定前期处理方法为：样品阴干并除掉可见杂物，磨碎过 150 目的筛，粉碎要求同于植物样品。

3. 样品分析方法

确立试验测试指标，利用目前常规方法，对所需测定指标进行实验测定。本研究涉及的主要指标及测定方法见表 2-1。

表 2-1　植物、土壤测定指标及方法

指标类型	具体指标	测定方法
植被基本特征	地上生物量	收获法、重量法
	地下生物量	水洗法、重量法
植物营养价值	全　碳	重铬酸钾-外加热法
	全　氮	凯氏定氮法
植物生理指标	激　素	酶联免疫吸附分析法(ELISA)
土壤物理性质	容　重	环刀法、重量法
土壤化学性质	有机碳	重铬酸钾-外加热法
	全　氮	凯氏定氮法
	全　磷	NaOH 熔融-钼锑比色法
	全　钾	NaOH 熔融-火焰光度计法
	碱解氮	碱解扩散法
	速效磷	0.5mol/L $NaHCO_3$ 浸提-比色法
	速效钾	NH_4OAC 浸提-火焰光度计法
	机械组成	甲种比重计法
土壤生物学性状	微生物数量	平板涂布法
	微生物量碳、氮	氯仿熏蒸法

4. 指标计算

地上活体植物、枯落物和根系碳密度计算公式如下：

$$CSi = Pi \times Ci / 100 \tag{2-1}$$

式中，CSi 为植物碳密度(g/m^2)，Pi 为生物量(g/m^2)，Ci 为植物碳含量(%)。

一般认为土壤有机碳密度是由土壤有机碳含量、砾石(粒径>2mm)含量和容重共同决定的，由于土壤有机碳含量大约是有机质含量的 55%~65%，因此，国际上采用 58% 作为碳含量转换系数(Post *et al.*，1982)，本研究选用该国际通用方法进行指标换算。另外，因研究区域土壤为典型栗钙土，砾石含量极小，可将其忽略(张凡等，2011)。土壤有机碳密度计算公式如下(金峰等，2001；Pouyat *et al.*，2002)：

$$P=\sum_{i=1}^{n}(0.58\times d_i\times H_i\times b_i\times 0.1) \tag{2-2}$$

式中，P 为 SOC 密度(kg/m^2)，d_i 为有机质含量(%)，H_i 为土层高度(cm)，b_i 为土壤容重(g/cm^3)，i=1,2,3,…n 为取样土层数(深度)。

(二)不同放牧利用方式对土壤呼吸及生态系统碳平衡的影响研究

1. ANPP 的测定

在 2010~2012 年，对地上生物量进行测定。在每个样地中，采用随机抽样法，随机布设 6 个 1m×1m 测产样方对其进行 5 月份的草产量测定。而同样在每个样地中(放牧开始前)，采用限定随机抽样法，分别于每个放牧小区内设置活动围栏。白音锡勒在活动围栏内设置 6 个(放牧开始前)1m×1m 测产样方对其进行 8 月份的草产量测定。采用齐地面剪割法，用剪刀齐地面剪取植物地上部分，分种采集，在恒温箱 65℃下烘 48h，称取干重，用于草地植物 ANPP 的计算。

2. BNPP 的测定

采用根系内生长法对地下净初级生产力进行测定。2010 年和 2012 年均在生长季节开始前(5 月初)，用根钻(8cm)在每个处理小区内各随机选取 6 个点，取 0~30cm 土层。用 1mm 的土壤筛将根从土壤中分离取走，再把无根土回填到原来的土层中并对其进行标记。在每年的生长季节末期(9 月中下旬)，在原来标记的去根系的地方用内径 6cm 的根钻进行同样的方法进行取样，用 1mm 土筛取出当年新长的根系。将根系清洗后装入纸袋，65℃恒温下经 48h 烘至恒重，称其干重。通过得到的数据估算单位面积 BNPP。

3. 土壤呼吸测定

于 2009 年、2010 年和 2012 年从牧草返青期开始(5 月)，至生长期末结束(9 月)，每月 10 日左右进行测定。土壤呼吸采用动态密闭气室法，使用的仪器为 LI-8100(LICOR，Lincoln，NE，USA)土壤呼吸室。实验样地选择植被分布均匀、地势平坦的典型样点。在每个样地内，随机设置 6 个重复样点。为避免土壤扰动和根系造成的误差，提前 24h 将土壤圈(高 5cm，直径 11cm 的 PVC 塑料圈)放置到土壤中。在测量之前，剪去土壤圈内的植物，清除地表凋落物及羊粪等杂物。日观测从当日的 9:00 开始，至次日 9:00 结束，每隔两个小时进行定时观测，日均呼吸速率为 24h 内测定值的平均值。测量土壤呼吸的同时，测定气温、地下 5cm 温度(8100 系统所带温度探针)。

4. 环境因子测定

在测量土壤呼吸的同时测定环境因子。

温度因子：气温、地下 5cm 温度(8100 系统所带温度探针)。

土壤水分：在土壤圈附近取样，3 个重复取样深度为 0~10cm 土层，采用烘干法测定。在每个样地内，用直径为 4cm 土钻随机取 0~10cm 深度的新鲜土壤样品用改锥刮去土钻中的上部浮土，将土迅速装入已知准确质量并编号的铝盒内，带回实验室内，将铝盒外表擦拭干净，立即称重并准确得到 0.01g，然后放入已预热至 105℃的烘箱中烘烤 12h。在干燥器中冷却至室温，立即称重，计算土壤含水量。

5. 数据统计分析

年降水量与大气温度数据来源于国家气象局。应用 SAS 9.0 软件进行数据的统计分析，Excel 2003 软件进行曲线绘制。运用两因素、单因子方差分析法和 Duncan 法比较地上生物量、地下生物量、凋落物、土壤呼吸在不同放牧利用方式下的差异，运用线性、非线性回归分析法对土壤呼吸通量和气温、土壤水分进行分析。

四、遥感数据处理

采用与实测数据同期 NASA 的 2011 年 8 月中下旬 16 天合成分辨率为 250m 的 MODIS-NDVI 遥感影像产品，选用张连义等(2008)研究建立的估产模型 $Y_{MODIS}=368.273X+2.973$ (R=0.908)进行生物量估算。以刘钟龄和王炜(1997)提出的不同草原退化等级所对应的生物量下降幅度和冯秀等(2006)划分的锡林郭勒白音锡勒草地退化等级划分标准为参考，根据采样地地上生物量状况，划分基于地上生物量标准的草地退化等级，并绘制专题图。同时，依据地上生物量与枯落物、地下生物量的关系，绘制生物量、枯落物分布专题图。基于植被碳密度与生物量的换算关系以及不同草地退化程度土壤的估算模型，估算植被碳储量、土壤碳储量以及植被-土壤系统碳储量，并绘制专题图，分析其空间分布格局。具体流程图见图 2-4。

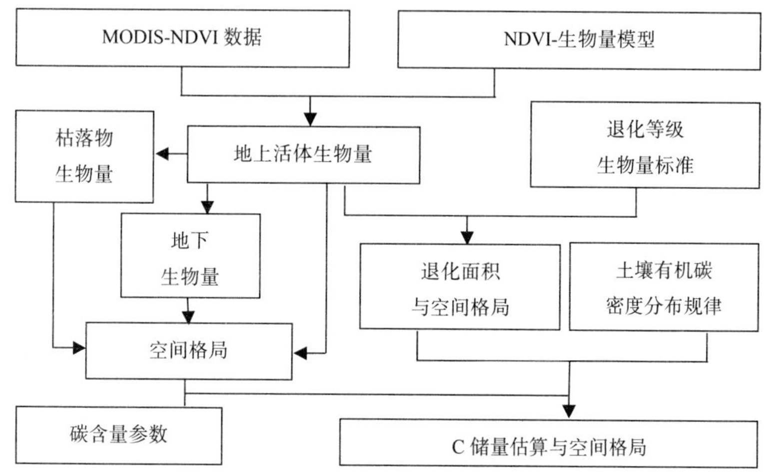

图 2-4　植被-土壤系统碳储量估算技术路线

五、主要分析统计方法

(一)数据的录入与初步整理在 Microsoft Office Excel 2003 下完成。

(二)采用 SPSS15.0 软件包中的 One-way ANOVA 方法，分别比较不同放牧强度地上植物和地下植物碳含量及碳储量的差异，以及三个样地在不同放牧强度土壤碳密度差异。以 $P<0.05$ 作为差异显著性检验的阈值。

(三)在 Microsoft Office Excel 2003 的支持下完成不同退化程度下土壤有机碳密度和土层深度关系模型的构建，并利用 SPSS15.0 软件包中的 t 检验法，检验土壤碳密度和土层深度的回归模型。以 $P<0.05$ 作为差异显著性检验的阈值。

(四)利用 SPSS15.0 软件包中的 Two-way ANOVA 方差分析法，比较同一样地不同放牧强度土壤碳密度的差异和不同样地在同一放牧强度下的差异。以 $P<0.05$ 作为差异显著性检验的阈值。

(五)在 ESRI 公司开发的 ArcGIS 9.3 软件，完成了区域碳储量估算的运算与分析，并绘制了一系列专题图。

第三节　研 究 结 果

一、不同退化草地植被-土壤碳密度及其分布规律

(一)不同退化草地植物碳含量与碳密度

1. 植物碳含量

不同退化程度草地地上生物量(包括活体植物和枯落物)、地下生物量都发生一定程度的变化，从而引起植物碳含量及碳密度的差异。通过方差分析，发现三个样地植物群落平均碳含量在不同退化程度间存在显著差异($P<0.05$)，CK、GL、GM、GH 四种退化程度地上活体植物碳含量分别为 43.47%、43.45%、42.55%和 41.71%，枯落物分别为 38.67%、39.64%、31.52%和 30.10%，根系碳含量分别为 39.54%、42.53%、39.85%和 40.93%(图 2-5)。

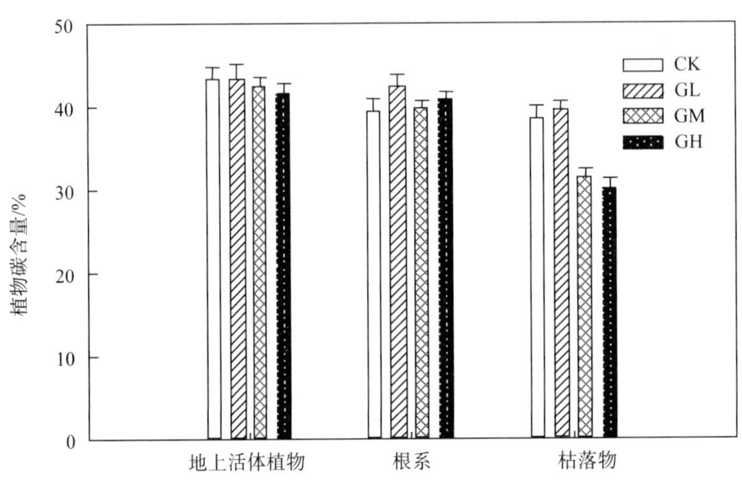

图 2-5　不同退化程度下三个研究样地植物碳含量

2. 植物碳密度

地上、地下植物碳密度由生物量和碳含量决定，在不同放牧退化程度间也存在显著性差异(P<0.05)(图 2-6)。这种差异趋势均表现为随着退化程度的增加而减少。地上、地下生物量碳密度存在极显著线性相关性(P<0.01)，地上植物碳密度 CK 为 113.96~192.31g/m^2、GL 为 110.13~113.13g/m^2、GM 为 55.37~75.90g/m^2、GH 为 27.74~38.94g/m^2，地下植物碳密度 CK 为 22.40~1053.09g/m^2、GL 为 543.04~959.34g/m^2、GM 为 438.33~603.75g/m^2、GH 为 274.61~604.21g/m^2。大部分的植物碳储存在地下，占总植物碳密度的 82.09%~93.95%。

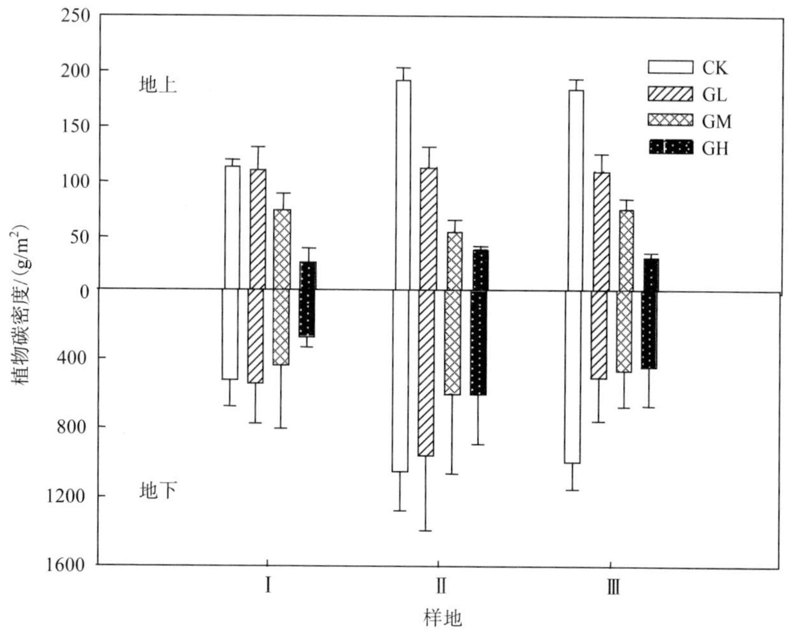

图 2-6　3 个研究样地不同退化程度地上、地下植物碳密度

(二)不同退化程度土壤碳密度及其分布规律

1. 不同退化程度草地土壤碳密度

本研究选择的 3 个样地虽然空间上有一定距离，但是其植被地带均属温带典型草原亚带。利用双向方差分析方法分析 3 个样地的土壤碳密度，既可以揭示土壤碳密度在空间上的分布差异，又能够研判土壤碳密度在不同放牧退化程度间的差别。图 2-7 显示，3 个样地土壤碳密度范围相似，样地 I 为 10.80~14.84kg/m^2，样地 II 为 9.92~13.33kg/m^2，样地III为 9.72~14.54kg/m^2。总体来讲，研究区草地土壤碳密度为 9.72~14.84kg/m^2，均值为 12.30kg/m^2。在不同退化程度下，CK 的碳密度为 9.72~10.80kg/m^2，均值为 10.12kg/m^2；GL 为 11.91~14.20kg/m^2，均值为 12.96kg/m^2；GM 为 13.33~14.84kg/m^2，均值为 14.24kg/m^2；GH 为 11.27~12.54kg/m^2，均值为 11.87kg/m^2，总体呈现出 GM>GL>GH>CK 的关系特征。利用双向方差分析法，分析样地间和不同放牧退化程度间差异，检验结果为不同放牧退化程度间 P=0.001<0.05，说明不同放牧退化程度对土壤有机碳密度有显著影响；样地间

P=0.093>0.05，说明不同样地间的土壤有机碳密度差异无统计学意义。

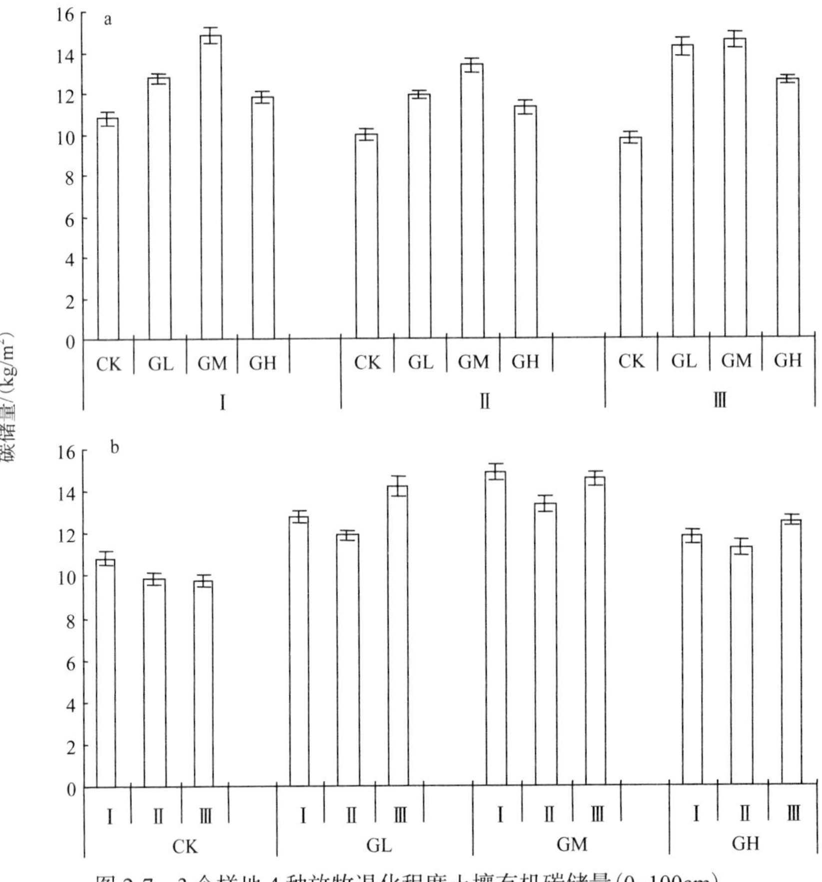

图 2-7 3 个样地 4 种放牧退化程度土壤有机碳储量(0~100cm)

Ⅰ，Ⅱ和Ⅲ分别代表东乌旗大针茅草原，白音锡勒大针茅草原和白音锡勒羊草草原；CK，GL，GM 和 GH 分别代表对照区，轻度放牧样地，中度放牧样地和重度放牧样地。a 为同一样地不同处理间土壤有机碳储量分布图，b 为同一处理不同样地间土壤有机碳储量分布图。下同。

2. 土壤碳密度垂直分布规律

研究土壤有机碳密度的垂直分布特征，可以揭示草地生态系统碳密度的空间分布规律，是了解生态系统土壤-大气间碳交换的先决条件，也有助于探讨分析减少碳排放、增加土壤碳储存以及延长土壤碳驻留时间等问题，对认识典型草原在全球碳预算中起到的作用和对全球变化的贡献及响应具有重要的意义。

本研究分析了 3 个样地不同退化程度下土壤有机碳 0~100cm 土层的垂直分布情况，结果如图 2-8 所示。总体来看，随着土壤深度的增加，土壤有机碳密度呈减少趋势，且每层之间均有显著性差异(P<0.05)。表层 0~10cm 土壤有机碳密度最高，可以达到 1.75~2.69kg/m^2；深层土壤有机碳密度较少，在 60~100cm 深处，每 10cm 土壤有机碳密度仅为 0.42~1.03kg/m^2。

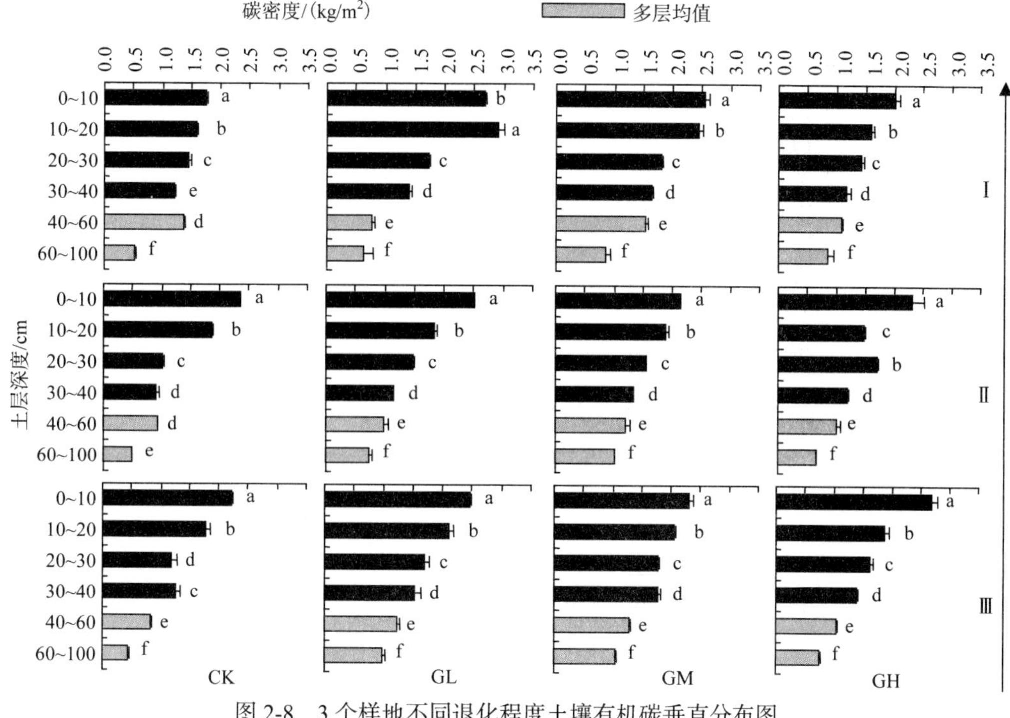

图 2-8　3 个样地不同退化程度土壤有机碳垂直分布图

为了分析土壤有机碳密度在不同放牧退化程度下的垂直分布规律，本研究对各土层有机碳密度所占总储量的百分比进行比较，见图 2-9。结果显示，4 种放牧退化程度下，GM 表现出浅层土壤有机碳密度减少，深层土壤有机碳密度增加的趋势；而 CK、GL 和 GH 均表现出了土壤有机碳密度浅层化的趋势，即土壤有机碳密度在浅层增加，深层减少。

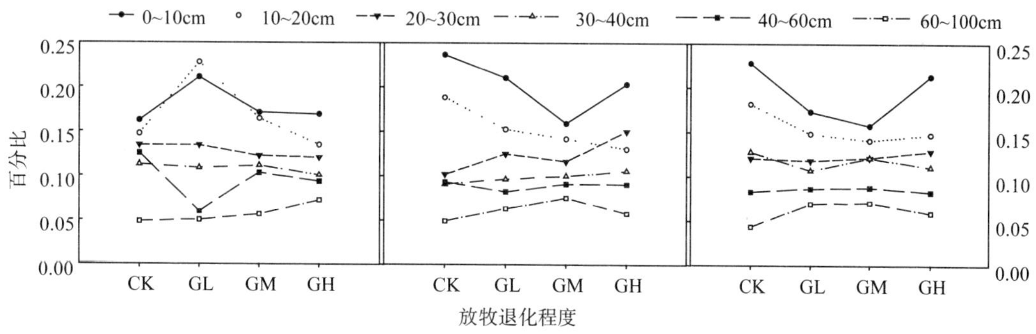

图 2-9　各层土壤有机碳密度占总量的百分比

从土壤有机碳密度的垂直分布角度来辨析样地间与处理间差异，标准误差分析结果见表 2-2。结果表明，同一样地 4 种处理间土壤有机碳密度标准差平均值均高于同等放牧退化程度下不同样地之间的标准差均值。这说明不同处理对草地土壤有机碳密度变化的影响要大于样地空间分布所致的差异。

表 2-2 各层土壤有机碳密度在不同样地和不同退化程度之间的标准差

		0~10	10~20	20~30	30~40	40~60	60~100
同一样地不同退化程度测试结果标准误差	I	0.444	0.655	0.195	0.214	0.335	0.160
	II	0.161	0.197	0.295	0.179	0.124	0.216
	III	0.203	0.162	0.265	0.222	0.215	0.277
	标准误差均值	0.269	0.338	0.252	0.205	0.225	0.218
3 个样地相同退化程度测试结果标准误差	CK	0.314	0.142	0.223	0.191	0.288	0.049
	GL	0.120	0.565	0.120	0.189	0.238	0.179
	GM	0.211	0.281	0.142	0.226	0.169	0.105
	GH	0.340	0.194	0.140	0.116	0.044	0.102
	标准误差均值	0.246	0.295	0.156	0.181	0.185	0.109

3. 土壤有机碳密度垂直分布模拟

前述研究表明，典型草原土壤有机碳密度的垂直分布呈现出较好的一致性变化特征。即随着土壤深度的增加，土壤有机碳密度呈递减趋势。为了定量描述这种趋势，本研究利用回归分析方法，建立土壤深度与对应土层土壤有机碳密度的回归方程，结果见图 2-10。分析发现，各种处理的线性方程和对数方程效果都比较好。这表明研究类型区土壤有机碳密度与土壤深度具有很好的相关关系。

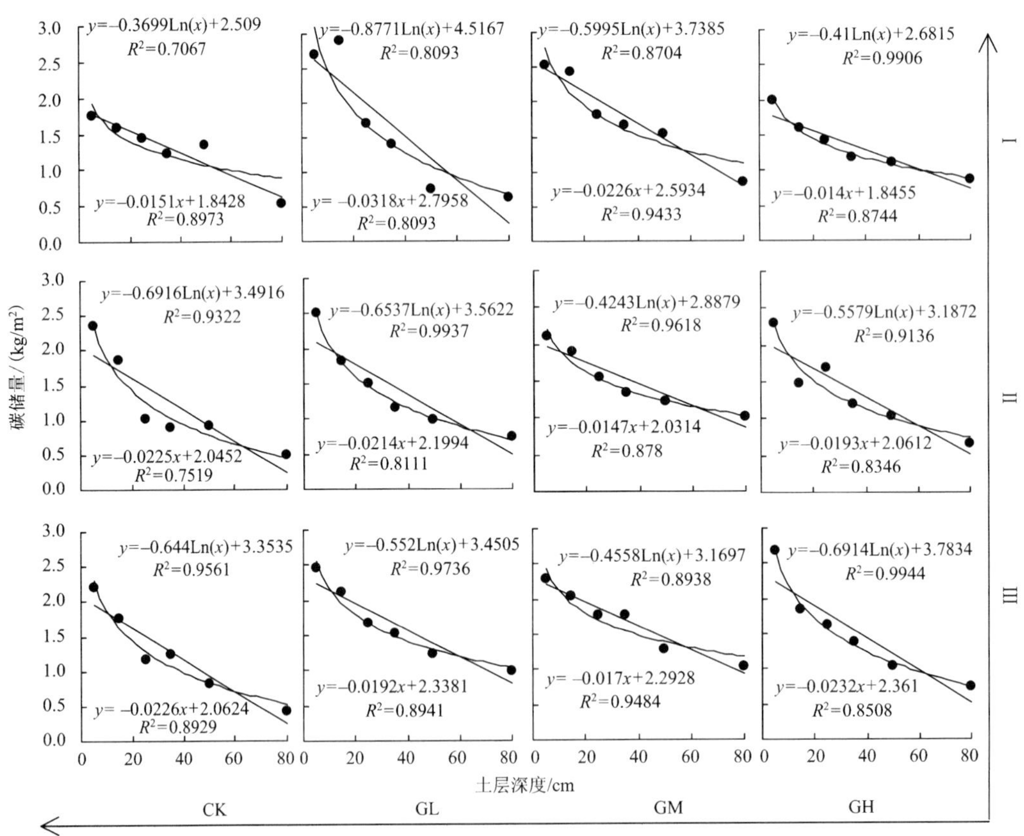

图 2-10 土壤有机碳储量与土壤深度回归分析

建立回归模型，可为区域碳储量估算提供更科学便捷的方法。为了进一步验证不同样地相同退化程度与同一样地不同退化程度之间的关系，研究整合了同一样地的 4 种退化程度的实测数据，构建土壤有机碳-土壤深度关系，获得回归方程：ⅰ、ⅱ、ⅲ。同时，还将 3 个样地中相同退化程度的土壤有机碳密度实测数据进行整合，构建出针对 CK、GL、GM、GH 的 4 组回归方程：ⅳ、ⅴ、ⅵ、ⅶ，结果见图 2-11。结果显示，方程ⅳ、ⅴ、ⅵ、ⅶ的相关系数基本大于ⅰ、ⅱ、ⅲ。这说明样地内各退化程度间土壤有机碳密度差异大于样地间相同退化程度的差异。

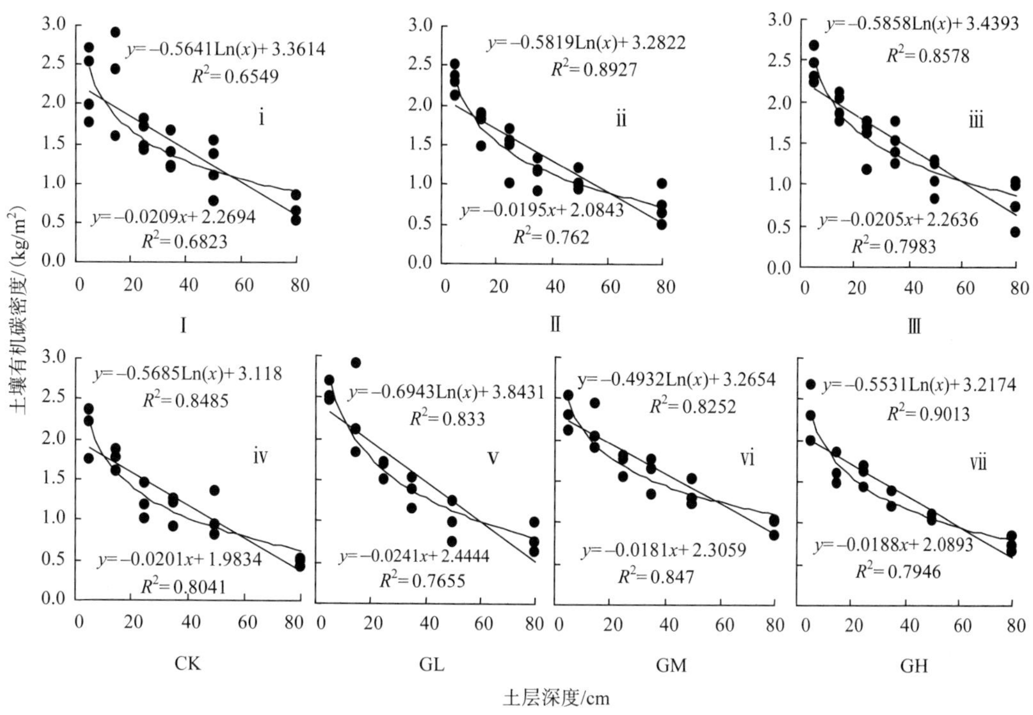

图 2-11　不同组合方式土壤有机碳密度与土壤深度的回归分析

(三)典型草原地上植物、根系及土壤碳密度相关分析

生物量地上、地下的分配反映了植物生长策略，而且生物量的地上、地下分配会影响土壤碳输入，进而影响草地生态系统碳循环。本研究分析了 3 个样地地上活体植物碳密度与根系碳密度、0~30cm 土壤碳密度的相关关系，见图 2-12。结果显示，地上活体植物碳密度与 0~10cm、10~20cm、20~30cm 根系碳密度均呈现显著线性相关($P<0.05$)，P 值分别为 0.000、0.021 和 0.005。地上活体植物碳密度与土壤碳密度相关关系分析结果显示，其与 0~20cm 土壤碳密度没有显著相关性($P>0.05$)，而与 20~30cm 土壤有机碳密度有显著相关性($P=0.008<0.05$)。土壤有机碳主要来源于动植物、微生物的残体和根系分泌物，并处于不断形成与分解的动态过程。因此，土壤有机碳是生态系统在特定条件下的动态平衡值(曹樱子等，2012)。分层分析 0~30cm 根系与 0~30cm 土壤有机碳密度之间的关系。分析结果(图 2-13)显示，20~30cm 土壤有机碳密度分别于 0~10cm、10~20cm

以及对应的20~30cm的根系碳密度呈显著相关(P<0.05)，而其他土层之间均表现出明显的相关性(P>0.05)。

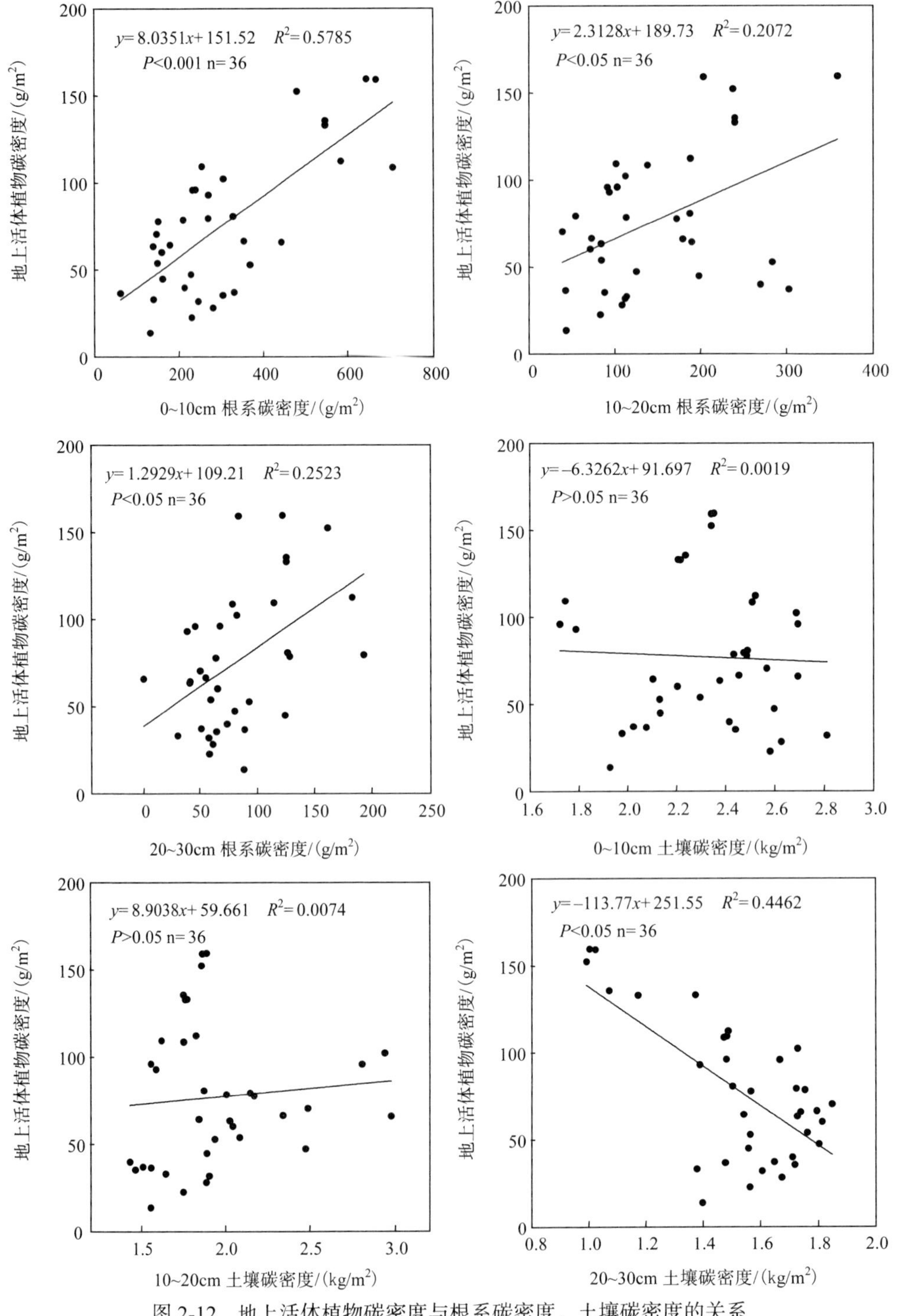

图 2-12 地上活体植物碳密度与根系碳密度、土壤碳密度的关系

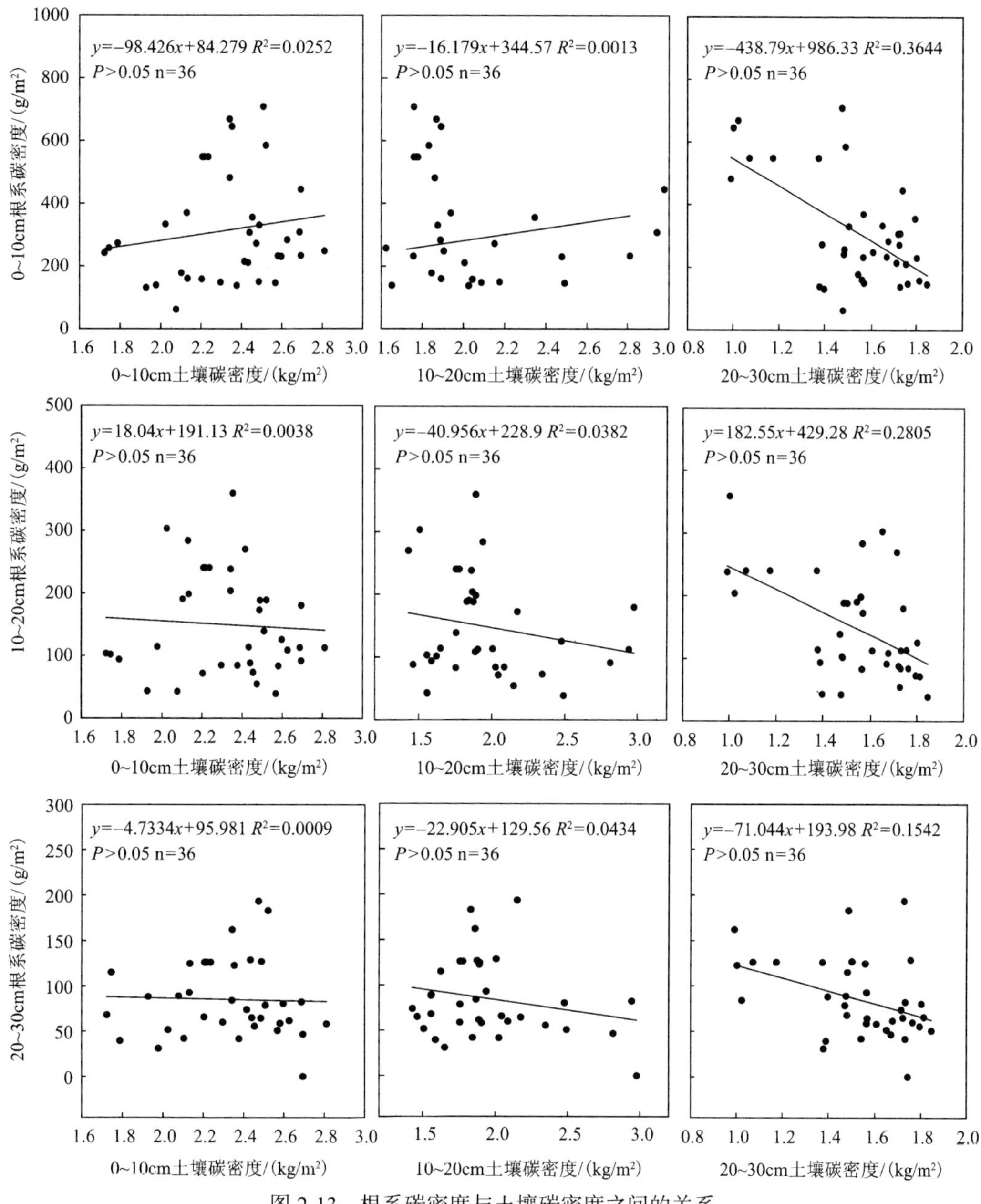

图 2-13 根系碳密度与土壤碳密度之间的关系

从上述结果来看，植物地上与地下生物量或碳密度之间存在着较好的相关性。但是，根系与土壤之间大都未表现出明显的相关关系，这种植被碳密度与土壤碳密度在不同深度分布的不一致性原因有待于进一步的研究。

二、不同利用方式和放牧强度对植被-土壤碳蓄积的影响

(一)不同利用方式和放牧强度对植物碳含量与碳密度的影响

1. 植物碳含量

植物通过光合作用将大气中的二氧化碳固定为有机碳，是草地生态系统碳的主要来源(李凌浩等，1998；方精云，2000)。表 2-3 显示，地上、地下植物碳含量在不同利用方式和放牧强度之间的变化幅度虽然较小，但不同处理间仍然存在显著性差异(P<0.05)。大针茅碳含量在 GI6.0 和 GI7.5 处理下较低，其他处理间无显著性差异(P>0.05)；相比之下，羊草碳含量在不同利用方式和放牧强度下的变化比较大，围封样地普遍高于刈割和放牧样地，围封样地中 FA6 处理最高，放牧样地 GI4.5 处理最低；杂类草和枯落物碳含量对不同放牧方式和强度的反映比较一致，即围封、刈割和轻度(GI3.0)放牧处理之间无显著性差异(P>0.05)，且均高于中度(GI4.5 和 GI6.0)和重度(GI7.5)放牧。由此可以看出，地上植物碳含量大体上表现出随着围封年限和放牧强度的增加而降低。

表 2-3 不同放牧利用方式和利用强度下的地上、地下植物碳含量

	碳含量/%							
	FA32	FA15	FA6	MT	GI3.0	GI4.5	GI6.0	GI7.5
大针茅	43.307ab	43.743ab	44.037a	43.266ab	44.377a	43.706ab	43.086b	41.021c
羊草	43.680b	43.600b	44.149a	43.316c	43.082c	42.819d	43.351bc	43.217c
杂类草	43.120a	43.223a	43.484a	43.301a	42.783a	42.791a	39.458b	40.294b
枯落物	38.257a	38.667a	39.570a	38.281a	39.669a	31.941b	31.418b	30.917b
根系(0~10cm)	41.390b	40.462c	40.107d	43.147a	41.411b	43.670a	40.582c	40.644c
根系(10~20cm)	40.036d	39.491d	39.206d	42.866a	42.136c	42.658b	35.273e	42.212c
根系(20~30cm)	39.514e	38.667e	39.206e	40.574c	44.206a	42.168b	35.013f	41.965b

注：不同字母表示植物碳含量在不同放牧利用方式和利用强度之间差异显著(P<0.05)。

根系是植被的重要组成部分，其产生和周转对草地生态系统碳及其他养分循环都具有重要的影响。对根系的研究过去主要集中在根系生长、水分和养分循环等方面，随着学界对碳循环的日益关注，根系碳储量成为草地生态系统碳循环研究中的一个重要内容。放牧利用对植被组成及生物量等的影响必然会引起根系有机碳密度及空间分布的变化，这将会影响到植被向土壤输入有机碳。土层深度对根系碳含量的影响大于不同利用方式和放牧强度。也就是说，根系碳含量基本上会随着土层深度的增加而减少。0~10cm 根系碳含量在 MT 和 GI4.5 处理下最高，其他处理没有明显的变化规律；MT 的 10~20cm 根系碳含量仍然显著高于(P<0.05)其他处理，不同围封年限样地间无显著差异(P>0.05)，除了 GI6.0 外，其他放牧样地根系碳含量均显著高于(P<0.05)围封样地；20~30cm 根系碳含量在 GI3.0 处理下最高，其次是 GI4.5 和 MT 处理，围封样地间无显著性差异(P>0.05)，GI6.0 仍然表现的最低。通过本研究，还获得了典型草原主要植物及其根系的碳转化率，大针茅、羊草、杂类草、枯落物和根系的平均碳转换率分别为 0.43、0.43、0.42、0.37 和 0.41，这些值接近国际上常用的 0.45。

2. 植物碳密度

地上植物碳密度在不同利用方式和放牧强度下有显著差异($P<0.05$)。变化范围从FA6的192.88g/m^{2}到GI7.5的31.56g/m^2(图2-14a)，围封样地地上植物碳密度普遍高于刈割和放牧样地，基本上表现出随着围封年限和放牧强度的增加而降低的趋势，GI7.5样地地上植物碳密度最低。其中，地上植物碳密度在FA6和FA15处理之间，MT和GI3.0之间以及GI4.5和GI6.0之间无显著性差异($P>0.05$)。

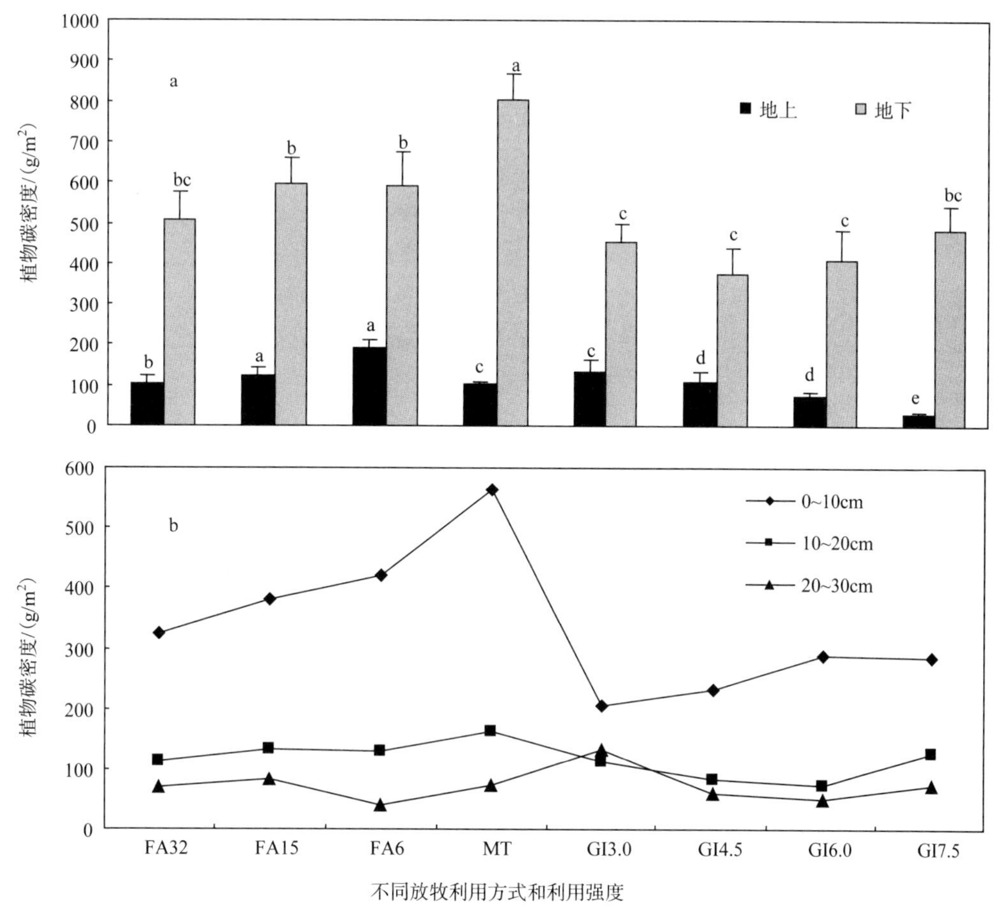

图2-14 不同放牧利用方式和利用强度对地上、地下植物碳密度的影响

0~30cm根系碳密度MT处理下最高，达到800.53g/m^2；在围封草地表现出随着围封年限的增长而略微降低的趋势，但是它们之间无显著性差异($P>0.05$)，FA6、FA15和FA32处理下根系碳密度分别为591.07g/m^2、595.45g/m^{2}和505.93g/m^2；放牧样地间也无显著差异($P>0.05$)，放牧率从低到高的根系碳密度分别为450.79g/m^2、376.75g/m^2、407.20g/m^{2}和482.72g/m^2。从图2-14a还可以看出，大部分的植物碳储存在地下，占到总植物碳的75%~94%。

对根系碳密度分层进行分析，结果显示，根系碳密度会随着土层深度的增加而降低(图2-14b)。0~10cm根系碳密度占到0~30cm根系碳密度的45.43%~71.21%。因此，根系总碳密度在不同利用方式和放牧强度间的变化主要受0~10cm碳密度变化的影响，信息量可达

70%以上。0~10cm 根系碳密度仍然是 MT 处理最高，在围封样地随着年限的增加而减少，而在放牧样地随着放牧率的增加而呈增加趋势；相比之下，10~20cm 和 20~30cm 根系碳密度在不同利用方式和放牧强度之间的变化则较平缓，没有明显的变化规律。

（二）不同利用方式和放牧强度对土壤碳密度的影响

1. 土壤有机碳含量

土壤碳密度主要由土壤容重和土壤有机碳含量决定。土壤容重是指土壤在自然结构状态下，单位面积干土的重量，是土壤重要的属性之一，可以反映土壤土质状况和孔隙度等土壤的整体特征。一般情况下，土壤容重小，说明土壤比较疏松、孔隙多、保水保肥能力较强；反之，表明土体紧实、结构性差、孔隙少、透水性和通气性差、保水保肥能力弱。所以，土壤容重本身可以作为土壤肥力指标之一，同时也是计算土壤有机碳密度必不可少的参数。放牧利用主要是通过家畜的践踏等直接影响土壤容重。

图 2-15a 显示，不同利用方式和放牧强度下土壤容重的变化。土壤容重大体上表现出随着利用强度和土层深度的增加而增加的趋势。各个土层中 GI4.5 和 GI7.5 处理下的

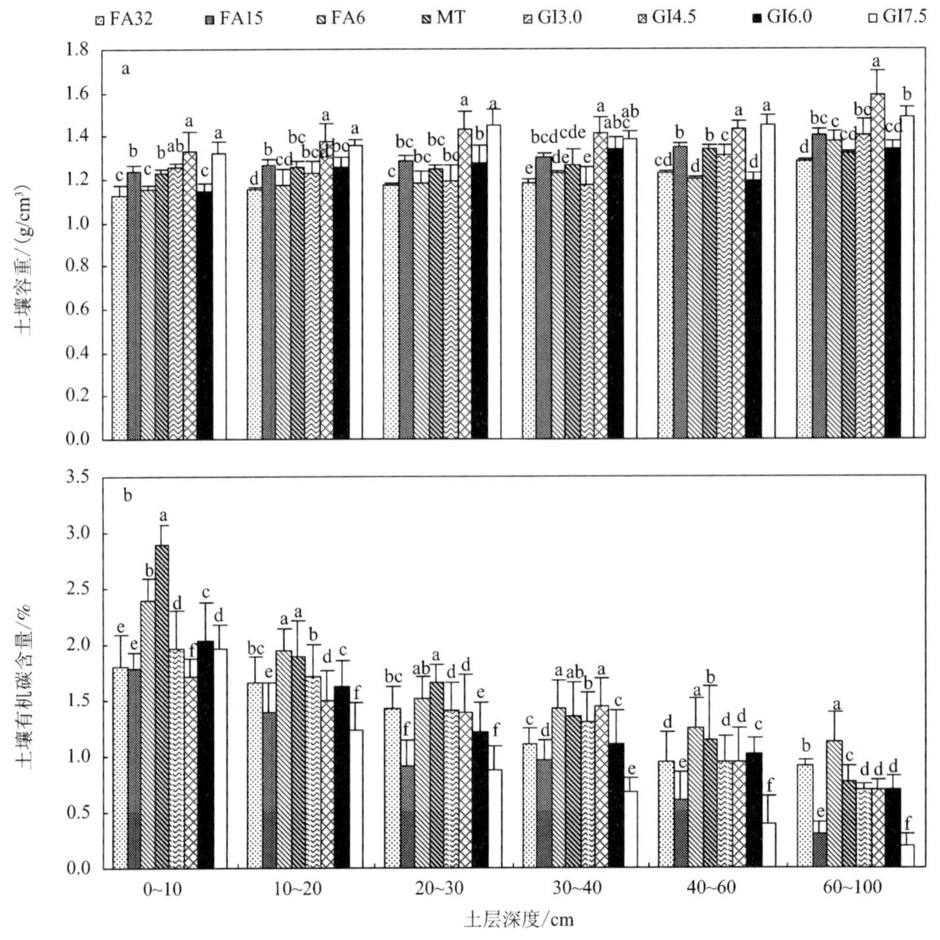

图 2-15 土壤容重和有机碳含量的变化

土壤容重表现得最高，随着深度的增加，在 60~100cm 深处，可达 1.59g/m^3 和 1.49g/m^3。FA32 样地各层土壤容重普遍低于其他处理，在 0~10cm 处仅为 1.13g/m^3。

土壤有机碳含量是指单位质量土壤中有机碳的量，代表土壤中有机碳的比例，用%或 g/kg 表示。放牧利用影响土壤有机碳的输入和输出，而输入和输出又决定了土壤有机碳含量的变化。如图 2-15b 显示，土壤有机碳含量也像土壤容重一样会随着土层深度的增加而减少。表层 0~10cm 土壤中有机碳含量可达 1.71%~2.89%，而 60~100cm 深层土壤中有机碳含量只有 0.19%~1.12%。这可能是由于表层土壤有枯枝落叶及家畜排泄物的添加，增加了土壤有机碳含量；而到了深层土壤，植物枯枝落叶很难到达，而且植被根系也会逐渐减少，致使土壤有机碳含量明显减少。除了 60~100cm 土层，其余土层中 FA6 和 MT 处理下的土壤有机碳含量显著高于(P<0.05)其他处理。与 FA6 相比较，草地经过 32 年和 15 年的围封，土壤有机碳含量在各个土层都有所减少，减少了约 5.81%~73.02%。除了 0~10cm 土层，其余土层 GI7.5 处理土壤有机碳含量最低，显著低于(P<0.05)其他放牧处理。

2. 土壤碳密度

土壤是草地生态系统中碳的主要存储库，占系统的 90%以上。放牧利用在明显影响到植被生物量的同时，也会对土壤的碳密度产生影响，致使不同利用方式和放牧强度下草地土壤碳密度产生差异。

本研究比较了不同利用方式和放牧强度下草地的土壤碳密度(表 2-4)，结果显示，0~30cm 土壤有机碳在 MT 和 FA6 处理下最高，并随着放牧率的增加而减少，FA32 和 FA15 处理下的土壤有机碳密度又低于轻度放牧和中度放牧处理。该层土壤有机碳密度占到 0~100cm 总量的 38.70%~63.09%。

从 30~40cm 土层深度来看，FA6、MT 和 GI4.5 表现出较强的储碳能力，土壤储碳优势逐渐表现出来，重度放牧下的土壤有机碳密度仍然最低。40~60cm 平均碳密度在 FA6 和 MT 处理下最高，在放牧样地间中度放牧强度同 0~30cm 一样，仍然表现的最高。60~100cm 平均碳密度在 FA6 处理下最高，其次为 FA15 和 GI4.5，重度放牧下最低。从 0~100cm 测试范围的总碳密度来看，发现不同放牧利用方式和利用强度之间均存在显著性差异(P<0.05)，碳密度大小序列为 FA6(17.73kg/m^2)>MT(16.82kg/m^2)>GI4.5(15.54kg/m^2)>FA32(13.88kg/m^2)>GI6.0(13.54kg/m^2)>FA15(9.72kg/m^2)>GI7.5(8.77kg/m^2)。

表 2-4　土壤碳密度垂直分布特征

土层深度/cm	土壤有机碳密度/(kg/m^2)							
	FA32	FA15	FA6	MT	GI3.0	GI4.5	GI6.0	GI7.5
0~10	2.029f	2.217e	2.764b	3.558a	2.465cd	2.267e	2.318de	2.605c
10~20	1.909cd	1.767de	2.297a	2.375a	2.109b	2.067bc	2.035bc	1.668e
20~30	1.681c	1.174d	1.801b	2.070a	1.682bc	1.995a	1.542c	1.261d
0~30	5.619e	5.158f	6.861b	8.004a	6.255c	6.328c	5.895d	5.534e
30~40	1.312d	1.245d	1.751b	1.727b	1.524c	2.041a	1.491c	0.940e
40~60(均值)	1.153d	0.809e	1.494a	1.539a	1.235c	1.344b	1.213cd	0.572f
60~100(均值)	1.161b	0.424e	1.532a	1.004c	0.987cd	1.121b	0.931d	0.289f
30~100	8.262c	4.560e	10.868a	8.821b	7.942cd	9.212b	7.641d	3.238f
总碳密度	13.880de	9.718f	17.729a	16.824b	14.197d	15.540c	13.536e	8.772g

注：不同字母表示其在不同放牧利用方式和利用强度下有显著差异(P<0.05)。

(三) 不同利用方式和放牧强度对植被-土壤系统碳密度的影响

对不同利用方式和放牧强度下植被-土壤系统碳密度的分析结果见图 2-16。大小顺序依次为 FA6 (18.51kg/m^2) >MT (17.73kg/m^2) >GI4.5 (16.02kg/m^2) >GI3.0 (14.78kg/m^2) > FA32 (14.49kg/m^2) >GI6.0 (14.02kg/m^2) >FA15 (10.44kg/m^2) >GI7.5 (9.29kg/m^2)。系统碳储量中，大部分储存在土壤里，占到系统碳的 93.11%~96.98%。因此，不同处理间植被-土壤系统碳密度的变化主要取决于土壤碳密度的差异。在植物碳中，大部分的碳又储存在根系当中，占到总植物碳的 75.40%~93.86%。

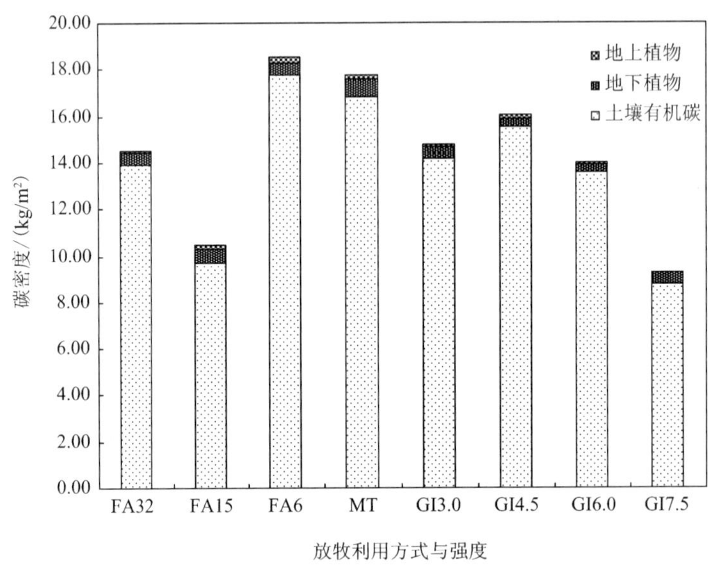

图 2-16 植被-土壤系统碳密度分布情况

(四) 人为干扰下生态因子变化及其与植被—土壤碳密度的关系

1. 主要土壤理化性状的变化规律

土壤是草地生态系统的重要组成部分，是草地赖以生存、发展和繁衍的主要物质基础。放牧家畜通过采食、践踏影响草地土壤的物理结构，如通过采食活动及畜体对营养物质的转化影响草地营养物质的循环，从而使草地土壤的化学成分也发生变化。植物群落的演替可使土壤质量发生改变，土壤质量的改变又能导致植被的改变，而草地土壤的物理变化和化学变化又是相互作用、相互影响的 (Maurice，1979)。因此，土壤质量常被认为是衡量草地退化或恢复的重要指标 (戎郁萍等，2001；侯扶江等，2006)。

土壤机械组成，又称土壤质地，指土壤各级土粒含量的相对比例及其所表现出的土壤砂黏性质。土壤机械组成是影响一系列土壤理化性质的重要因子，土壤机械组成的差异可导致土壤养分含量和供给能力的不同。根据中国粒级制 (熊毅等，1987)，研究将土壤机械组成划分为砂粒 (粒径 1~0.01mm)、粉粒 (粒径 0.01~0.001mm) 和黏粒 (粒径<0.001) 三个级别。

不同利用方式和放牧强度下土壤砂粒含量的变化见图 2-17a。土壤砂粒含量在每层上基本表现出了随着围封年限的减少和放牧利用强度的增强先降低后增加的趋势，FA6、MT、GI3.0 和 GI4.5 处理下的砂粒含量较少。随着土层深度的增加，砂粒含量在

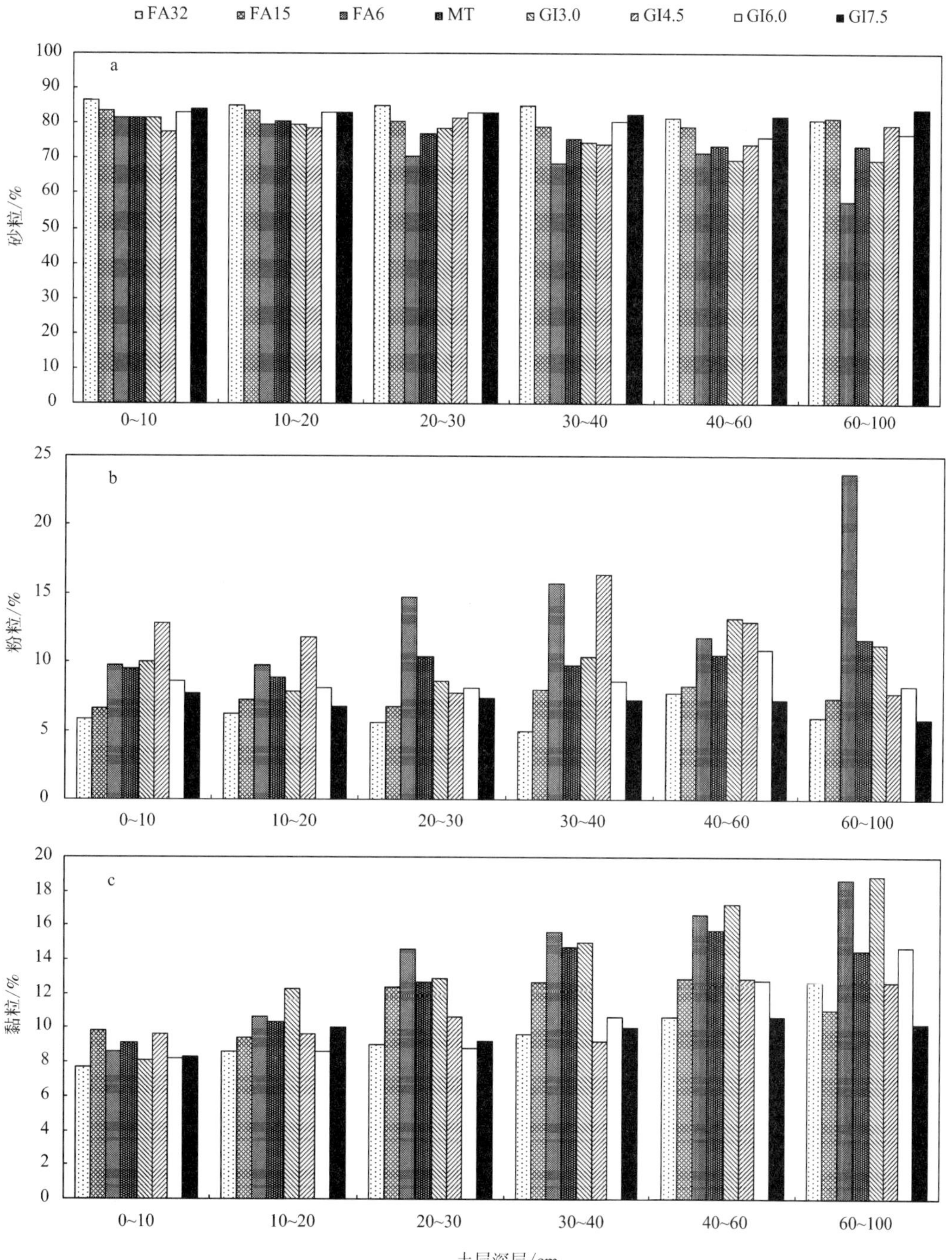

图 2-17 不同利用方式和放牧强度下土壤机械组成变化

不同放牧利用方式和利用强度间的差异逐渐增强。砂粒含量在土壤中的比例最高，0~10cm 土层中占到 77.55%~86.52%，10~20cm 中占 78.54%~85.12%，20~30cm 中占 70.57%~85.32%，30~40cm 中占 68.53%~85.32%，40~60cm 中占 69.56%~82.12%，60~100cm 中占 57.59%~83.92%。粉粒在不同放牧利用方式和利用强度下的变化见图 2-17b。每层中的土壤粉粒含量表现出的变化趋势与砂粒含量相反，即随着围封年限的减少和放牧利用强度的增强先增加然后降低。FA6、MT、GI3.0 和 GI4.5 处理下的土壤粉粒含量较高，而 FA32、FA15、GI6.0 和 GI7.5 处理下的含量较低。粉粒在土壤中的含量较低，在 0~10cm 土壤中占 5.80%~12.78%，10~20cm 中占 6.20%~11.79%，20~30cm 中 5.60%~14.78%，30~40cm 中占 5.00%~16.40%，40~60cm 中占 7.20%~13.18%，60~100cm 中占 5.80%~23.76%。土壤黏粒含量在不同放牧利用方式和利用强度下的变化见图 2-17c。黏粒含量的变化与粉粒含量相似，即随着围封年限的减少和放牧利用强度的增强表现出先增加后减少的趋势。FA6、MT、GI3.0 和 GI4.5 处理下的土壤黏粒含量较高。土壤黏粒含量在土壤中的比例也较小，0~10cm 土壤中占 7.68%~9.87%，10~20cm 中占 8.66%~12.32%，20~30cm 中占 8.86%~14.66%，30~40cm 中占 9.28%~15.67%，40~60cm 中占 10.68%~17.26%，60~100cm 中占 10.28%~18.90%。在垂直分布上土壤黏粒含量随着土层深度的增加而减少。总体来看，适度的干扰能够保持土壤具有较高含量的粉粒和黏粒，有利于养分的蓄积。

土壤 pH 会影响有机碳在土壤中的积累。酸性土壤会抑制微生物种类，以真菌为主，导致土壤有机质分解缓慢。pH 在 0~20cm 土层中 FA15、FA6、MT 和 GI3.0 处理较高于 FA32 和中度、重度放牧处理。随着土层深度的增加，中度和重度放牧样地 pH 有明显的提高，与其他放牧利用方式和利用强度间的差异渐渐缩小，甚至在放牧样地间表现出随着放牧压的增加而增加的趋势，而 FA32 样地的 pH 依然较低（表 2-5）。在垂直分布上普遍表现出随土层深度的增加而增加的趋势。可见，短时期围封或者刈割、轻度放牧利用有利于提高 pH 而又保持微生物活性。

表 2-5　不同放牧利用方式和利用强度对土壤 pH 的影响

土层/cm	不同放牧利用梯度							
	FA32	FA15	FA6	MT	GI3.0	GI4.5	GI6.0	GI7.5
0~10	7.35	8.30	8.17	7.78	8.71	7.44	7.72	7.74
10~20	7.16	8.66	8.22	8.29	8.16	7.77	8.23	7.78
20~30	7.05	8.78	8.42	8.55	8.45	8.44	8.70	8.48
30~40	7.24	8.89	8.45	8.59	8.55	8.45	8.73	8.64
40~60	8.00	8.92	8.52	8.76	8.71	8.70	8.82	8.96
60~100	7.58	9.08	8.65	8.81	8.98	8.64	8.87	9.06

氮素是构成一切生命的重要元素，是植物生长的必需营养元素之一，也是植物吸收量最大的矿质元素。磷作为植物主要的营养元素，在土壤中可以分为无机磷和有机磷两大类。土壤利用方式显著影响土壤磷组分间的相互转化（Styles *et al.*，2007）；此外，植物物种不同，对土壤磷素利用率也有显著差异。因此，研究不同放牧方式和强度下土壤

磷素的变化很有必要。地壳中的钾丰富度较高，是土壤中含量最高的大量元素，其含量主要与成土母质、风化成土条件、土壤质地、土地利用和施肥措施等因素有关。本研究分析了草地不同利用方式和放牧强度对土壤全氮、全磷和全钾的影响，结果见表 2-6。土壤 0~30cm 深度区域中的养分对草原植物生长起到非常重要的作用。从各营养元素的含量来看，土壤 0~30cm 全氮含量 MT > FA6 > GI3.0 > FA32 > GI6.0 > GI7.5 > GI4.5 > FA15；全磷含量 MT > FA6 > GI3.0 > GI6.0> FA32 > FA15 > GI4.5 > GI7.5；全钾含量 GI4.5 > GI6.0 > FA15 > GI7.5> FA6 > MT > GI3.0 > FA32> GI7.5。在 0~100cm 区域内，这些元素基本呈现随着深度增加而减少的趋势。从全氮、全磷的角度来看，其大小规律基本表明适度的围封、刈割和轻度的放牧利用有利于土壤养分的蓄积和增多，而全钾在中度放牧强度下表现出较高的水平。

表 2-6　不同放牧利用方式和利用强度对土壤全氮、全磷和全钾含量的影响(单位：g/kg)

土壤理化性质	土层/cm	不同利用方式和放牧强度							
		FA32	FA15	FA6	MT	GI3.0	GI4.5	GI6.0	GI7.5
全氮	0~10	2.62±0.07bc	2.21±0.05cd	3.21±0.10b	4.00±0.92a	2.57±0.09c	1.94±0.10d	2.21±0.11cd	2.55±0.19e
	10~20	1.95±0.10c	1.27±0.05e	2.70±0.10a	2.47±0.11b	2.34±0.07b	1.63±0.06d	1.96±0.06c	1.66±0.03d
	20~30	1.49±0.14c	1.02±0.05d	2.10±0.07a	2.03±0.05a	1.67±0.07b	1.50±0.02c	1.53±0.13bc	1.15±0.11d
	0~30	6.07±0.21bc	4.50±0.12e	8.01±0.18a	8.50±0.97a	6.57±0.21b	5.06±0.18de	5.70±0.26cd	5.36±0.31d
	30~40	1.37±0.11d	0.92±0.02e	1.73±0.05b	1.97±0.24a	1.50±0.06cd	1.67±0.04bc	1.51±0.07cd	0.97±0.10e
	40~60	1.37±0.45b	0.79±0.07de	1.72±0.06a	1.33±0.19bc	1.05±0.02cd	1.06±0.06bcd	1.18±0.07bc	0.55±0.08e
	60~100	0.95±0.09b	0.24±0.01d	1.30±0.14a	0.83±0.03bc	0.69±0.04c	0.69±0.08c	0.85±0.13b	0.25±0.05
	0~100	9.76±0.52b	6.45±0.10d	12.77±0.32a	12.63±1.37a	9.82±0.26b	8.49±0.28c	9.23±0.34bc	7.13±0.53d
全磷	0~10	0.42±0.16b	0.37±0.05cd	0.48±0.02a	0.49±0.02a	0.41±0.03bc	0.33±0.04e	0.44±0.01ab	0.36±0.01de
	10~20	0.34±0.26b	0.36±0.01b	0.34±0.01b	0.41±0.04a	0.36±0.01b	0.34±0.01b	0.36±0.03b	0.34±0.01b
	20~30	0.26±0.01cd	0.28±0.01bc	0.31±0.01bc	0.39±0.01a	0.33±0.01b	0.31±0.01bc	0.30±0.01bc	0.21±0.08d
	0~30	1.02±0.01c	1.01±0.03c	1.13±0.03b	1.27±0.02a	1.10±0.04b	0.97±0.05cd	1.10±0.03b	0.91±0.07d
	30~40	0.25±0.02c	0.28±0.02b	0.30±0.01ab	0.31±0.02a	0.32±0.02a	0.31±0.01ab	0.29±0.01ab	0.22±0.01c
	40~60	0.21±0.02b	0.26±0.02a	0.28±0.01a	0.27±0.01a	0.27±0.04a	0.29±0.01a	0.28±0.01a	0.21±0.01b
	60~100	0.23±0.00cd	0.23±0.00d	0.25±0.02bc	0.30±0.01a	0.25±0.01b	0.25±0.01b	0.25±0.02bcd	0.17±0.01e
	0~100	2.73±0.06c	2.78±0.07c	3.08±0.04d	3.44±0.06a	3.06±0.10b	2.79±0.11c	3.02±0.06b	2.43±0.16d
全钾	0~10	21.14±1.30d	23.15±0.12bc	22.33±0.54cd	21.44±1.29d	21.43±1.27d	25.04±0.44a	24.55±0.61ab	23.48±0.67bc
	10~20	19.51±0.64d	23.66±0.48b	21.34±0.70c	19.87±1.09d	19.12±1.33d	26.25±0.64a	25.90±0.66a	23.69±0.71b
	20~30	17.59±0.04e	21.81±0.26b	19.11±0.76d	19.36±0.66d	18.65±0.07d	23.41±0.53a	23.68±0.69a	20.44±0.77c
	0~30	58.23±1.97e	68.63±.059b	62.78±0.41c	60.67±1.87cd	59.20±1.27de	74.70±0.56a	74.14±1.77a	67.61±1.24b
	30~40	17.16±1.33e	21.23±0.64bc	19.53±0.67d	17.86±0.72e	18.04±0.69e	23.91±1.25a	21.97±0.17b	20.14±0.65cd
	40~60	20.44±0.69bc	19.52±0.71cd	18.68±0.07d	18.68±1.05d	14.86±0.63e	21.72±0.05a	21.26±0.79ab	19.15±0.59d
	60~100	18.85±0.65b	18.15±0.60b	18.67±0.12b	20.05±0.53b	18.71±0.01b	24.99±1.31a	19.46±1.50b	20.20±2.69b
	0~100	172.92±4.08e	196.16±1.06c	182.44±1.58d	177.94±2.78d	170.02±2.48e	220.02±1.45a	210.96±4.09b	194.71±2.61c

碱解氮又称为“有效性氮”，是指在植物生长期间能被吸收利用的氮素，是反映土壤供氮能力的指标之一(罗华和杨洪，1999)。土壤速效磷是土壤磷素养分供应水平高低的指标，在一定程度上反映了土壤中磷素的储量和供应能力。土壤中速效磷含量与全磷含量之间虽然不是线性相关关系，但当土壤全磷含量低于 0.03%时，土壤往往表现缺少速效磷。土壤速效钾是植物生长过程中较容易并快速吸收利用的钾素形态，其含量的高低

是判断土壤钾素营养丰缺的重要指标(李娟等，2004)。研究分析了不同利用方式和放牧强度下土壤不同深度各指标的变化规律。结果表明，这些指标在 0~100cm 的垂直分布呈递减趋势，表层土壤营养元素含量最高；0~30cm 土层区域中碱解氮含量的大小规律为 FA6 > GI3.0 > FA15 > GI4.5 > MT > FA32 > GI7.5 > GI6.0；速效磷含量为 MT > GI6.0 > FA6 > FA15 > GI4.5 > GI3.0 > GI7.5 > FA32；速效钾为 MT > GI4.5 > GI7.5 > FA6 > GI3.0 > FA32 > GI6.0 > FA15(表 2-7)。不同利用方式和放牧强度之间碱解氮、速效磷和速效钾的分布规律显示 FA32 样地作为最小干扰样地，其各项指标均表现出较低的水平。这说明长期围封可能会引发这些营养元素的流失。由于这些元素在该时期大量参与了植被的生长，所以这些营养物质在土壤中的残留及其分布规律并非十分明显，这一问题值得开展更为深刻的研究。

表 2-7 不同放牧利用方式和利用强度对土壤碱解氮、速效磷和速效钾的影响(单位：mg/kg)

土壤理化性质	土层/cm	不同利用方式和放牧强度							
		FA32	FA15	FA6	MT	GI3.0	GI4.5	GI6.0	GI7.5
碱解氮	0~10	104.21±3.02cd	143.75±4.12a	130.30±0.82b	96.11±13.29d	126.46±0.49b	113.11±7.55c	95.89±2.22d	108.32±7.01c
	10~20	84.38±0.64c	84.48±6.00c	113.24±3.89a	97.46±2.85b	98.42±3.16b	84.84±2.81c	70.58±5.54d	80.51±1.08c
	20~30	79.10±1.01c	76.96±12.05c	95.45±6.02a	81.41±0.64bc	89.50±4.08bc	88.99±1.09ab	62.82±5.40d	56.35±1.79d
	0~30	267.69±3.06d	305.18±14.17b	338.99±8.09a	274.97±10.57cd	314.39±7.44b	286.93±3.77c	229.28±6.24f	245.18±7.79e
	30~40	62.90±0.80e	67.31±3.95d	86.55±0.80a	73.21±1.60c	73.85±1.15c	81.41±2.50b	59.49±1.45e	52.30±1.44f
	40~60	48.60±2.65e	48.37±2.08e	76.21±0.80a	70.90±0.99b	56.52±0.55d	66.39±1.35c	45.38±2.56f	35.88±1.07g
	60~100	42.01±1.23c	47.34±4.52bc	69.81±2.61a	66.09±1.77a	53.05±2.86b	44.51±2.58c	39.37±11.96c	29.65±1.12d
	0~100	421.19±4.30e	468.21±17.12d	571.56±8.42a	485.17±10.78bc	497.80±3.92b	479.24±3.99cd	373.52±7.12f	363.00±9.18f
速效磷	0~10	5.75±0.17e	7.53±0.05cd	8.35±0.32c	11.94±1.15a	8.68±0.44c	7.59±0.27cd	10.53±1.51b	6.79±055de
	10~20	3.97±038d	6.97±0.29b	7.24±0.45ab	8.54±1.99a	4.41±0.24d	4.63±0.40d	6.14±0.21bc	5.15±0.33cd
	20~30	3.14±0.31e	6.36±0.32b	5.67±0.22c	7.65±0.35a	3.08±0.23e	4.05±0.32d	6.62±0.24b	2.51±0.14f
	0~30	12.86±0.14d	20.85±0.13b	21.26±0.40b	28.13±3.45a	16.17±0.88c	16.27±0.42c	23.29±1.60b	14.46±0.75cd
	30~40	2.53±0.09e	6.19±0.07a	3.61±0.70c	5.17±0.60b	2.96±0.15de	3.29±0.17cd	5.53±0.09b	1.71±0.22f
	40~60	1.54±0.20d	4.55±0.29a	3.62±0.25b	4.32±0.89a	1.44±0.20d	2.24±0.19c	4.54±0.11a	1.44±0.08d
	60~100	0.76±0.21ef	2.96±0.24b	2.48±0.31c	4.08±0.27a	0.58±0.16f	1.16±0.21e	3.82±0.33a	1.80±0.08d
	0~100	17.69±0.36g	34.56±0.59c	30.98±0.78d	41.70±2.50a	21.15±0.83ef	22.96±0.53e	37.17±2.03b	19.42±0.81fg
速效钾	0~10	160.67±0.49d	101.40±0.53h	184.24±0.42c	353.56±1.28a	152.89±0.35e	187.64±0.99b	131.71±1.57g	148.31±0.61f
	10~20	63.54±0.07e	59.21±0.18f	90.61±0.21c	217.98±0.66a	90.19±0.18c	116.44±1.86b	67.07±0.41d	117.19±0.35b
	20~30	47.55±0.09f	38.58±2.51g	64.15±2.00d	160.24±0.49a	51.58±0.24e	88.66±1.74b	51.55±0.26e	79.87±1.68c
	0~30	271.75±0.42f	199.18±1.85h	339.00±1.69d	731.79±1.29a	294.66±0.47e	392.74±3.52b	250.33±1.85g	345.37±2.13c
	30~40	51.27±0.12e	35.85±0.16h	55.42±0.35d	109.68±0.50a	39.91±0.14g	81.11±2.22b	47.55±0.34f	59.13±0.54c
	40~60	47.55±0.16c	35.90±0.07e	47.46±0.25c	93.63±0.21a	35.92±0.11e	67.38±0.13b	42.37±1.99d	47.71±0.29c
	60~100	36.30±0.04d	36.16±0.15d	43.81±0.35c	74.87±0.15a	33.31±2.36e	70.57±0.28b	37.20±1.95d	43.66±0.13c
	0~100	406.88±0.19e	307.09±2.05d	485.68±1.07a	1009.96±1.56bc	403.80±2.37b	611.81±5.67cd	377.44±2.44f	495.87±2.37f

2. 不同利用方式和放牧强度下土壤理化性质变化程度的对比分析

分析土壤理化性质指标在不同利用方式和放牧强度下各土层深度的变异程度，以揭示各个因子对放牧利用的敏感度。本研究分析了 0~100cm 土壤理化性质在不同利用方式和放牧强度下的变异系数[CV=(标准差/平均值)×100%]。结果如图 2-18 所示，速效磷、速效钾、全氮和有机碳对不同干扰的反应较为敏感，其次表现变异最大的是速效氮、全磷和全钾，对干扰反应最为迟钝的是土壤 pH 和容重。

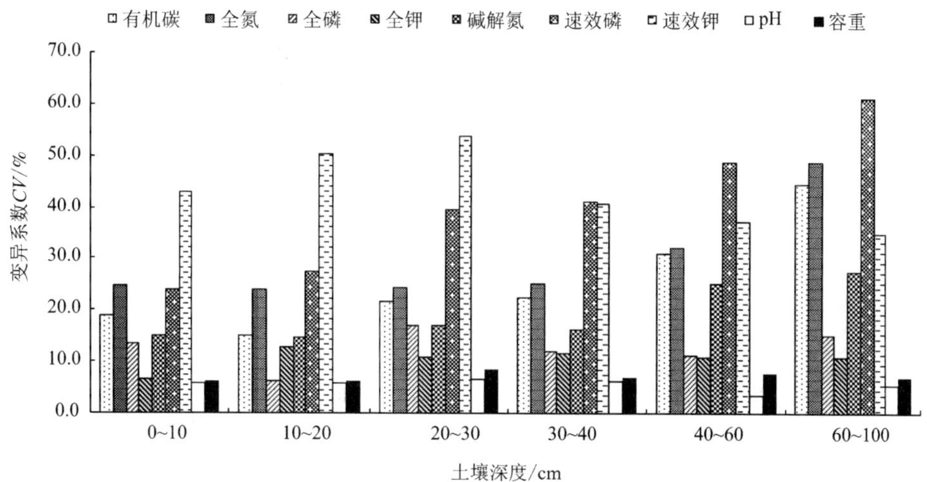

图 2-18　土壤理化性质指标在不同放牧利用方式和利用强度下的变异系数

3. 土壤有机碳密度与其他理化指标之间的关系

土壤有机碳是进入土壤的动植物残体等有机质的输入和以土壤微生物作用为主的有机质损失之间的动态平衡。其中，有机质的输入量在很大程度上取决于气候条件、土壤水分状况、养分的有效性、植被群落状况以及人类的利用方式和利用强度等因素，而土壤中有机质的分解速率则主要受制于有机物的化学组成、土壤水热状况以及物理化学特征等因素(Post *et al.*，2001)。因此，对不同利用方式和放牧强度下土壤有机碳密度和土壤主要理化性状之间的关系进行统计分析，这不仅可以作为重要标识以评估利用方式与放牧强度(Hontoria *et al.*，1999)，而且还有助于将点位尺度的碳密度观测数据插值扩展到区域尺度，也为土壤有机碳储量模型研究提供重要参考依据。

对土壤有机碳密度与其他土壤理化性质指标进行相关性分析，结果表明(图 2-19)，土壤有机碳密度与土壤全氮、全磷、全钾、碱解氮、速效磷及速效钾之间存在极显著正相关关系(P<0.01)，与 pH、土壤容重存在极显著负相关关系，且均为线性关系。

土壤有机碳密度与全氮和碱解氮相关斜率分别为 0.76 和 0.02，意味着在土壤中氮素提高 1g/kg 以及碱解氮提高 1mg/kg，土壤有机碳密度相应提高的量为 1.18kg/m^2 和 0.12kg/m^2。对于全磷和速效磷，土壤有机碳密度表现出类似的趋势，即随着土壤磷含量的提高，土壤有机碳密度呈线性增加的趋势，斜率分别为 6.76 和 0.18。全钾、速效钾与土壤有机碳密度的决定系数分别为 R^2=0.13(P<0.0001)和 R^2=0.63(P<0.0001)。此外，土壤有机碳密度随着土壤 pH 和容重的升高而下降，其决定系数分别为 R^2=0.304(P<0.0001)和 R^2=0.17(P<0.0001)。

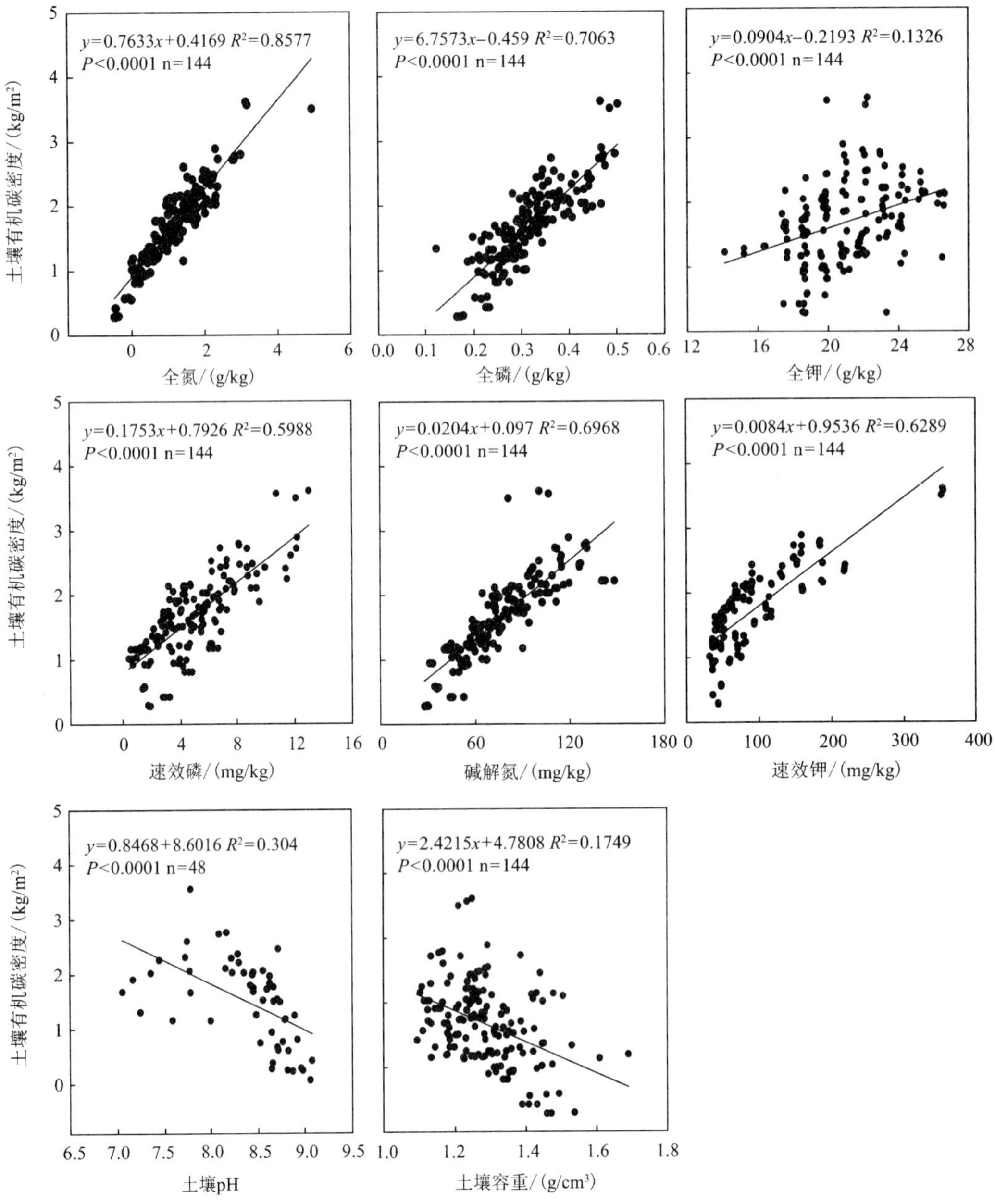

图 2-19 土壤有机碳密度与土壤主要理化性质之间的关系

三、典型草原区域植被-土壤碳储量估算与固碳潜力

不同生态系统的碳储量反映了该生态系统碳截留能力。对不同土壤类型、植被类型或生态系统类型下的植被-土壤系统碳储量进行估算可评价各类型的相对重要性，为重建、预测生态系统碳源/汇的时空格局变化提供有价值的基础数据。除了运用常见的土壤类型法进行估算外，还有必要基于植被覆盖类型法、生态系统类型法等对植被-土壤碳储

量进行估算。因为，单纯使用土壤类型法难以直接预测环境变化和人类活动对系统碳储量的影响，所以有必要对不同植被覆盖类型下的系统碳储量进行估算，以期对因土地利用变化而导致的植被覆盖变化进而引起的土壤碳储量变化提供研究依据（解宪丽等，2004）。

本研究通过对比具有一定空间距离的典型草原3个样地不同退化程度土壤有机碳储量，发现不同退化程度土壤有机碳储量的差异大于不同区域土壤碳储量。这一结果表明，以不同退化程度为单位估算区域系统碳储量会更加科学、准确的反应该区域碳截留能力。目前，多数的草地碳储量估算研究集中在全球尺度、国家尺度和省际尺度上，且以土壤有机碳储量为主要估算对象，对锡林郭勒典型草原区域土壤有机碳宏观规律和植被-土壤系统碳储量估算的研究还很少见。因此，对锡林郭勒典型草原不同放牧利用程度下植被-土壤系统碳储量进行估算，不仅在小尺度区域上更具有针对性，估算值更加合理、准确，有利于克服因区域差异导致的精确估算全球和国家尺度碳储量的困难，还可以弥补该区域碳储量估算的空白，对提高草原保护工作的认识、增强草原生态系统碳储量、发挥草原固碳潜力具有重要意义（章力建和刘帅，2010）。

（一）基于生物量的草地放牧退化等级划分

群落生物量与草地退化程度之间有着很好的线性关系。参考刘钟龄和王炜（1997）提出的不同草原退化等级所对应的生物量下降幅度和冯秀等（2006）划分的锡林郭勒白音锡勒草地退化等级划分标准（图 2-20），利用本研究获取的36个样方生物量进行划分，保证划分后的结果保留最大信息量。经过研究，确定了研究区放牧退化的生物量判定标准，即 CK（≥230g/m^2），GL（170~230g/m^2），GM（100~170g/m^2），GH（≤100g/m^2），其中，有30个样方全部包含与其分布一致的退化等级中，占总样方数的83.33%。

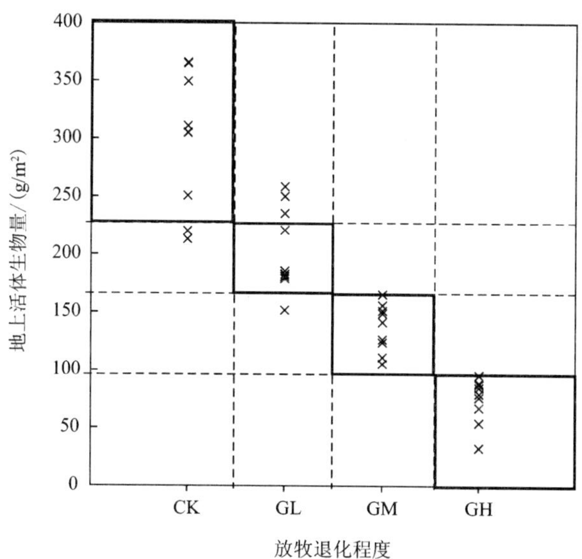

图 2-20　三个样地不同放牧退化程度地上活体生物量分布

(二) 土壤有机碳密度模型验证

为了验证上述研究得出的土壤有机碳密度-土层深度回归模型，2011年，在研究区范围随机取样获得的11个样点0~10cm、10~20cm、20~30cm、30~40cm、40~50cm土壤有机碳密度数据，以验证模型。通过 t 检验分析对模拟值和实测值进行比较，结果显示两组数据之间的差异无统计学意义(P>0.05)(图2-21)。这表明，模拟值与实测值吻合较好，回归模型通过验证。

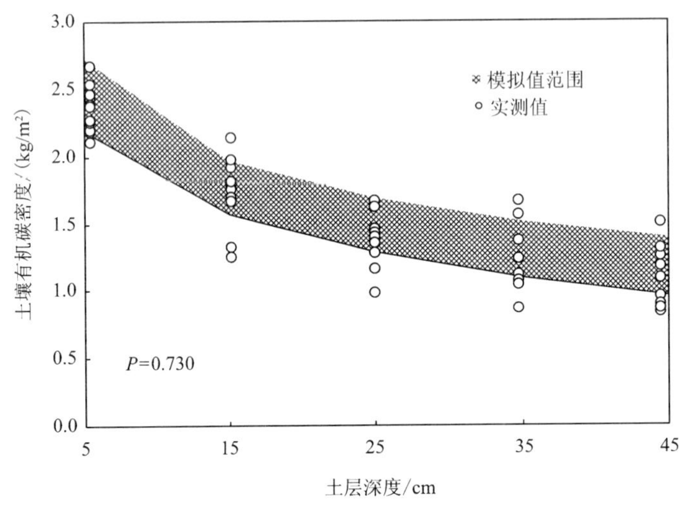

图 2-21　模拟值和验证实测值之间的比较

(三) 植被-土壤系统碳储量估算及其固碳潜力

利用构建出的针对CK、GL、GM、GH 4种放牧退化程度土层深度和土壤有机碳密度的关系模型，结合地上活体生物量与枯落物、地下生物量的关系(图2-22)及其地上生物量与退化等级的关系，在ArcGIS的支持下，按照图2-4所示的技术路线，以锡林郭勒草原植被类型图为本底(图2-23)，划分退化等级(图2-24)，并进行区域草地生态系统植被-土壤碳储量估算及不同退化程度下的草地固碳潜力(表2-8)。

表 2-8　植被-土壤系统碳储量及固碳潜力估算值

不同放牧强度	CK	GL	GM	GH
活体生物量/(g/m²)	>230	170~230	100~170	<100
面积/km²	838.68	12,446.20	51,969.58	426,74.37
活体植物碳储量/Tg	0.10	1.07	2.85	1.42
枯落物碳储量/Tg	0.02	0.26	0.48	0.17
地下植物碳储量/Tg	0.62	7.58	23.81	18.49
土壤有机碳储量 0~100cm/Tg	8.80	163.83	764.18	513.99
植被-土壤系统碳储量/Tg	9.53	172.73	791.32	534.07
单位固碳潜力/(kg/m²)	3.87	1.35	0.00	2.71
区域固碳潜力/Tg	3.24	16.83	0.00	115.86

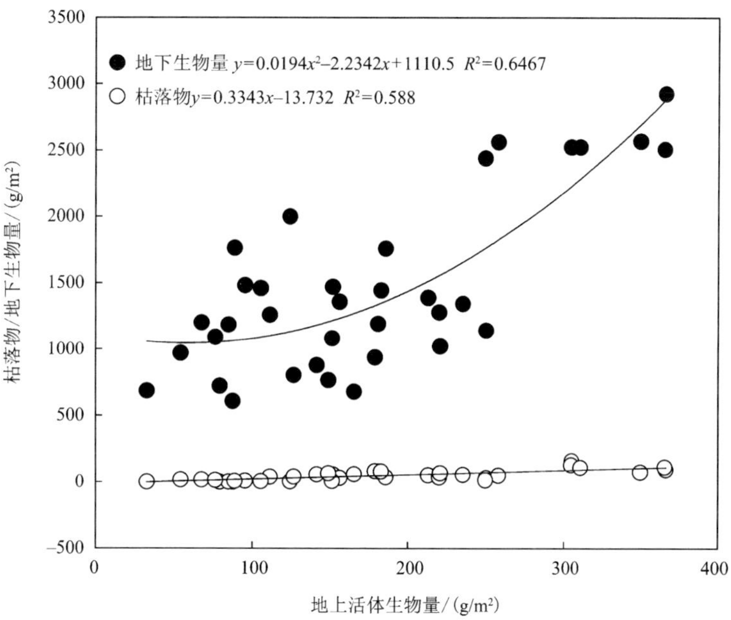

图 2-22　地上活体生物量与地下生物量、枯落物之间的关系

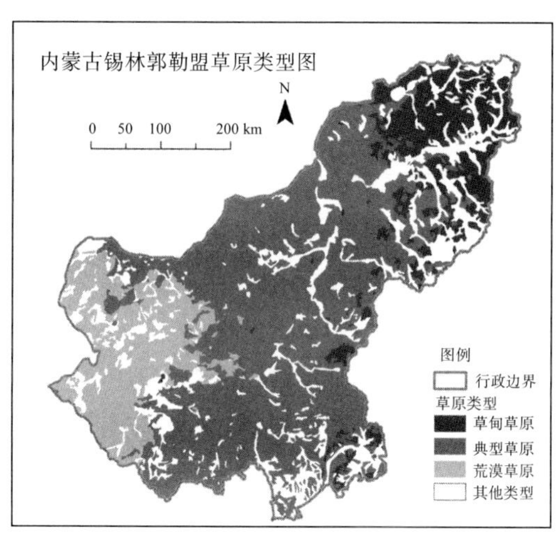

图 2-23　草原类型分布图(另见彩图)

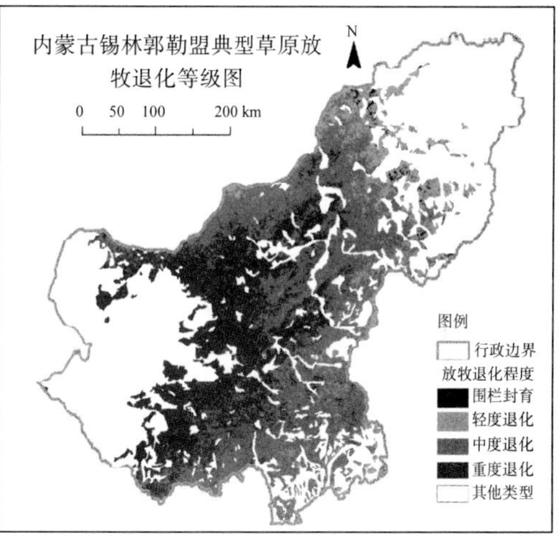

图 2-24　草原退化等级图(另见彩图)

结果显示，锡林郭勒典型草原不同退化程度草地面积为 CK(838.68km^2)，GL(12 446.20km^2)，GM(51 969.58km^2)，GH(42 674.37km^2)，总面积为 107 928.83km^2。利用不同退化程度地上活体生物量及碳密度获得不同退化程度地上活体植物碳储量分布图(图 2-25)，具体计算结果为 CK(0.10Tg)、GL(1.07Tg)、GM(2.85Tg)、GH(1.42Tg)。其中，中度退化程度下的地上活体植物碳储量为最高，主要是因为该退化程度的草地面积最大。利用区域枯落物及其碳含量获得不同放牧退化程度枯落物碳储量分布图(图 2-26)，枯落物碳储量在不同放牧退化程度草地的分布情况为 CK(0.02Tg)、GL(0.26Tg)、GM(0.48Tg)、GH(0.17Tg)。同样，估算锡林郭勒典型草原地下植物碳储量空间分布图(图 2-27)，4 种退化程度地下植物碳储量分别为 CK(0.62Tg)、GL(7.58Tg)、GM(23.81Tg)、GH(18.49Tg)。

基于地上植物碳储量分布、地下植物碳储量分布、枯落物碳储量分布，并结合草地退化程度分布及其土壤 0~100cm 碳密度估算模型，估算了锡林郭勒盟典型草原植被-土壤系统碳储量(图 2-28)。研究表明，该区域的土壤有机碳储量达 1.45Pg(1Pg=10^{15}g)，植被-土壤系统碳储量在不同退化程度中的分布为 CK(9.53Tg)、GL(172.73Tg)、GM(791.32Tg)、GH(534.07Tg)，区域植被-土壤系统总碳储量为 1.51Pg。其中，绝大部分碳储存在土壤当中，土壤有机碳储量占植被-土壤系统碳储量的 96.22%。

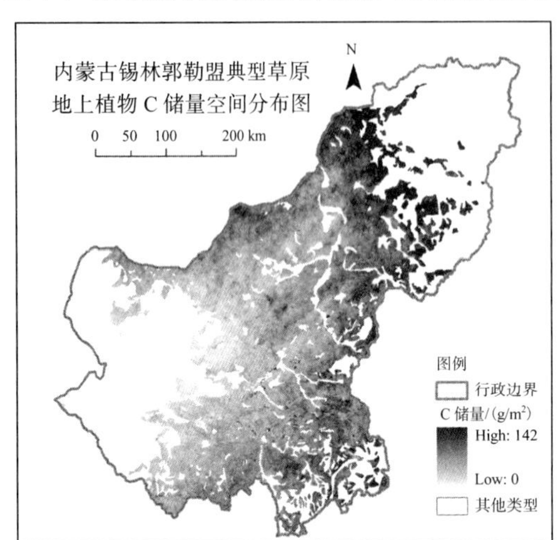

图 2-25 地上活体植物碳储量分布图(另见彩图)

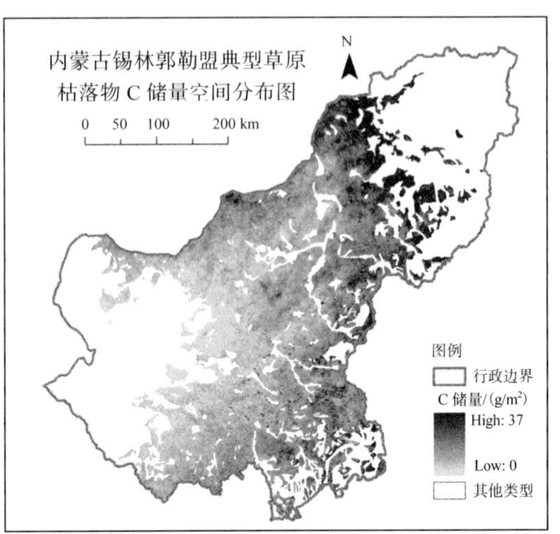

图 2-26 枯落物碳储量分布图(另见彩图)

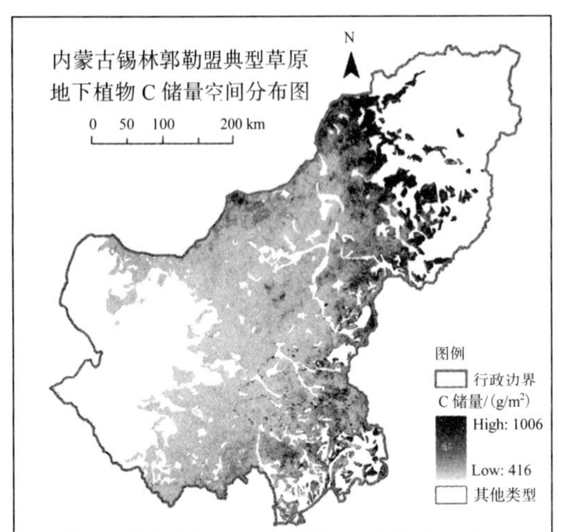

图 2-27 地下植物碳储量分布图(另见彩图)

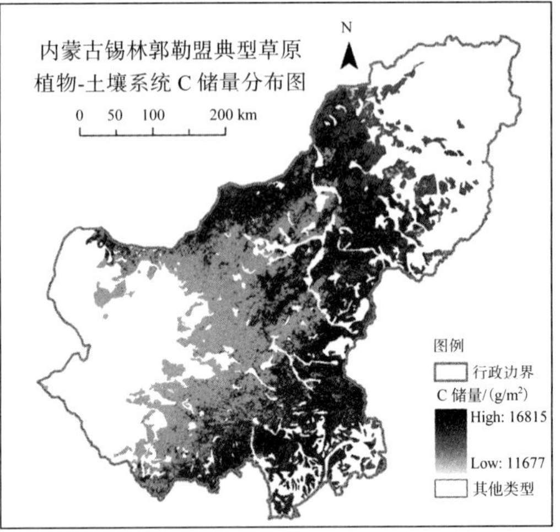

图 2-28 地下植物碳储量分布图(另见彩图)

在估算不同退化程度下植被-土壤系统碳储量的基础上，以中度退化程度为最高值，估算出了不同退化程度下的系统固碳潜力。结果为单位固碳潜力 CK(3.87kg/m^2)、GL(1.35kg/m^2)、GH(2.71kg/m^2)；区域固碳潜力为 CK(3.24Tg)、GL(16.83Tg)、GH(115.86Tg)；锡林郭勒典型草原总固碳潜力为 135.93Tg。

从植被-土壤碳储量的空间格局来看，植被碳密度呈现出从东北向西南递减的趋势；

植被-土壤系统碳密度密度分布呈现出中部高、东北和西南部相对较低的分布格局。

四、不同放牧利用方式对土壤呼吸及生态系统碳平衡的影响研究

（一）不同利用方式对生态系统碳输入与输出的影响

1. 土壤微气候变化

2010 年和 2011 年的降水量分别为 276.9mm 和 226.7mm，均低于多年平均降水量(278.7mm)，各占多年降水量的 99.3%和 81.3%。2012 年拥有高的降水量，其从一月到十月积累的降水量(457.4mm)比多年平均降水量增加了 178.7mm(图 2-29)。2010 年 5~7 月积累的降水量为 106.7mm，2011 年 6~7 月积累的降水量为 134.3mm 和 2012 年 6~8 月积累的降水量为 343.2mm。没有差异被发现在 2010~2012 年季节大气的变化。

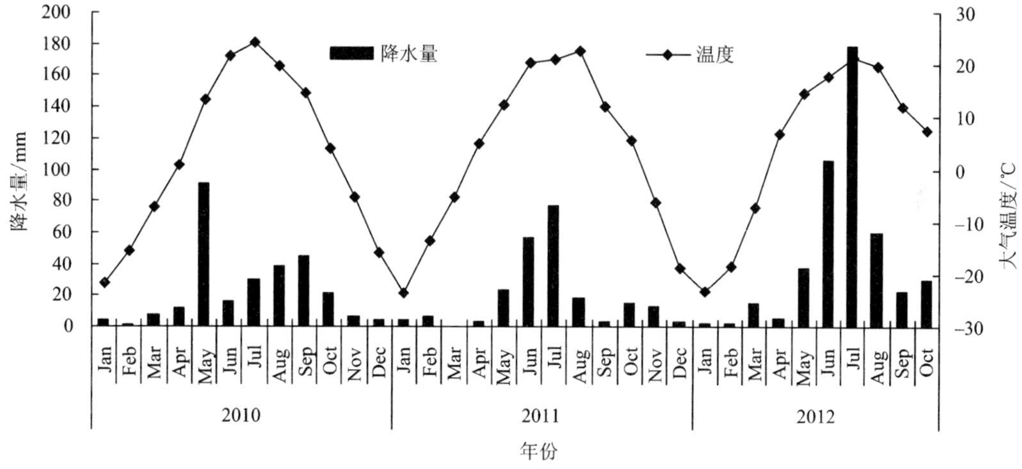

图 2-29 2010~2012 年月降水量(柱)和大气平均温度(线)

三种利用方式下，围封禁牧区土壤温度是最高的(P<0.001，表 2-9)。2010 年 10cm 土层的土壤温度值显著高于 2011 年和 2012 年(P<0.001)。在围封禁牧区，0~10cm 土层的土壤重量含水量值显著高于自由放牧区和割草区(P<0.001)。各年度重量含水量的值显著不同，其变化顺序为 2012(14.19%)>2010(10.69%)>2011(8.99%)。

表 2-9 2010~2012 年不同利用方式对生长季植物-土壤系统的影响

利用方式	土壤温度/℃	土壤含水量/%	地上净初级生产力/(g/m^2)	地下净初级生产力/(g/m^2)	土壤呼吸/[μmol/(m^2•s)]
放牧	11.14b	10.80b	243.33b	1095.21c	1.65b
割草	10.54c	11.03b	251.93b	1294.03b	2.07a
围封	12.14a	12.04a	300.27a	1342.73a	2.17a
2010	10.94b	10.69b	273.88b	1044.63b	1.89b
2011	11.82a	8.99c	196.76c	990.55c	1.42c
2012	11.05b	14.19a	324.90a	1696.80a	2.57a
		ANOVA	P>F		
处理	<.0001	<.0001	<.0001	<.0001	<.0001
Y	<.0001	<.0001	<.0001	<.0001	<.0001
处理×Y	<.0001	0.002	0.4837	<.0001	0.1138

2. 不同放牧利用方式对植物群落生产力的影响

2010~2012 年不同处理显著影响了植物群落的 ANPP（P<0.001，表 2-9）。相比围封处理，2010~2012 年自由放牧区和割草区其地上生物量显著降低了 19.0%和 16.1%（P<0.05），而自由放牧区和割草区不存在显著的差异。当分离年份通过使用单因素的方差分析，我们发现每年围封禁牧区的 ANPP 值是最高的（P<0.05，图 2-30），但在放牧区和割草区之间没有任何差异。

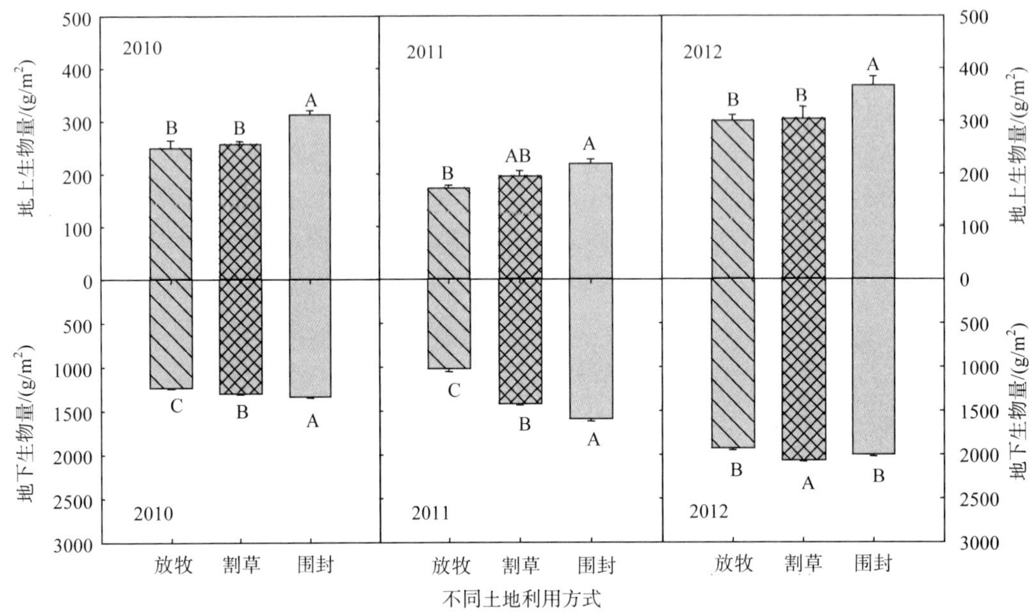

图 2-30 2010~2012 年自由放牧、割草和围封对 ANPP 和 BNPP 的影响

2010~2012 年不同处理显著影响了植物群落的 BNPP（P<0.001）。不同处理下 BNPP 的变化顺序为围封（1342.73g/m^2）>割草（1294.03g/m^2）>放牧（1095.21g/m^2）（P<0.001）。当分离年份通过使用单因素的方差分析，2010 年和 2011 年，围封禁牧下 BNPP 值均最高；而在降水量高的 2012 年，割草区 BNPP 值最大（图 2-30）。

3. 不同放牧利用方式对土壤呼吸的影响

不同处理显著影响了日际土壤温度和土壤呼吸（P < 0.001）。不同处理下，土壤温度的峰值出现在 14:00~17:00（图 2-31a-f）。土壤呼吸的峰值出现在 12:00~15:00（图 2-31a-f）。

2010~2012 年不同处理下（自由放牧、割草和围封禁牧）土壤呼吸值是显著不同的（P<0.001，表 2-9）。相比围封禁牧，自由放牧显著降低了生态系统土壤呼吸（P<0.001）而围封禁牧区与割草区之间不存在差异。季节土壤呼吸随季节温度的变化呈现单峰变化趋势，拥有最大值在夏季而植物生长初期和生长末期其值最低（图 2-29，图 2-32g~i）。当分离年份通过使用单因素的方差分析时（one-way ANOVA），2010 年[2.22μmol/(m^2•s)，图 2-32g]和 2011 年[1.69μmol/(m^2•s)，图 2-32i]围封禁牧区均拥有最高的土壤呼吸，而 2012 年最大的土壤呼吸值出现在割草区[2.78μmol/(m^2•s)，图 2-32h]。

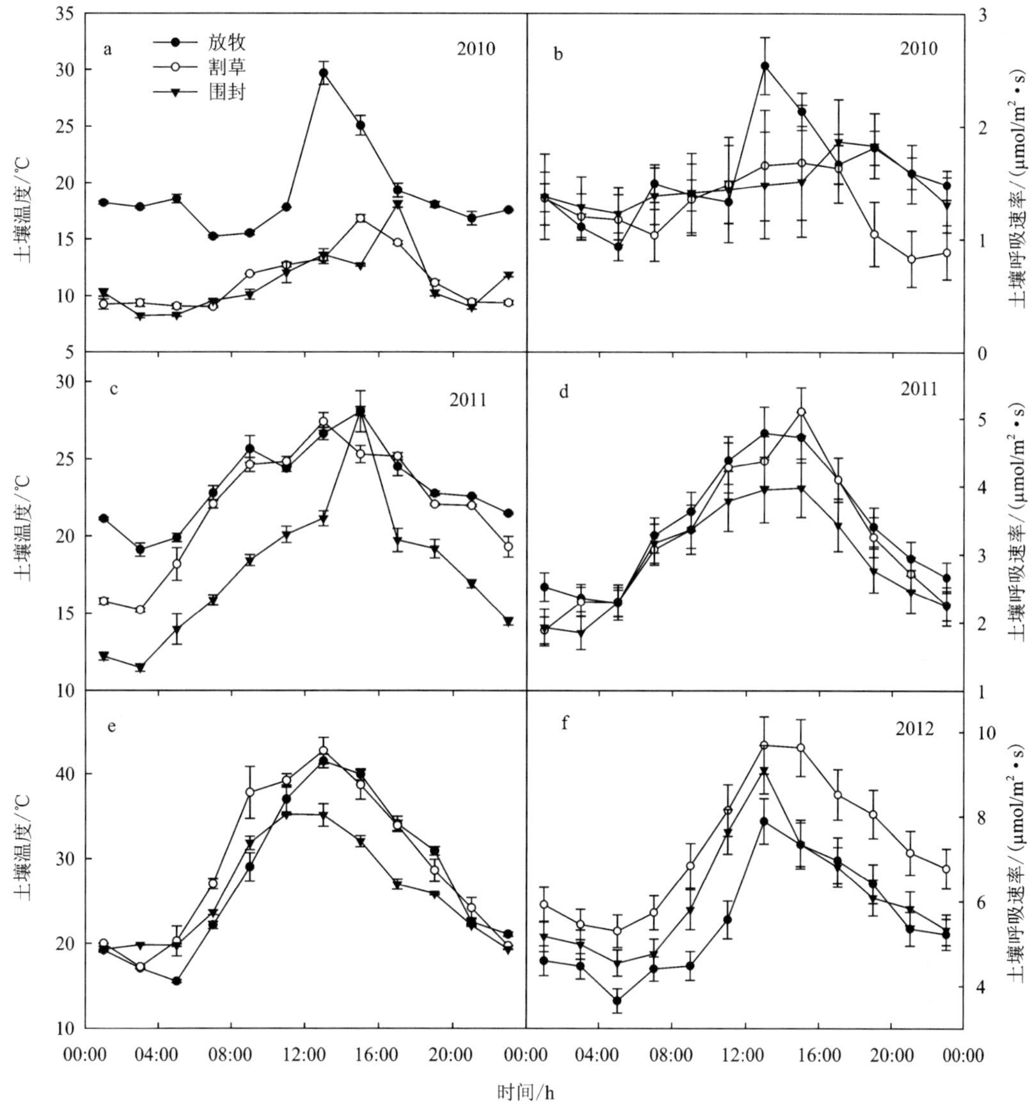

图 2-31　不同利用方式对土壤温度(a, c, e)和土壤呼吸(b, d, f)的影响

4. 生物与非生物因素对土壤呼吸的影响

2010~2012 年三年土壤呼吸呈单峰变化趋势(图 2-32g~h)。三年的土壤呼吸随季节温度的变化呈指数增加趋势($Sr = ae^{bT}$，图 2-33a)。土壤呼吸与土壤含水量和 BNPP 呈线性变化趋势，随土壤含水量和 BNPP 的增加而逐渐升高(图 2-33b, d)。通过逐步回归分析发现，BNPP 单独解释了 69.5%的土壤呼吸变化。

2010 年的 9 个试验处理区，季节平均土壤呼吸与 BNPP 呈现显著的线性增加趋势($P = 0.022$，图 2-34d)，而土壤温度与土壤呼吸之间存在显著的指数相关($P = 0.040$，图 2-34a)。通过逐步回归研究发现，BNPP 单独解释了 55.0%的土壤呼吸变化($P = 0.014$)。2011 年，季节平均土壤呼吸与土壤重量含水量($P = 0.006$，图 2-34b)，ANPP($P = 0.004$，

图 2-34c) 和 BNPP ($P = 0.001$，图 2-34d) 呈积极的线性相关。土壤温度 (partial $R^2 = 0.83$，$P = 0.001$，图 2-34a) 和 BNPP (partial $R^2 = 0.07$，$P = 0.099$，图 2-34d) 共同解释了 89.5%的土壤呼吸变化。2012 年，季节平均土壤呼吸与 BNPP 呈积极的线性相关 ($P = 0.005$，图 2-34d)，土壤温度 ($P = 0.005$) 单独解释了 70.3%的土壤呼吸变化。

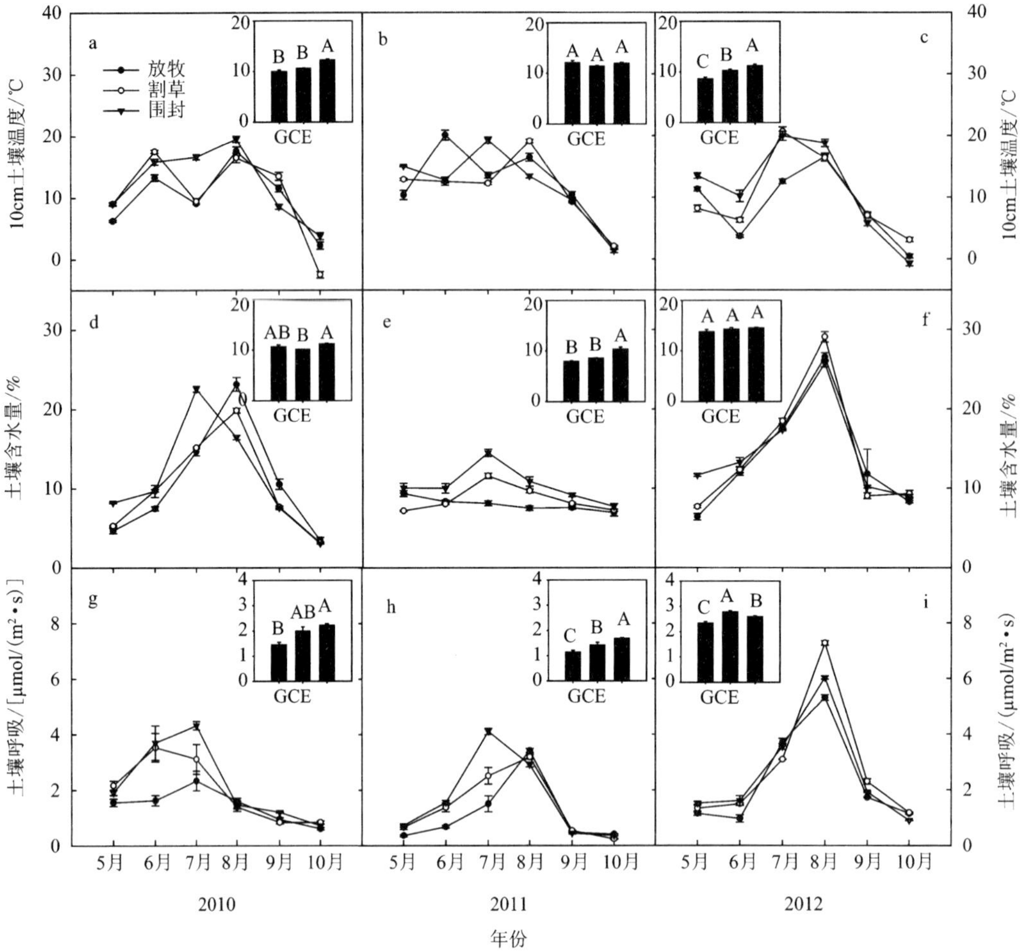

图 2-32　不同放牧利用方式对季节土壤温度、土壤含水量及土壤呼吸的影响

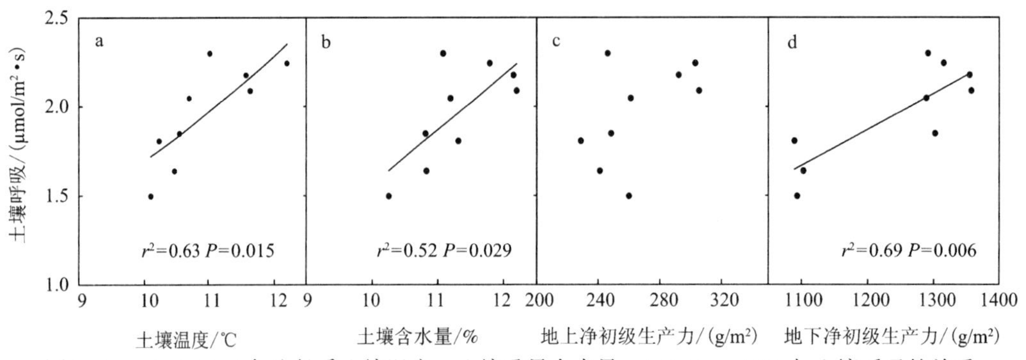

图 2-33　2010~2012 年生长季土壤温度、土壤重量含水量、ANPP、BNPP 与土壤呼吸的关系

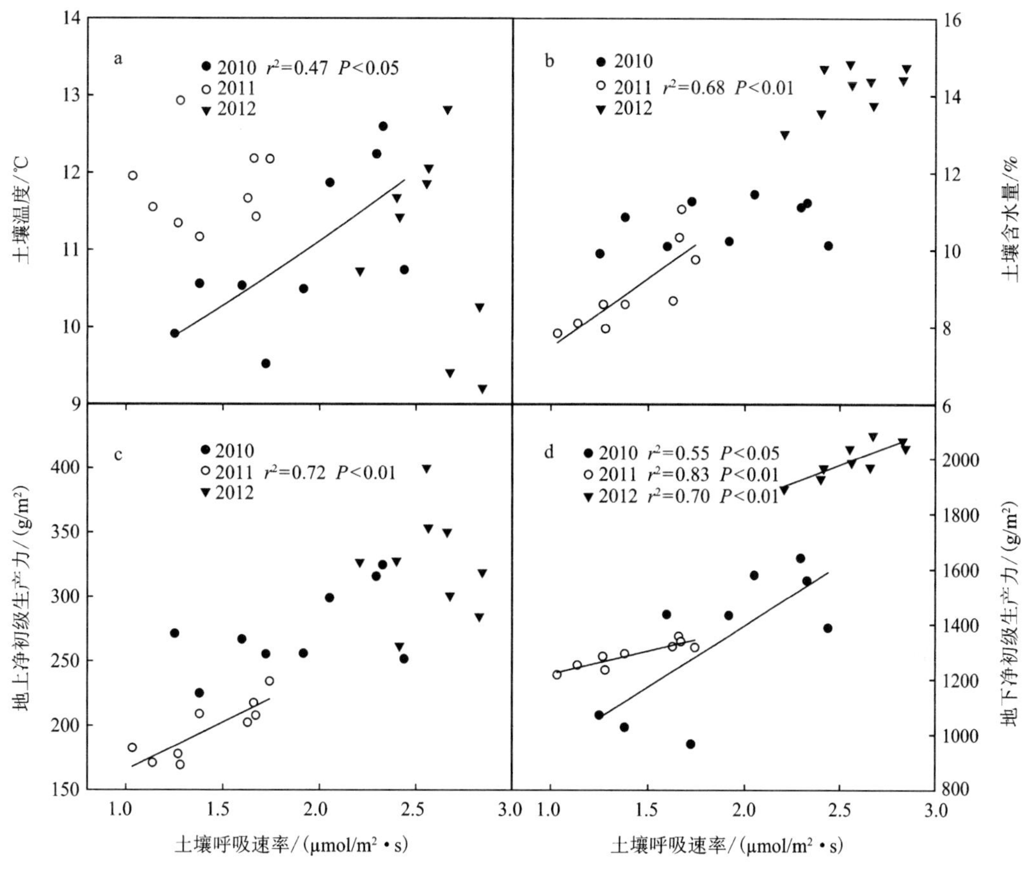

图 2-34　土壤温度、土壤含水量、ANPP 和 BNPP 与土壤呼吸的关系

(二)不同放牧利用方式下生态系统碳平衡概况

1. 碳输入总量估计

由表 2-10 可以看出，2010 年自由放牧、割草区和围封禁牧下典型草原地上部分固碳量分别为 112.69g/(m²•a)、116.12g/(m²•a)和 140.92g/(m²•a)；2011 年自由放牧、割草区和围封禁牧下典型草原地上部分固碳量分别为 78.37g/(m²•a)、88.34g/(m²•a)和 98.92g/(m²•a)；2012 年划区轮牧、自由放牧和围栏禁牧下典型草原地上部分固碳量分别为 137.43g/(m²•a)、135.65g/(m²•a) 和 165.53g/(m²•a)。2010 年地下部分固碳量分别为 555.80g/(m²•a)、584.66g/(m²•a) 和 601.78g/(m²•a)；2011 年地下部分固碳量分别为 460.02g/(m²•a)、638.41g/(m²•a) 和 716.82g/(m²•a)；2012 年地下部分固碳量分别为 867.73g/(m²•a)、928.86g/(m²•a)和 899.09g/(m²•a)。在降水量相对低的 2010 年和 2011 年，自由放牧区与割草区的碳积累量相对较低，围封放牧区最高碳积累量；而在降水量相对充足的 2012 年，各处理下碳积累差距减小，最高的碳积累量仍为围封禁牧区。

表 2-10　不同放牧方式下典型草原碳输入估计

年份		地上净初级生产力/[g/(m²•a)]	地下净初级生产力/[g/(m²•a)]	碳积累/[g/(m²•a)]
2010	自由放牧	112.69	555.80	668.49
	割草区	116.12	584.66	700.78
	围封禁牧	140.92	601.78	742.70
2011	自由放牧	78.37	460.02	538.39
	割草区	88.34	638.41	726.75
	围封禁牧	98.92	716.82	815.75
2012	自由放牧	137.43	867.73	1005.16
	割草区	135.65	928.86	1064.52
	围封禁牧	165.53	899.09	1064.62

2. 碳输出总量估计

通过表 2-11 可以看出，划区轮牧和围栏禁牧较自由放牧能保持较高的土壤呼吸释放碳量。如果把家畜采食量部分考虑进去，自由放牧、割草区和围封禁牧下，2010 年典型草原碳素输出总量分别为 91.59g/(m²•a)、91.37g/(m²•a)、92.17g/(m²•a)；2010 分别为 61.50g/(m²•a)、73.97g/(m²•a)、78.98g/(m²•a)；2012 分别为 110.98g/(m²•a)、111.25g/(m²•a)、115.03g/(m²•a)。划区轮牧损失的碳量最大，而自由放牧损失的碳量最小。不同放牧制度下，碳输出的主要途径仍是土壤呼吸释放带来的损失，把握典型草原碳输出的关键仍是土壤呼吸的释放量。

表 2-11　不同放牧方式下典型草原土壤呼吸碳释放总量

年份	利用方式	拟合方程	R^2	碳释放量/[g/(m²•a)]
2010	自由放牧	$Rs=0.000\,356\,2e^{0.1218Ta+0.7482Ws}$	0.782	91.59
	割草区	$Rs=0.000\,451\,9e^{0.1102Ta+0.5248Ws}$	0.745	91.37
	围封禁牧	$Rs=0.006\,891e^{0.0679Ta+0.3588Ws}$	0.769	92.17
2011	自由放牧	$Rs=0.000\,314\,6e^{0.1322Ta+0.7526Ws}$	0.712	61.50
	割草区	$Rs=0.000\,676\,2e^{0.1149Ta+0.5492Ws}$	0.786	73.97
	围封禁牧	$Rs=0.007\,511e^{0.0792Ta+0.3256Ws}$	0.774	78.98
2012	自由放牧	$Rs=0.000\,710\,8e^{0.1462Ta+0.6218Ws}$	0.696	110.98
	割草区	$Rs=0.000\,368\,1e^{0.2265Ta+0.7647Ws}$	0.768	111.25
	围封禁牧	$Rs=0.008\,627e^{0.0662Ta+0.4812Ws}$	0.726	115.03

3. 碳平衡估计

不同放牧制度下，典型草原碳输入、输出与碳平衡状况见表 2-12。结果表明，在整个生长季中，三种利用方式的净生态系统生产力 NEP 都为正值。这说明生态系统植物固碳量大于碳排放量，草地为碳汇。通过计算得出自由放牧、割草区和围封禁牧方式下，典型草原碳平衡，即 2010 年 NEP 分别为 576.90g/(m²•a)、609.41g/(m²•a)、650.53g/(m²•a)；2010 年 NEP 分别为 476.89g/(m²•a)、652.77g/(m²•a)、736.77g/(m²•a)；2012 年 NEP 分别为 894.18g/(m²•a)、953.27g/(m²•a)、949.59g/(m²•a)。降水量不同的年份荒漠草原固碳能力有所不同，在降水量相对较低的2010年和2011年，典型草原固碳能力相对较弱，且围封禁牧保持着相对较高的固碳能力；在降水量充足的2012年，各处理下固碳能力均有提高，而且各处理间固碳能力之间的差异减小。

表 2-12　不同放牧制度下荒漠草原碳平衡

年份	利用方式	碳输入量/[g/(m²•a)]	碳释放量/[g/(m²•a)]	碳平衡/[g/(m²•a)]
2010	自由放牧	668.49	91.59	576.90
	割草区	700.78	91.37	609.41
	围封禁牧	742.70	92.17	650.53
2011	自由放牧	538.39	61.50	476.89
	割草区	726.75	73.97	652.77
	围封禁牧	815.75	78.98	736.77
2012	自由放牧	1005.16	110.98	894.18
	割草区	1064.52	111.25	953.27
	围封禁牧	1064.62	115.03	949.59

第四节　结　　论

(一)不同放牧利用方式下植被-土壤碳密度分布及其碳储量和固碳潜力估算

典型草原不同利用方式和放牧强度下植物碳含量较稳定，为0.42~0.44，接近国际上通用的植物碳转换率0.45。地上、地下植物碳密度随利用强度的增强而减少，且两者之间有极显著相关性(P<0.01)。不同利用方式和放牧强度下0~100cm土壤有机碳密度为8.77~17.73kg/m^2，不同利用方式和放牧强度对土壤有机碳密度的影响大于空间差异，垂直分布呈显著的递减规律，且可以用对数关系描述草地碳密度与土壤深度之间的回归关系，即不退化草地 $y = 0.5685\text{Ln}(x)+3.118 (R^2 = 0.849)$，轻度放牧退化 $y = 0.6943\text{Ln}(x)+3.843 (R^2 = 0.833)$，中度放牧退化 $y = 0.4932\text{Ln}(x)+3.265 (R^2 = 0.825)$，重度放牧退化 $y = 0.553\text{Ln}(x)+3.217 (R^2 = 0.902)$。适度放牧利用有益于典型草原植被-土壤系统碳蓄积，植物激素水平、土壤主要理化性状、土壤微生物数量与质量等可辅助解释这一现象。内蒙古锡林郭勒典型草原植被-土壤系统碳储量估算值为1.51Pg，其中96%的碳储存在土壤当中，研究采用植被法与模型法相结合的区域碳储量估算方法具有可行性。通过不同保护建设和利用措施的比较，研究认为内蒙古典型草原现实草地固碳潜能为17.73kg/m^2。在估算不同退化程度下植被-土壤系统碳储量的基础上，以中度退化程度为最高值，估算出了不同退化程度下的系统增碳潜力，结果为CK(3.87kg/m^2)、GL(1.35kg/m^2)、GH(2.71kg/m^2)；区域增碳潜力为CK(3.24Tg)、GL(16.83Tg)、GH(115.86Tg)；锡林郭勒典型草原总增碳潜力为135.93Tg。

（二）不同放牧利用方式对土壤呼吸及生态系统碳平衡的影响研究

生物（植物群落地上与地下净初级生产力）与非生物因素（土壤温度与土壤含水量）决定了典型草原不同利用方式下土壤呼吸的变化。相比自由放牧区，高的土壤温度、高的土壤含水量和植物群落净初级生产力导致围封禁牧区高的土壤呼吸。2010 年和 2011 年，自由放牧和割草对土壤温度、ANPP 和 BNPP 的影响高于对土壤含水量的影响。2012 年，相比围封禁牧，割草区 BNPP 的显著增加导致了高的土壤呼吸。不同放牧利用方式下典型草原地上部分固碳量均低于地下部分的固碳能力。典型草原碳输出的主要途径是土壤呼吸，在降水量欠缺的年份，不同放牧利用方式变化顺序为围封禁牧>割草>自由放牧，而在降水量充足的年份其变化顺序为割草>围封禁牧>自由放牧。降水量对典型草原碳平衡起着至关重要的作用。

第三章 草甸草原不同放牧强度下碳储量及固碳潜力研究

第一节 引 言

气候变化已经成为国际社会公认的主要全球性环境问题之一。含碳温室气体浓度增加，加剧了地球温室效应，导致全球变暖，被认为是气候变化的主要原因(Pachauri and Reisinger，2007)。土壤有机碳库为地球表层生态系统中最大的碳库，全球土壤有机碳库约为 1550Pg，是大气碳库的 2 倍(Lal，2004)，故重视并充分发挥土壤碳汇功能，将对缓解或遏制气候变化产生积极而重大的作用。草地生态系统作为陆地生态系统中最重要的类型之一，覆盖地球土地表面 1/4 左右(侯向阳和徐海红，2011)。其中，贝加尔针茅草原是具有典型代表性的草甸草原类型之一，是研究生态系统对人类干扰和全球气候变化响应机制的典型区域之一。草地生态系统碳储量略小于森林而远大于农田，碳蓄积潜能将是十分巨大的，应该得到充分的重视。

目前，关于草地碳蓄积和碳平衡的研究已成为学界的热点。很多研究关注于不同利用方式和利用强度对草地生态系统碳蓄积的影响。但是，从研究结果来看，结论不一，总体上可以分为3种观点。第一，放牧利用会减少土壤有机碳。Johnston 等(1971)和Greene 等(1994)认为放牧动物使草地生态系统碳的移出量增加(牲畜的屠宰和动物的消化过程)。如屠宰一头 500kg 的牛将使约 50kg C 从系统中移出，而且动物在消化过程中也放出大量的 CO_2(动物呼吸作用)和一定量的 CH_4(动物肠胃中的厌氧发酵过程)。也有学者认为家畜的践踏会加速土壤有机碳释放，从而减少碳储量(李凌浩等，1998；裴海昆，2004)。另一观点认为放牧对土壤有机碳没有显著影响(王艳芬等，1998；Milchunas and Laurenroth，1993；Keller and Goldstein，1998)。草原生态系统对放牧有相当的弹性(Coffin *et al.*，1998；Milchunas *et al.*，1998)。因为生态系统在一定的限度内，能够自我调整和维持自己的正常功能，并能在很大程度上克服和消除外来的干扰，保持自身的稳定性。还有一种观点认为放牧有利于土壤有机碳的积累(Henderson，2000；Schuman *et al.*，1999；Derner *et al.*，1997；Povirk，1999)。Derner 等指出与围栏封育比较，放牧样地 0~15cm 土壤有机碳显著增加。Povirk 在高寒草甸的研究亦得出了相似的结论。另外关于不同放牧强度对土壤有机碳储量影响的研究结论也不尽相同。李怡(2011)认为土壤有机碳储量在不同放牧强度间的变化规律为重牧>中牧>轻牧，刘楠和张英俊(2010)的研究结果显示为轻牧>重牧>中牧。而李香真和陈佐真(1998)认为不同放牧强度之间 0~10cm 土壤有机碳储量无显著差异。基于这些争议，Milchunas 和 Lauenroth(1993)对比了世界 236 个点的放牧和围栏封育资料，试图来解答诸多问题。结果发现地下生物量、土壤有机 C 和 N 的变化与放牧间没有统一的变化规律，有时呈正相关，有时呈负相关。最后其结论是放牧和土壤有机碳之间存在复杂的相互关系，土壤有机质对放牧的响应受多种因素的影响。

作为过去、现在及将来最主要的草原利用方式，放牧利用是对草地生态系统影响规模最大、最久远的人类活动影响因素。不同利用方式和放牧强度，对草原土壤、植被等产生影响，进而影响碳循环过程。揭示不同利用方式和放牧利用强度对草原土壤有机碳储量及其分布的影响，是有效保护、合理利用和科学管理草地生态系统的关键前提和重要研究命题之一。本研究以内蒙古草甸草原生态系统为例，对比围栏封育保护和不同放牧退化程度下土壤有机碳储量，揭示土壤有机碳储量垂直分布规律并构建回归模型，为科学制定草原保护和利用措施，快速评估区域土壤有机碳储量提供参考依据。

第二节　研究材料和主要研究方法

一、研究区域概况

（一）地形地貌

研究区域位于内蒙古呼伦贝尔市草甸草原，海拔 600~800m。研究区域内设了 3 个样地，样地Ⅰ选在海拉尔谢尔塔拉种牛场（49°21′N，120°07′E）的贝加尔针茅群落；样地Ⅱ为陈巴尔虎旗境内的贝加尔针茅群落（49°19′N，119°27′E）；样地Ⅲ为鄂温克旗伊敏镇附近的贝加尔针茅群落（49°08′N，119°45′E）。

（二）气候特征

研究区域气候类型属于中温带半干旱大陆性气候，年均气温–2.4℃，最高、最低气温分别为 36.17℃、–48.5℃；≥10℃年积温 1580~1800℃，无霜期 110d；年平均降水量 350mm，年均蒸发量 1246.9mm，初霜 8 月 28 日至 9 月 3 日，终霜 5 月 30 日至 6 月 5 日，无霜期 95~110d。降水多集中在 7~9 月且变率较大。

（三）土壤与植被

研究区为草甸草原区，主要优势种有羊草（*Leymus chinensis*）、贝加尔针茅（*Stipa baicalensis*）、线叶菊（*Filifolium sibiricum*）、日阴菅（*Carex pediformis*）、冰草（*Agropyron cristatum*），伴生种有斜茎黄芪（*Astragalus adsurgens*），山野豌豆（*Vicia amoena*）、草地早熟禾（*Poa ratensis*）等。地带性土壤为黑钙土。

二、研究样地设置

不同退化程度样地的选取同典型草原样地Ⅰ和样地Ⅱ，以居民点为中心，呈条带放射状向外呈现出草原群落的不同退化程度。根据与居民点的距离将放牧区划分为轻度放牧退化（grazing lightly，GL）、中度放牧退化（grazing moderately，GM）、重度放牧退化（grazing heavily，GH）三个等级。具体划分方法是以居民点为中心在自由放牧地上拉放射状的 3 条样线，样线之间有一定的距离，使其所包含的信息尽可能代表整个草地（王明君等，2007；高雪峰等，2007）。再选择牧户附近基本不受干扰或干扰极少的草地作为对照区（no grazing，CK）。

三、取样和测定方法

相关指标的野外采样与室内测定方法同第一部分。

四、主要分析统计方法

相关指标的分析统计方法同第二章。

第三节　研究结果

一、不同退化草地植被-土壤碳密度及其分布规律

（一）不同退化草地植物碳含量与碳密度

1. 地上植物碳含量

不同退化程度草地地上生物量（包括活体植物和枯落物）、地下生物量都发生一定程度的变化，从而引起植物碳含量及碳密度的差异。本研究分析了主要优势种羊草、贝加尔针茅以及群落碳含量在不同退化程度下的变化，发现 3 个样地植物碳含量在不同退化程度间存在显著差异（$P<0.05$）（图 3-1）；羊草碳含量呈现出随着放牧利用程度的增加而减少的趋势，不同退化程度间的变化范围为 32.27%~43.34%；针茅碳含量呈现出随着放牧

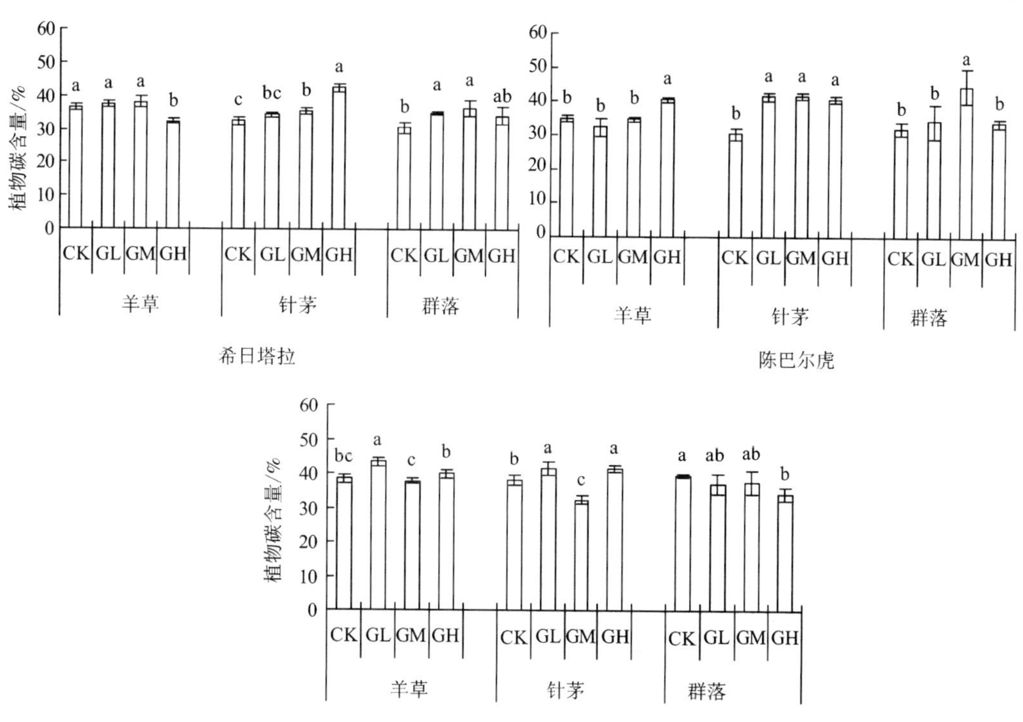

图 3-1　不同退化程度下 3 个样地植物碳含量

程度的增加而增加的趋势，变化范围为 30.32%~42.52%；群落碳含量表现出在中度放牧利用下较高的趋势，变化范围为 30.54%~44.70%。

2. 地下植物碳含量

研究对不同放牧退化程度下 3 个样地地下植物(根系)碳含量进行比较，发现 3 个样地植物碳含量在不同退化程度间存在显著差异(P<0.05)(图 3-2)，草甸草原 0~10cm 根系碳含量在不同退化程度间的变化范围为 22.26%~39.56%，总体上表现出轻度放牧或中度放牧退化程度下较高；10~20cm 根系碳含量的变化范围为 13.65%~34.64%，除了希日塔拉样地，其余 2 个样地均表现出了放牧样地高于围封样地的趋势；20~30cm 根系碳含量的变化范围为 11.14%~35.78%，也表现出了放牧样地高于围封样地的趋势。

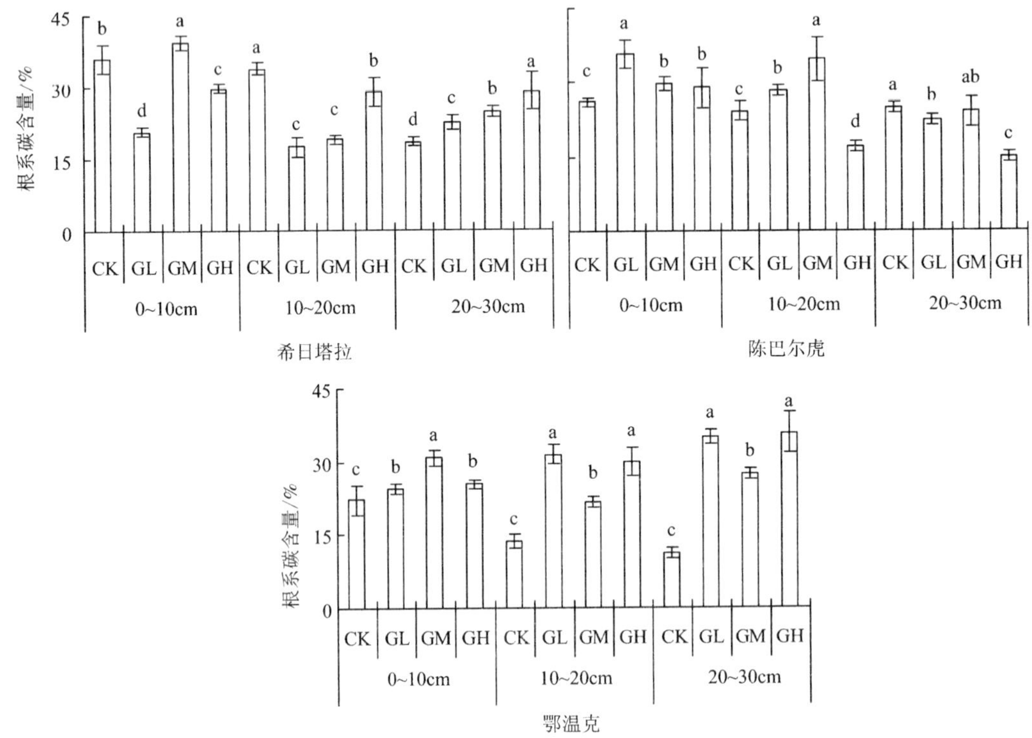

图 3-2 不同退化程度下 3 个样地根系碳含量

3. 地上植物碳密度

植物碳密度由生物量和碳含量决定，样地 I 和样地 II 地上植物碳密度表现出随着退化程度的增加而减少的趋势，样地III也表现出相似的变化趋势，但是没有显著差异(P>0.05)(图 3-3)。地上植物碳密度 CK 为 48.93~87.12g/m^2、GL 为 30.16~53.82g/m^2、GM 为 19.98~75.54g/m^2、GH 为 17.48~46.19g/m^2。

4. 地下植物碳密度

本研究对 3 个样地不同放牧退化程度下的 0~30cm 地下植物(根系)碳密度进行比较研究。结果表明，希日塔拉样地围封草场根系碳密度显著高于(P<0.05)放牧样地，陈巴尔虎和鄂温克样地根系碳密度表现出了适度放牧高于围封草地的趋势；从垂直分布来看，3 个样地

不同放牧退化程度根系碳密度均表现出了随土壤深度的增加而减少的趋势(图 3-4)。

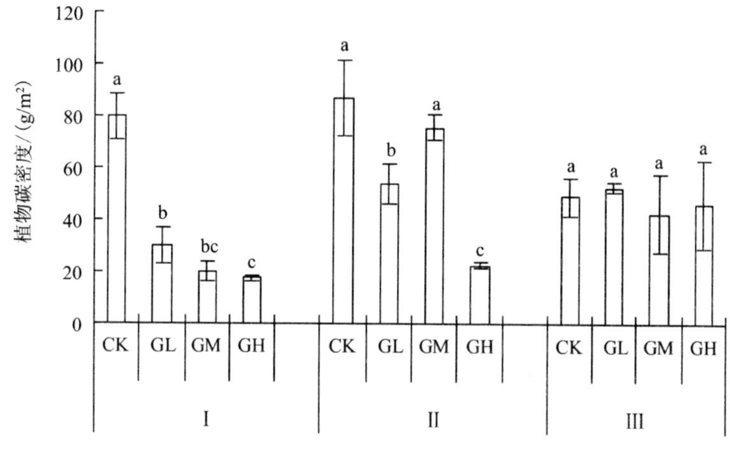

图 3-3　不同退化程度下三个研究样地植物碳含量

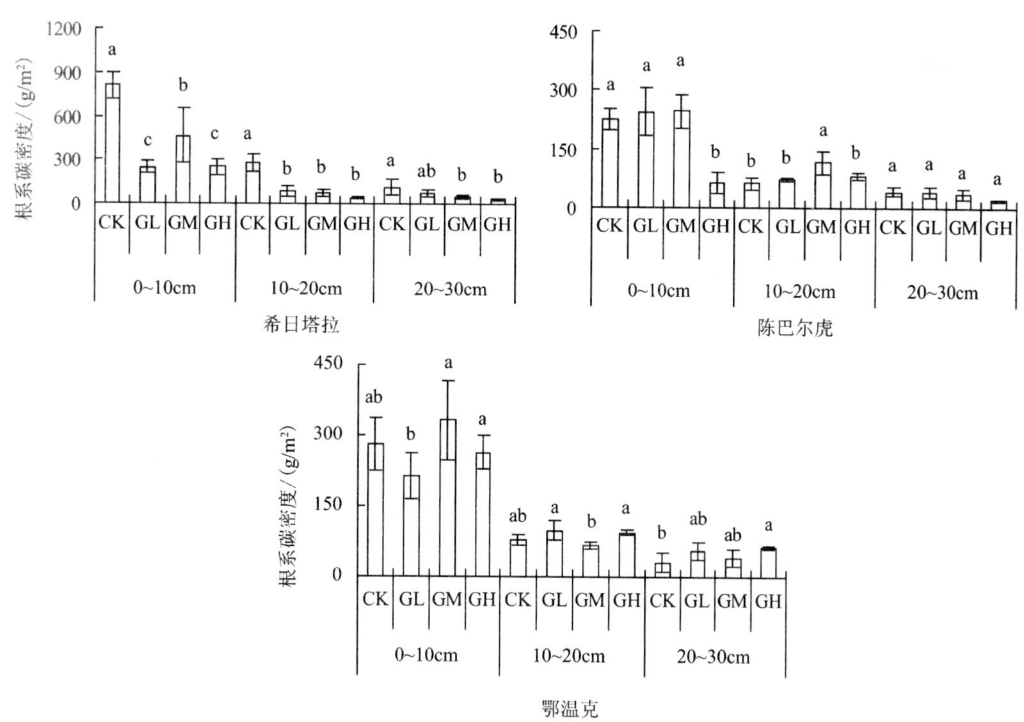

图 3-4　不同退化程度下 3 个样地根系碳密度

(二)不同退化程度土壤碳密度及其分布规律

1. 不同退化程度草地土壤碳密度

本研究对 3 个研究样地不同退化程度下 0~100cm 土壤有机碳密度进行比较分析，结果显示，3 个样土壤有机碳密度随着退化程度的增加而变化的趋势有所差异(图 3-5)；样地Ⅰ为CK(30.57kg/m^2)>GH(23.24kg/m^2)>GL(15.27kg/m^2)>GM(14.92kg/m^2)；样地Ⅱ为CK(16.42kg/m^2)>GL(13.24kg/m^2)>GM(12.53kg/m^2)>GH(9.58kg/m^2)；样地Ⅲ为GM(14.99kg/m^2)>GH(11.74kg/m^2)>GL(8.06kg/m^2)>CK(5.26kg/m^2)。

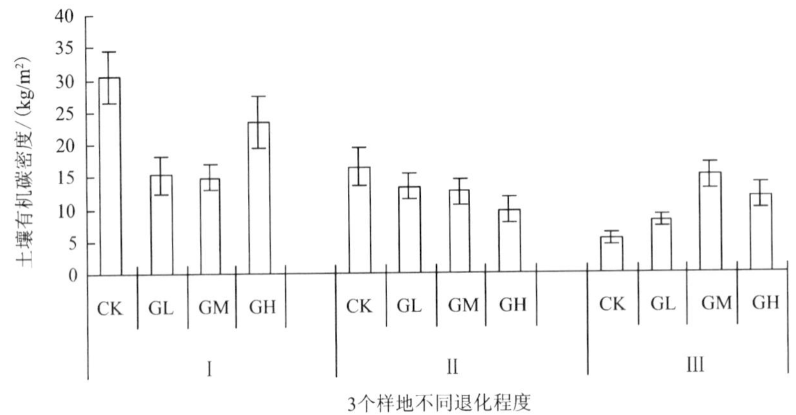

图 3-5 不同退化程度下 3 个研究样地土壤碳密度

2. 土壤碳密度垂直分布规律

本研究分析了 3 个样地不同退化程度下土壤有机碳 0~100cm 土层的垂直分布情况，结果如图 3-6 所示。总体来看，随着土壤深度的增加，土壤有机碳密度呈减少趋势，且

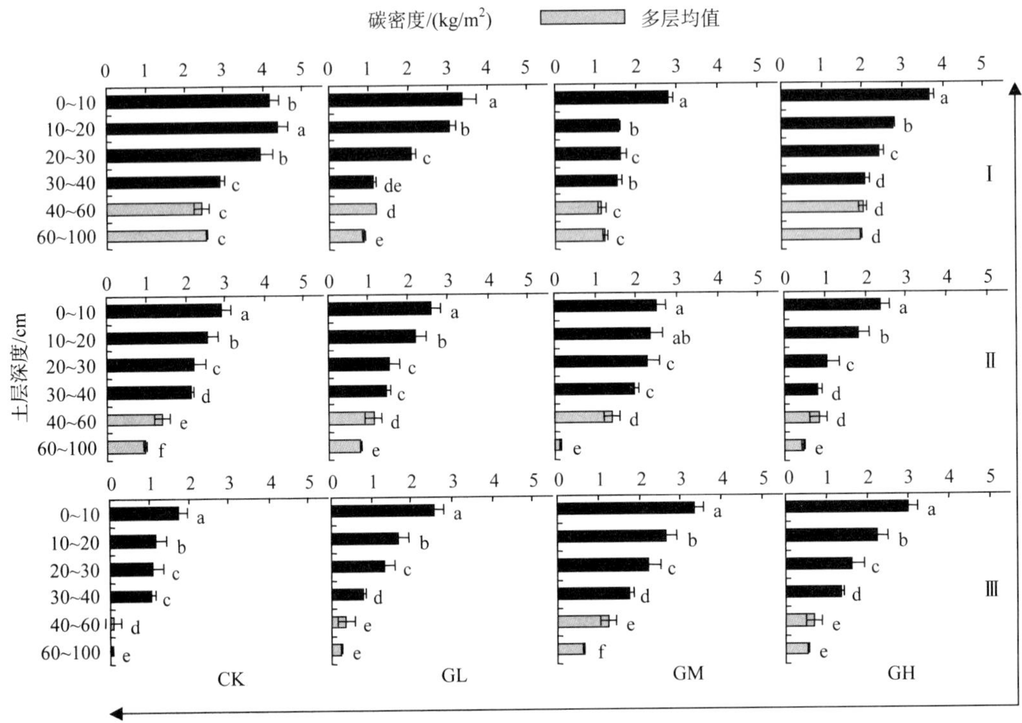

图 3-6 3 个样地不同退化程度土壤有机碳垂直分布图

每层之间均有显著性差异（$P<0.05$）。表层 0~10cm 土壤有机碳密度最高，可以达到 1.71~4.13kg/m²；深层土壤有机碳密度较少，在 60~100cm 深处，每 10cm 土壤有机碳密度仅为 0.05~2.57kg/m²。

二、草甸草原土壤固碳潜力分析

分析结果显示，不同研究样地不同退化程度下的土壤有机碳密度大小排列顺序有所不同。样地Ⅰ和样地Ⅱ土壤有机碳密度最高值在 CK 处理下，固碳潜力分别为 30.57kg/m² 和 16.43kg/m²，GL、GM 和 GH 处理下的增碳潜力分别为 15.30kg/m²、15.65kg/m²、7.33kg/m² 和 3.18kg/m²、3.89kg/m²、6.84kg/m²；样地Ⅲ土壤有机碳密度最高值在 GM 处理下，固碳潜力为 14.99kg/m²，CK、GL 和 GH 处理下的增碳潜力分别为 9.73kg/m²、6.93kg/m²、3.25kg/m²（表 3-1）。

表 3-1　3 个研究样地不同退化程度草地固碳潜力

样地编号	Ⅰ				Ⅱ				Ⅲ			
退化程度	CK	GL	GM	GH	CK	GL	GM	GH	CK	GL	GM	GH
固碳潜力/(kg/m²)	30.57				16.43				14.99			
增碳潜力/(kg/m²)	0.00	15.30	15.65	7.33	0.00	3.18	3.89	6.84	9.73	6.93	0.00	3.25

第四节　结　　论

草甸草原植物碳含量在不同退化程度下的变化范围为 30.54%~44.70%，总体呈现出中度退化下高于围封、轻度退化和重度退化的规律。植物碳密度由碳含量和生物量组成，在不同退化程度下总体呈现出随着退化程度的增加而减少的趋势。0~100cm 土壤有机碳密度在不同退化程度下的变化范围为 5.26~30.57kg/m²，呈显著垂直递减规律。样地Ⅰ、样地Ⅱ和样地Ⅲ的固碳潜力分别为 30.57kg/m²、16.43kg/m² 和 14.99kg/m²。

第四章　荒漠草原不同保护利用方式下生态系统碳平衡及动态分析

第一节　引　　言

一、研究目的、意义

草地生态系统是地球上分布面积较广的类型之一，巨大的草地面积使得草地在全球碳汇中扮演着十分重要的角色，其巨大的植被地下生物量是土壤有机碳的重要来源。研究结果发现，80%以上的生物量储存在地下植物根系中(Mokany，2005)。地下生物量是草地植被碳储量的重要组成部分(Wang *et al.*，2010)，准确测定草地地下生物量是确定草地植被源汇功能的基础。然而，长期以来，由于地下生物量测定比较复杂且工作量大，人们对地下生物量的认识相对薄弱，成为陆地生态系统碳循环研究中的瓶颈(胡中民等，2005)，严重影响着草地地下碳库的精确估计。

中国拥有丰富的草地资源，天然草原面积约为 4 亿 ha，约占国土总面积的 41.7%(国家环境保护总局，2007)，主要集中分布于西部和北部地区。其中，北方天然草原是中国草地的主体，约占全部草地面积的 78%(陈佐忠和汪诗平，2000)。从东北平原一直到青藏高原南缘，东西绵延约 4500km，南北跨越 23 个纬度。草地巨大的分布面积和地下碳储存能力使得其可能成为中国陆地生态系统潜在的碳汇。地处欧亚大陆温带干旱、半干旱地区的内蒙古草原是我国北方温带草原的主体，其植被碳储量在我国草地碳平衡中占有重要地位。荒漠草原是内蒙古草原的重要组成部分，占内蒙古草地面积的 10.7%，广泛分布于内蒙古中部和阴山山脉以北的乌兰察布高原，属草原区向荒漠区过渡的草原类型。与其他类型的草原相比，荒漠草原的自然环境更加恶劣，生态系统更加脆弱，对人为的干扰也更为敏感。

国内自 20 世纪 80 年代初已经逐渐开展这方面的工作，到目前为止已经积累了大量关于草地生物量和碳储量的基础资料(陈世璜，1993；蒲继延，2005；巴音，2008；耿浩林，2006，2008；黄德青等，2011；朱宝文，2008；冯雨峰，1990；白永飞，1994；李凯辉，2008；Bai，2004；李英年，1998；王鑫，2008)。众多学者对典型草原、草甸草原的地下生物量进行了很多研究工作，但有关内蒙古荒漠草原植被生物量动态及碳储量方面前人研究甚少，仅仅在某些群系上有零星报道(冯雨峰，1990)。尤其是实测地下生物量数据的缺乏，使以往中国草地碳储量估算尚存在较大的不确定性。虽然目前在大尺度估算中，平均碳密度和根冠比估算生物量可能仍然是较好的方法，但在区域水平上可能产生较大误差。因此，获取更多实地调查数据，对于更好地评价区域草地生态系统在全球陆地碳循环中的作用具有重要意义。

因此，本研究选取内蒙古荒漠草原的代表性类型小针茅草原作为研究对象，通过测定其地上生物量、土壤各层中的地下生物量以及土壤有机碳含量，探讨小针茅荒漠草原生物量及土壤有机碳的季节动态及影响因素。并以苏尼特右旗为例，开展了碳储量时空分布的研究，以期为荒漠草原碳储量研究提供基础数据资料，同时也可作为其他草地生态研究的参考依据。

二、主要研究内容

本研究以苏尼特右旗为例，从小尺度研究了荒漠草原生物量和土壤有机碳的季节动态及不同放牧强度下的碳储量，并分别选择丰水年、贫水年和正常年份，从宏观的大尺度研究了荒漠草原生物量及碳储量的时空分布规律及影响因素，探讨了不同年份苏尼特右旗荒漠草原碳储量的差异，以期为荒漠草原碳储量研究提供基本参数。主要研究内容如下。

（一）小针茅荒漠草原生物量及土壤有机碳季节动态

小针茅荒漠草原分布在苏尼特右旗的中西部的大部分地区，是苏尼特右旗荒漠草原的主要草地类型。本文选择小针茅+无芒隐子草草地和狭叶锦鸡儿-小针茅+无芒隐子草草地 2 种主要的草地类型，设置样地，开展了连续 2 年的样地监测。通过测定 5~9 月生长季各样地地上、地下生物量及土壤有机碳的动态变化，研究小针茅荒漠草原的地上、地下生物量的时空分布以及土壤有机碳季节动态。

（二）苏尼特右旗草原地上生物量遥感估算

2011 年和 2012 年 7~8 月，对苏尼特右旗主要草地类型开展生物量调查，共设置 38 个样地，获得了 110 多个样方数据，样方的数量和地点基本代表了该区域的主要草地类型和生物量状况。通过遥感影像与地面数据相结合，建立地上生物量遥感估测模型，并用预留的一部分点进行精度验证，对苏尼特右旗地上生物量进行估算，获得苏尼特右旗地上生物量空间分布图。同时测定各主要草地类型的地下生物量和土壤有机碳含量。获得主要草地类型的根冠比和土壤有机碳密度，为碳储量的估算提供基本参数。

（三）苏尼特右旗碳储量估算

将实地调查测定的苏尼特右旗主要草地类型根冠比作为 1∶150 万草地类型图的属性进行栅格化，然后与地上生物量栅格图进行波段运算，获得苏尼特右旗草地地下生物量空间分布图。通过波段运算，将草地地上生物量和地下生物量进行相加获得苏尼特右旗草地总生物量密度，再给总生物量乘以系数 0.45（采用方精云提出的生物量与碳的换算系数）将其转换成碳密度（Fang *et al.*，2007），获得苏尼特右旗草地生物量碳密度分布图。将实地调查测定获得的苏尼特右旗不同草地类型的土壤碳密度录入数据库，再按照土壤碳密度将草地类型图进行栅格化，可生成苏尼特右旗土壤有机碳密度空间分布图。通过波段运算，将草地生物量碳和土壤有机碳相加即得到草地总有机碳，获得苏尼特右旗草地碳储量空间分布图。

（四）不同放牧强度下的草地碳储量

以小针茅+无芒隐子草草地类型为例，通过对不同放牧梯度下草地生物量及土壤有机碳动态的研究，探讨放牧对草地碳储量的影响。

第二节　研究材料和主要研究方法

一、研究区域概况

（一）地形地貌

苏尼特右旗坐落于内蒙古乌兰察布高原，为草原与荒漠之间的过渡区域，是二连盆地的一部分（洪燕，2006）。苏尼特右旗地形结构比较简单，地貌形态为构造剥蚀、剥蚀和堆积地形，最高点红花敖包山可达1670m，整个地势由南向北倾斜。该旗是古湖盆地上升而形成的层次剥蚀高原（秦月，2010），海拔范围在900~1400m，其中东部海拔较低，南部与阴山山脉北麓相连，这部分的山丘起伏大，中北部为坦荡的高平原和丘陵，浑善达克沙地从西北至东南横贯全旗中部（隋艳娜，2010）。

（二）气候特征

苏尼特右旗所在区域的气候为中温带半干旱大陆性气候。春季干旱风大，夏季干热而短促，秋季晴天多、凉爽，冬季严寒而漫长、四季温差大（张卿，2010）。年平均日照时数约为3231.8h。最高温度38.7℃，最低气温为–38.8℃，平均气温为4.3℃，年平均气温变化较大，不同年份相差可达3.9℃。无霜期135d。由于该旗处于中纬度西风带，常年盛行偏西风，一般风力在3~5级，最大为9~10级（张卿，2010），平均风速为5.5m/s，年平均风速约为4~6m/s，年八级以上大风天数为50~80天。风多且大，风灾时发，沙尘天气严重，频发。该旗由于受到东南山地的阻挡，季风只能到达南部山丘地带。因此，降水量很少，越往北越趋于干旱，南部低山丘陵区年降水量为250mm，中部高原下降到200mm，到二连一带仅有150mm，南北相差很大。降水在一年之中分配很不均匀，春季降水极少，大部分集中在7~8月份，将近占全年的50%~60%，从降水日数上讲，夏季最多，春冬季最少，降水量非常不稳定，年际变化十分显著，降水的年变化率也很大。年降水量平均为170~190mm，蒸发量平均为2384mm，是降水量的14倍。整个地区在大部分年份都要受到不同程度的干旱威胁。

（三）植被

该旗属欧亚大陆干旱荒漠草原区，植被资源较为贫乏。植被地带属于中温型草原带，该旗的中部、北部、西部具有典型的干草原向荒漠过渡的地带性植被特征。该区植物种类较少，草群稀疏低矮，牧草产量低，植被盖度20%~40%。植被以小针茅+无芒隐子草草地和狭叶锦鸡儿-小针茅+无芒隐子草草地为主（图4-1）。全旗可利用草原面积1.9万km^2。

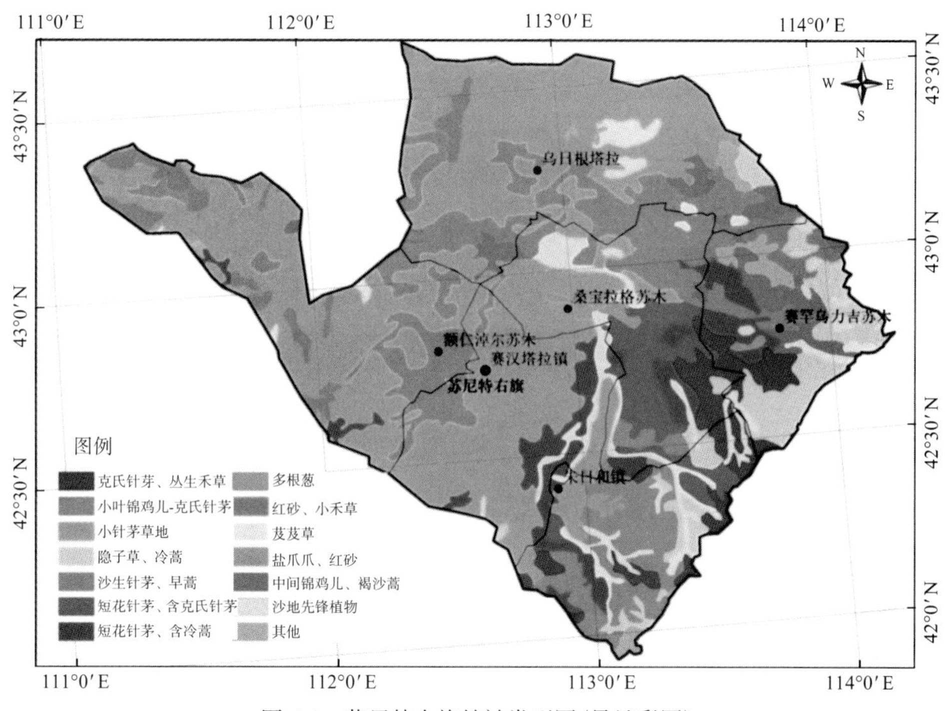

图 4-1　苏尼特右旗植被类型图(另见彩图)

(四)土壤

苏尼特右旗土壤类型多样，有栗钙土、棕钙土、灰色草甸土、沼泽土、盐土、碱土、风沙土和潮土等(图 4-2)。不同地区有机质含量有较大差异，东南部为 0.92%，中东部为 0.52%，中北部仅 0.02%(隋艳娜，2010)。苏尼特右旗从整体上可以分为南北两个地带性土壤。钙积层出现在 30cm 左右，30cm 以下层次土壤紧实且充满石砾(冯雨峰，1990)。

温都尔庙、布图木吉、额尔登宝力格以南属于低山丘陵，降水较多，湿润系数在 3.0 以上，植被以旱生草本植物占优势。该地区土壤为淡栗钙土，剖面分化明显，由腐殖质层、石灰淀积层和母质层构成。腐殖质层浅栗色，有机质含量大约在 1.5%~2.5%，厚度大约在 20~25cm。由于淋溶作用，在 20~30cm 处形成灰白色的碳酸钙淀积层，碳酸钙含量一般可达 10%~30%，泡沫反应 10cm 处可见。土壤呈弱碱性，粒状结构，质地砂壤，母质为砂砾及玄武岩风化物。

朱日和、布图木吉以北，阿其图乌拉以西气候比较干燥，是草原向荒漠过渡地段，湿润度在 0.3 以下。该区土壤为棕钙土，地表多呈砾质化与砂化，剖面分化明显，各层过渡迅速，腐殖质层浅棕色，厚度 20~30cm，有机质含量仅占 1%~1.8%，结构性差。钙积层出现部位高，呈紧实状与斑块状。盐化、碱化程度比较强，下部有石膏积聚，土体呈碱性，pH 在 8~9。土壤质地为砂砾土、砂土和砂壤为主。成土母质为红色砂岩风化物、湖泊沉积物以及第三季红色黏土。

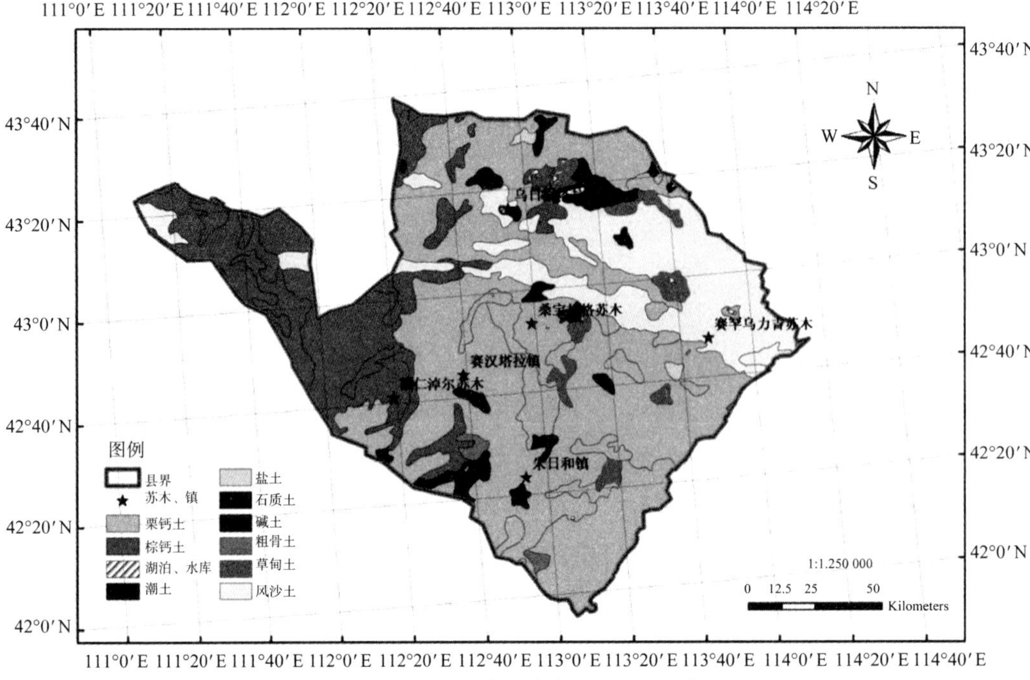

图 4-2 苏尼特右旗土壤类型图(另见彩图)

二、研究样地设置

(一)植被与土壤基况调查

在 2011 年和 2012 年 7~8 月植被生长旺盛期对苏尼特右旗进行植被、土壤基况调查。根据《全国草原资源与生态监测技术规程》，在前期遥感影像和草原类型图的基础上，结合当地交通状况，选择穿越研究区主要草原类型、土壤类型的调查路线。在路线调查中，每一主要草原类型均布设 4~6 个样地，每样地布设 3 个样方。开展样地、样方调查。选择苏尼特右旗 8 种主要草地类型(表 4-1)。共设置了 38 个样地，获得 110 多个草本和灌木样方。草本及矮小灌木的样方大小为 1m×1m，灌木和高大草本的样方为 10m×10m，记录样地及周围环境特征，主要包括经纬度、海拔、地形地貌、土壤质地、草地类型、主要植物种类、放牧强度、群落总盖度、高度等。测定样方内的主要植物种类、植被盖度、地上生物量、0~80cm 各层地下生物量、土壤有机碳和土壤含水量。每种草地类型选择 2~3 个样地进行地下生物量和土壤有机碳的测定。

表 4-1 样地的基本概况

样地类型	草地型	面积/km^2	分布	植被盖度/%	草层高度/cm	样地数(样方数)	土壤类型
荒漠草原	小针茅草原	9867.88	西北大部	30	14	12(36)	棕钙土、栗钙土
	短花针茅荒漠草原	2370.9	中部、南部	45	17	4(12)	栗钙土
	沙生针茅草原	3144.69	西部、北部	30	14	4(12)	栗钙土、风沙土

续表

样地类型	草地型	面积/km^2	分布	植被盖度/%	草层高度/cm	样地数(样方数)	土壤类型
温性草原	隐子草退化草地	1188.35	东部	35	15	4(12)	栗钙土
	克氏针茅草原	2200.84	东南部	48	25	4(12)	淡栗钙土
低地草甸	芨芨草、盐化草甸	1280.55	南部	90	18	3(9)	棕钙土、栗钙土
沙地植被	中间锦鸡儿，褐沙蒿	799.46	东北部	40	10	4(12)	风沙土
草原化荒漠	红砂、小禾草草原化荒漠	927.33	西北	17	6	3(9)	棕钙土

(二)小针茅荒漠草原植被与土壤动态测定

2011 年和 2012 年 5~9 月生长季，每个月对苏尼特右旗小针茅荒漠草原进行定点的样地样方调查，选择小针茅+无芒隐子草和狭叶锦鸡儿-小针茅+无芒隐子草 2 种具有代表性的主要草地类型，小针茅+无芒隐子草草地设置了 4 个样地，每个样地 3 个 1m×1m 样方，狭叶锦鸡儿-小针茅+无芒隐子草草地设置了 3 个样地，每个样地设置 3 个 10m×10m 的大样方，每个大样方内设置 3 个 1m×1m 的小样方。记录样地特征及周边环境信息，主要包括经纬度、海拔高度、地貌、土壤质地、草地类型、主要植被和放牧情况等。测定样方内的植被盖度、高度、地上生物量、地下生物量、土壤有机碳、土壤含水量及土壤容重。

(三)不同放牧梯度下生物量与土壤有机碳测定

2012 年 5~9 月生长季，在中国农业科学院欧亚温带草原研究中心的苏尼特右旗放牧试验小区内，测定不同放牧梯度下的地上、地下生物量，土壤含水量及土壤有机碳季节动态。该试验小区草地类型为小针茅+无芒隐子草草地，共设有 4 个不同放牧样地和 1 个围栏封育对照区，每个小区 3 个重复，共 15 个试验小区。在每个试验小区设置 5 个 1m×1m 的样方，测定每个样方内地上生物量、0~30cm 各层地下生物量、土壤有机碳和土壤含水量。

三、取样和测定方法

(一)野外取样

1. 地上生物量取样方法

对草本及矮小灌木植物样方地上生物量，采用传统的直接收割法。将样方内全部植物齐地面刈割，将剪下的样品分别装入纸袋，同时收集样方内的枯落物和立枯物，并分别装袋做好标记，带样品回实验室 65℃烘箱烘至恒重，用电子天平称量干重，将样方中地上生物量进行平均。

对灌木和高大草本植物样方生物量，采用标准株丛法测定，测量样方内各种灌丛标准株的生物量和冠幅，剪取样方内某一灌木或高大草本标准株的当年枝条并称重，将标准株的重量分别乘以各自的株丛数然后相加即为样方内该灌木及高大草本的地上生物量。

2. 地下生物量取样方法

在获取地上生物量之后，在地上部收割后的样方内，采用根钻法分层获取地下生物量。本文采用的根钻直径为7cm，高度为30cm，每10cm为一层分层采集根系土壤样品。每份样品为直径7cm，高10cm的土柱，取样深度视植物根系分布深浅而定。

草本样地：沿对角线分别在每个小样方内钻取4个点的地下根系，分层取样（每10cm一层），取样深度0~60cm。

灌木样地：沿大样方的对角线及其中线按梅花形分别取9钻，分层取样（每10cm一层），取样深度0~80cm。

3. 土壤有机碳取样方法

采用土钻法，每个大样方内随机选取3个点，分层取0~80cm土样，将每层同一深度的样品全部合并装入一个样品袋中带回实验室。

4. 土壤容重及含水率取样方法

在选取的样地上去除地表植被，各采样点均采集3个平行样品作为对照，使用土壤剖面法，用环刀分层采集0~60cm深度土壤样品，采样过程中要尽量保证环刀切割土壤的紧实。将土样密封于土壤盒中带回实验室测定并计算土壤容重和含水量。

（二）样品处理与制备

将采集的地下根系土壤样品放入过滤筛中用清水冲洗，直至根系与土壤完全分离，挑出非草根。将处理好的地下根系放入烘箱，首先在105℃条件下杀青20min，然后在85℃恒温条件下烘干至恒重，大约48h。用电子天平称量干重，将每个样方中各钻的根系生物量分层进行平均，然后折算为g/m^2单位，即为该样方各层地下生物量，各层生物量的总和即为该样方的总地下生物量。

将取回的土壤样品进行预处理，挑出石砾、植物根系和动物残体等杂物，自然风干后碾压成粉末并充分混合，过0.25mm孔径筛，取少量样品测定土壤有机碳含量。将土壤盒中的样品105℃烘干，计算土壤容重和含水量。

（三）样品分析方法

土壤有机碳的测定采用重铬酸钾氧化外加热法。

（四）指标计算

1. 生物量计算

将每个样方中各钻的根系生物量分层进行平均，然后折算为g/m^2单位，即为该样方各层地下生物量，各层生物量的总和即为该样方的总地下生物量。

2. 土壤有机碳密度

土壤有机碳密度是指单位面积一定深度的土层中土壤有机碳的含量，由于排除了面积因素的影响而以土体体积为基础来计算，土壤碳密度已成为评价和衡量土壤中有机碳储量的一个极其重要的指标。

某一土层 i 的有机碳密度 SOC_i(kg/m^2)计算公式如下(Batjes，1996；Rodriguez，2001；Schwartz and Namni，2002)：

$$SOC_i = C_i D_i E_i (1-G_i) \tag{4-1}$$

式中，C_i 为土壤有机碳含量(%)，D_i 为容重(g/cm^3)；E_i 为土层厚度(cm)；G_i 为大于 2mm 的石砾所占的体积百分比(%)。

如果某一土体的剖面由 k 层组成，那么该剖面的有机碳密度 SOC_t 的计算公式为:

$$SOC_t = \sum_{i=1}^{k} \tag{4-2}$$

3. 土壤含水率和容重计算

土壤含水率和容重的计算公式如下：

土壤含水率%=(土壤总重-烘干土重)/土壤总重×100

$$rs = \frac{g \times 100}{V(100 + W)} \tag{4-3}$$

式中，rs 为土壤容重(g/m^3)；g 为环刀内湿样重(g)；V 为环刀容积(cm^3)；W 为样品含水量(%)

4. 碳储量计算

运用多年地面实地调查获得的样方生物量数据与 MODIS-NDVI 数据建立相关关系模型来反演研究区草原地上生物量，进行地上生物量的遥感估算，得出苏尼特右旗草地地上生物量空间分布图。

将实地测定的苏尼特右旗不同草地类型根冠比作为 1∶150 万草地类型图的属性进行栅格化，与地上生物量栅格图进行波段运算，获得苏尼特右旗草地地下生物量。通过波段运算，将草地地上生物量和地下生物量进行相加获得苏尼特右旗草地总生物量，再给总生物量乘以系数 0.45 将生物量换算成碳，获得苏尼特右旗草地生物碳密度空间分布格局图。

将上述计算出的苏尼特右旗主要草地类型土壤碳密度数据录入该矢量图层的属性数据库，获得苏尼特右旗草地土壤有机碳密度图，通过波段运算与生物量碳分布图进行相加，获得苏尼特右旗草地总有机碳储量。

(五)遥感数据的处理

图像裁剪及图像增强等预处理用 Eardas 9.0 完成；掩膜裁切、栅格转矢量图件制作、矢量图层属性数据库的建立、矢量图层之间的代数运算均由 Arcgis 9.2 软件完成。

四、主要分析统计方法

数据分析与建模采用 Excel 2007 和 spass 10.0 完成。

第三节 研 究 结 果

一、不同保护利用方式下碳平衡研究

(一)短花针茅草原不同放牧制度下碳输入各组分季节动态

1. 不同年份大气温度及降水量的季节动态

2009 年和 2010 年的大气平均温度分别为 6.0℃和 5.3℃，高于长期的大气的平均温度，而 2012 年的全年大气平均温度为 4.5℃低于长期的大气的平均温度(1953~2008 年，4.9℃，图 4-3)。温度最低的年份为 1953 年(2.9℃)，而从 1953~2012 年温度呈现不规律的变化趋势，但整体上其年度变化的温度随年度的增加呈显著的正相关(R^2=0.46，P<0.01)，温度的最高值出现在 1998 年(6.9℃)。年降水量的丰富度在一定程度上对草地植物具有重要的作用，但其降水量的季节分配对植物的影响更重要。2009 年的全年降水量为 156.3mm，2010 年为 203.5mm，低于多年的平均降水量(214.3mm)，而 2012 年降水量为 328.9mm，其高于多年的平均降水量。

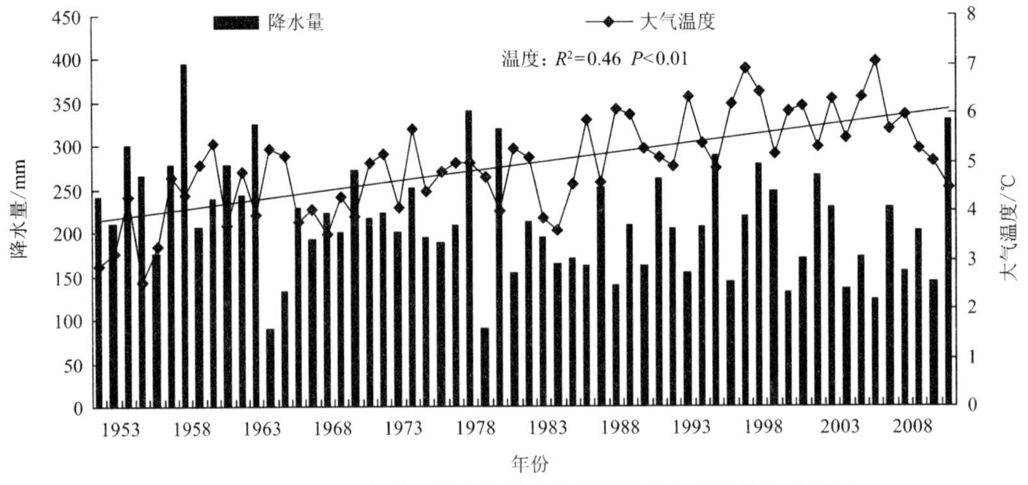

图 4-3 1953~2012 年苏尼特右旗月降水量(柱子)和月平均气温(线)

2. 短花针茅草原不同放牧制度碳的输入

(1)不同围封演替阶段油蒿草场植物样品取样

在 2009 年整个生长季，除 7 月份外，群落地上生物量呈现禁牧区>划区轮牧区>自由放牧区的趋势。三种利用方式下，季节动态曲线基本一致。由于 7 月份遇到干旱，呈现双峰“M”型曲线，群落生物量最大值都出现在 9 月份。在生长季初和放牧初期(5、6 月份)，划区轮牧区地上生物量与自由放牧区无显著差异(P>0.05，图 4-4)。随着放牧的进行，7 月份由于经过高强度放牧(6 月 15 日~6 月 21 日)和干旱双重压力的影响，划区轮牧区地上生物量显著低于自由放牧和禁牧区(P<0.05)。9 月份，虽然也经过 8 月份的高强度放牧，但由于降水充足，划区轮牧区地上生物量生长恢复较快，与自由放牧无显

著差异($P>0.05$)。禁牧区地上生物量，在整个生长季都保持较高的水平，并在多数时间显著高于两种放牧利用下的存量。在生长季末，三种放牧制度间有显著性差异($P<0.05$)。由此可见，禁牧能保持较高的植物地上生物量；划区轮牧与自由放牧相比，在恢复地上植被方面无明显差别。

在干旱的 2010 年，相比于自由放牧和划区轮牧，围栏禁牧区 ANPP 的季节动态在各个月份均最高(图 4-4)；各处理下的 ANPP 在 9 月份均最高，其变化顺序为围封禁牧

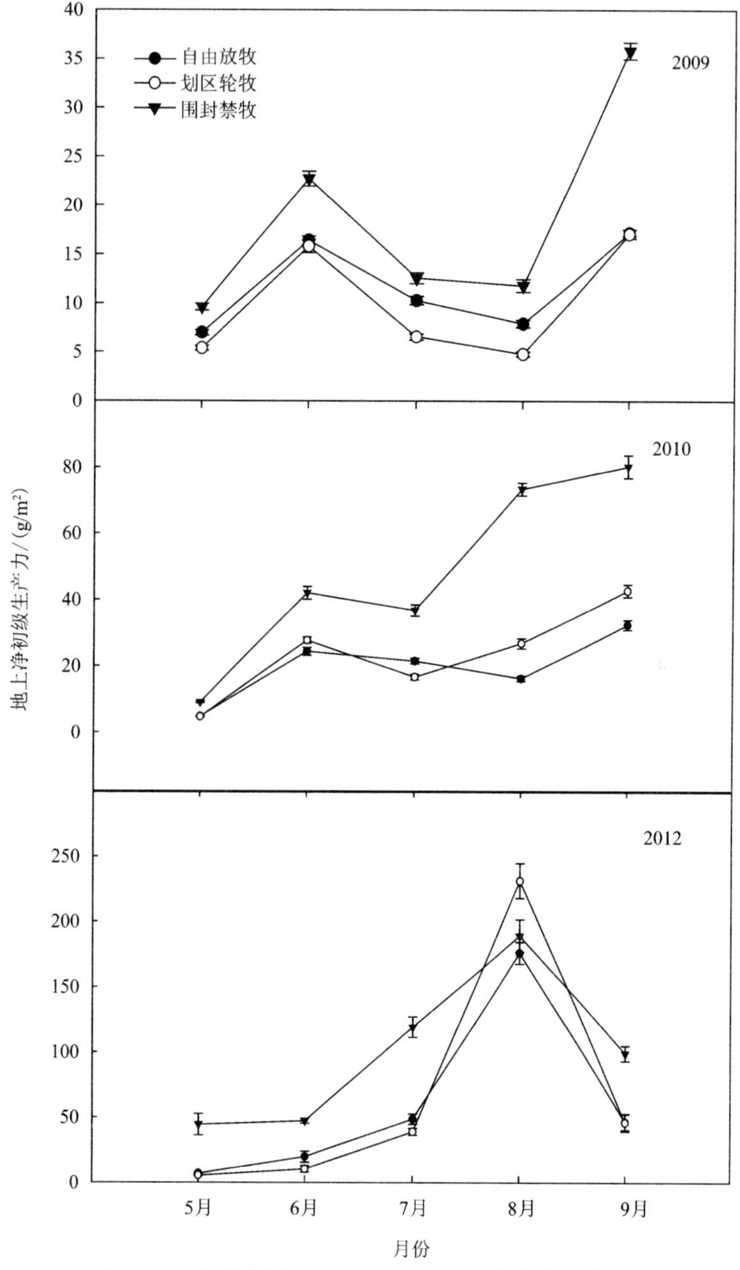

图 4-4　不同放牧制度下地上净初级生产力的月变化

(80.19g/m²)>划区轮牧(42.77g/m²)>自由放牧(32.42g/m²)。在湿润的 2012 年：ANPP 的变化呈单峰变化趋势，峰值出现在 8 月份，而在植物生长初期和枯黄期值最低(图 4-4)；除 8 月份，其他月份围封禁牧区的 ANPP 均为最高，8 月份的 ANPP 的变化顺序为划区轮牧(231.40g/m²)>围封禁牧(189.23g/m²)>自由放牧(175.99g/m²)(图 4-4)。

(2)群落地下生物量

干旱的 2009 年，自由放牧、划区轮牧以及围封禁牧，其地下净初级生产力均低于 2010 年和 2012 年，其变化方式为围封禁牧>划区轮牧>自由放牧。干旱年份 2010 年，围封禁牧区 BNPP 最高(450.2g/m²)，自由放牧区的 BNPP 最低(217.0g/m²，$P<0.05$，图 4-5)；而湿润年份 2012 年，划区轮牧的 BNPP 最高(1266.5g/m²)，自由放牧区的 BNPP 最低(993.7g/m²，$P<0.05$)。干旱与湿润年份植物群落的碳积累量与 BNPP 呈现一直变化的规律，即干旱年份围封禁牧区的碳积累量最高[238.7g C/(m²•a)]，而湿润年份划区轮牧区的碳积累量最高[674.0g C/(m²•a)]。

荒漠草原不同利用方式下草原 NPP 与碳积累干旱年份和湿润年份响应不同：①自由放牧区的 ANPP 变化幅度最大，其增加了 9.83 倍，而割草区的 BNPP 和碳积累增加的倍数最高，在湿润年份比干旱年份分别提高了 4.08 和 4.43 倍；②各处理下，围封禁牧的 ANPP、BNPP 和碳积累的变化幅度最小，分别增加了 1.58、1.53 和 1.54 倍(图 4-4 和图 4-5)。

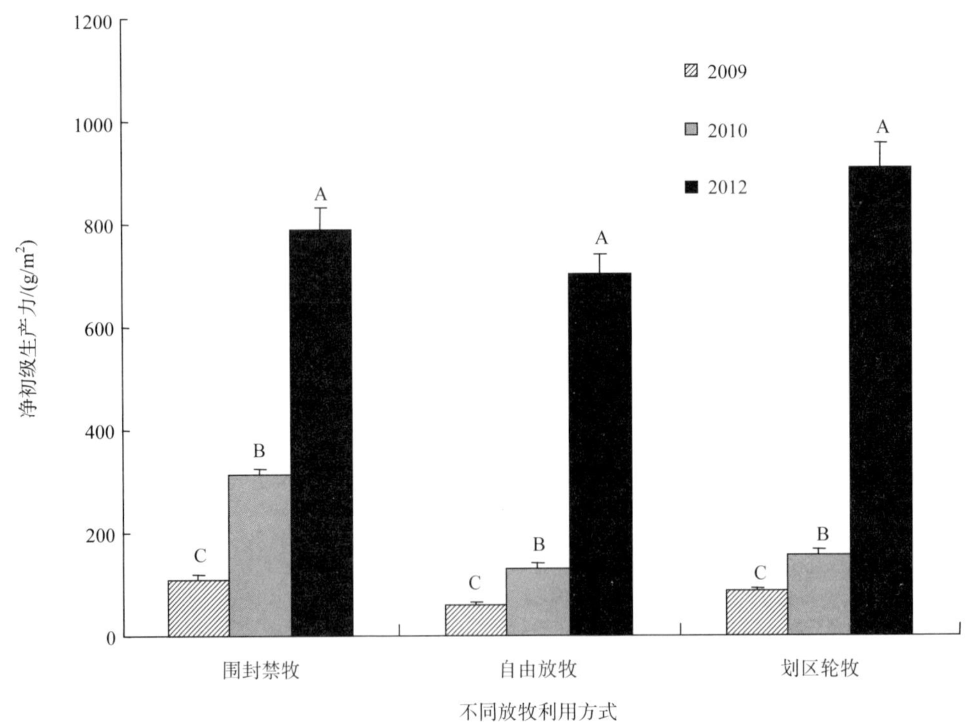

图 4-5 苏尼特右旗不同利用方式下地下净初级生产力的变化

(3)凋落物量

地上凋落物量在 2009 年、2010 年和 2012 年 3 个生长季中，划区轮牧区和禁牧区都显著高于自由放牧区(P<0.05，图 4-6)。围封禁牧和划区轮牧区地上凋落物量均是在每年

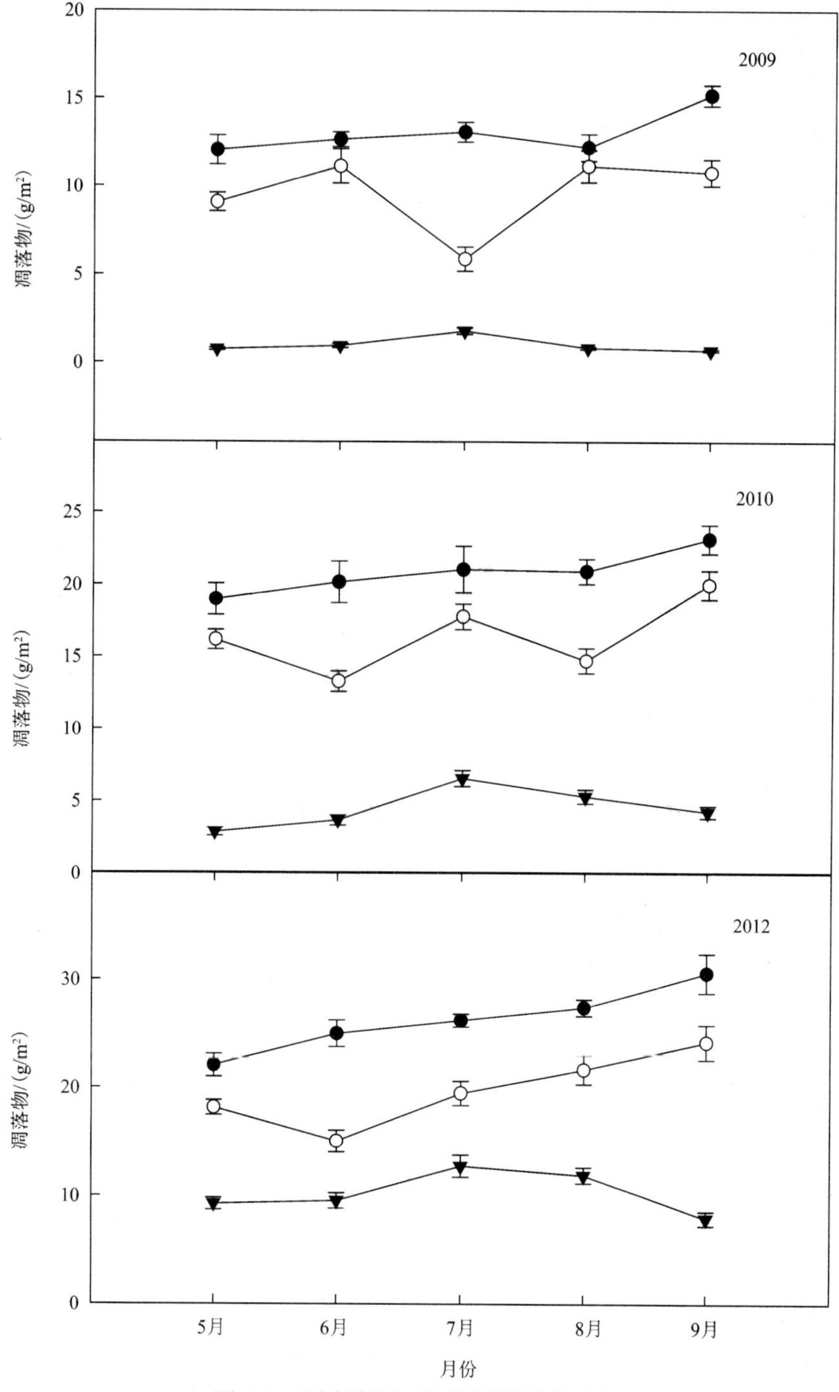

图 4-6　不同利用方式下凋落物季节动态

植物枯黄期其值最高。围封禁牧区的地上凋落物量变幅不大，处于比较稳定的状态。自由放牧地上积累的凋落物量在 3 个植物生长季节每个月份均为最低，其主要受到放牧的影响，在家畜采食和踩踏双重作用下，导致了自由放牧区凋落物量一直保持较低的水平。

(4) 家畜采食量

家畜采食量测定，划区轮牧区和自由放牧区均在每年 8 月测定。结果表明(图 4-7)，在 3 个生长季中，2009 年划区轮牧区和自由放牧区的家畜采食量分别为 5.79g/m^2 和 7.42g/m^2；2010 年分别为 6.99g/m^2 和 8.78g/m^2；2012 年分别为 8.76g/m^2 和 10.16g/m^2。每年划区轮牧区家畜采食量较高于自由放牧区。可能由于在划区轮牧区绵羊在小范围内采食，游走时间短，采食比较稳定，单口采食量较高(卫智军，2005)，因此总的家畜采食量较高。

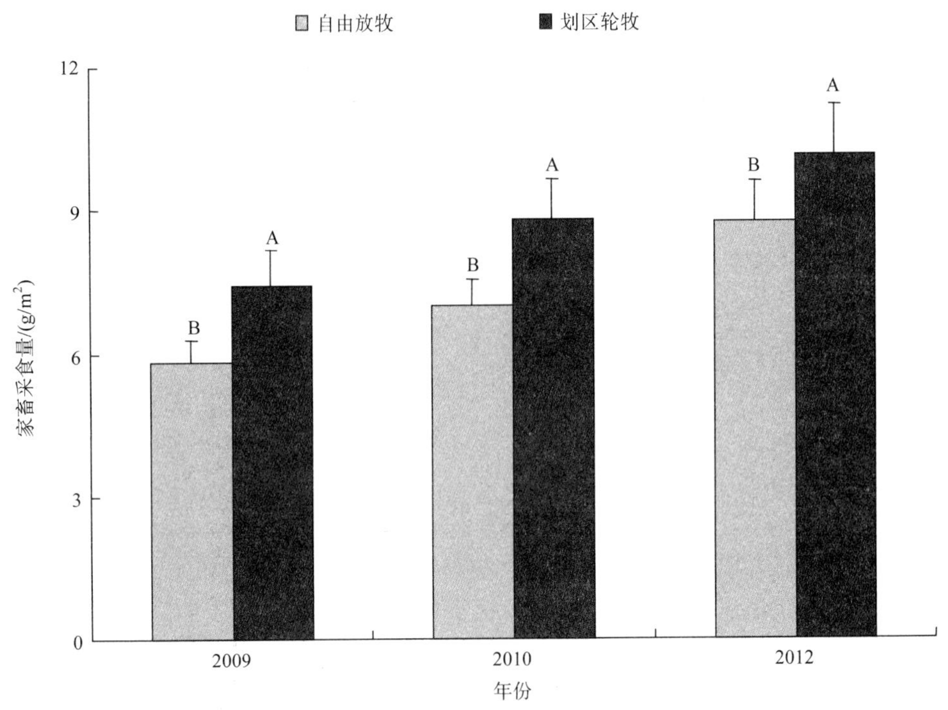

图 4-7　2009 年、2010 年和 2012 年 8 月份划区轮牧和自由放牧家畜采食量变化图

(5) 净初级生产力

经过长期不同利用方式的影响，在降水量相对较低的 2009 年和 2010 年，总的草地净生产力结果为围封禁牧区>划区轮牧区>自由放牧区，围封禁牧 NPP 显著高于划区轮牧与自由放牧区(P<0.05)。在降水量相对较高 2012 年，NPP 的变化规律为划区轮牧区>封禁牧区>自由放牧区。3 年生长旺季 NPP 的变化趋势与 ANPP、BNPP 均呈现一致变化的规律。地下生物量的贡献最大，占净生产力输入的绝大部分(大于 90%)。BNPP 在降水量相对较低的 2009 年和 2010 年，围栏禁牧区最大，而自由放牧区最小。而在降水量相

对较高的 2012 年，划区轮牧区 BNPP 最高。总的来说，地上净生产力(ANPP)在碳输入过程中所占比重较小，而地下净生产力(BNPP)所占比重较大。

(二)短花针茅草原不同放牧制度下碳的输出

1. 土壤呼吸速率季节动态

每年土壤呼吸速率季节动态分析被安排在 5~10 月份。2009 年在整个试验期间，不同放牧制度下，短花针茅荒漠草原土壤呼吸速率具有明显的季节变化，划区轮牧区、自由放牧区与围栏禁牧区的季节变化曲线基本一致。受到 7 月份干旱的影响，土壤呼吸速率呈现夏季明显低的趋势，高峰值出现在 6 月份，低峰值出现在 7、8 月份。放牧初期，不同放牧制度下的土壤呼吸速率差别不明显；放牧中期，自由放牧区土壤呼吸速率较小，并呈现升高幅度小于划区轮牧区和自由放牧区的趋势；放牧末期，土壤呼吸速率在围栏禁牧区显著高于划区轮牧区和自由放牧区，两种放牧方式间差异不明显。可以看出，除放牧初期，土壤呼吸速率在自由放牧区显著低于划区轮牧区；除放牧末期，划区轮牧区的土壤呼吸速率与围栏禁牧无显著差异。综合整个生长季，土壤呼吸速率均值在自由放牧区略低(分别比划区轮牧和围栏禁牧降低 11%和 15%)，但三种放牧制度间差异不显著。

2010 年土壤呼吸速率同样具有明显的季节变化，受到 7 月份干旱的影响，各处理土壤呼吸速率的最低值出现在 7 月份，而各处理下 8 月份围封禁牧区土壤呼吸值最高[1.20μmol/(m^2•s)]。土壤呼吸的变化顺序为围封禁牧>划区轮牧>自由放牧($P<0.05$，图 4-8)。

在降水量相对充足的 2012 年，土壤呼吸速率显著高于降水量相对较低的 2009 年和 2010 年($P<0.001$，图 4-8)。土壤呼吸速率呈现单峰变化趋势，高的土壤呼吸速率出现在 7~8 月份，而在植物返青期和植物枯黄期土壤呼吸速率相对较低。自由放牧和划区轮牧的土壤呼吸值低于围封禁牧。各处理下 7 月份划区轮牧的土壤呼吸速率最大[1.57μmol/(m^2•s)]。

2. 土壤微环境与土壤呼吸之间的关系

在 2009 年、2010 年和 2012 年，季节平均土壤呼吸与季节平均土壤温度呈显著的负相关(r^2=0.76，$P<0.0001$)。相反，季节平均土壤呼吸与季节平均土壤含水量之间存在着显著的正相关(r^2 = 0.83，$P<0.0001$，图 4-9)。通过多元逐步回归分析发现，土壤含水量对土壤呼吸单独的贡献率为 72.5%(partial R^2=0.72，$P<0.001$)。月积累的降水量和划区轮牧区(r^2=0.50，P=0.01)以及围封禁牧区(r^2=0.42，P=0.02)的土壤呼吸呈现显著的线性相关(图 4-10)。

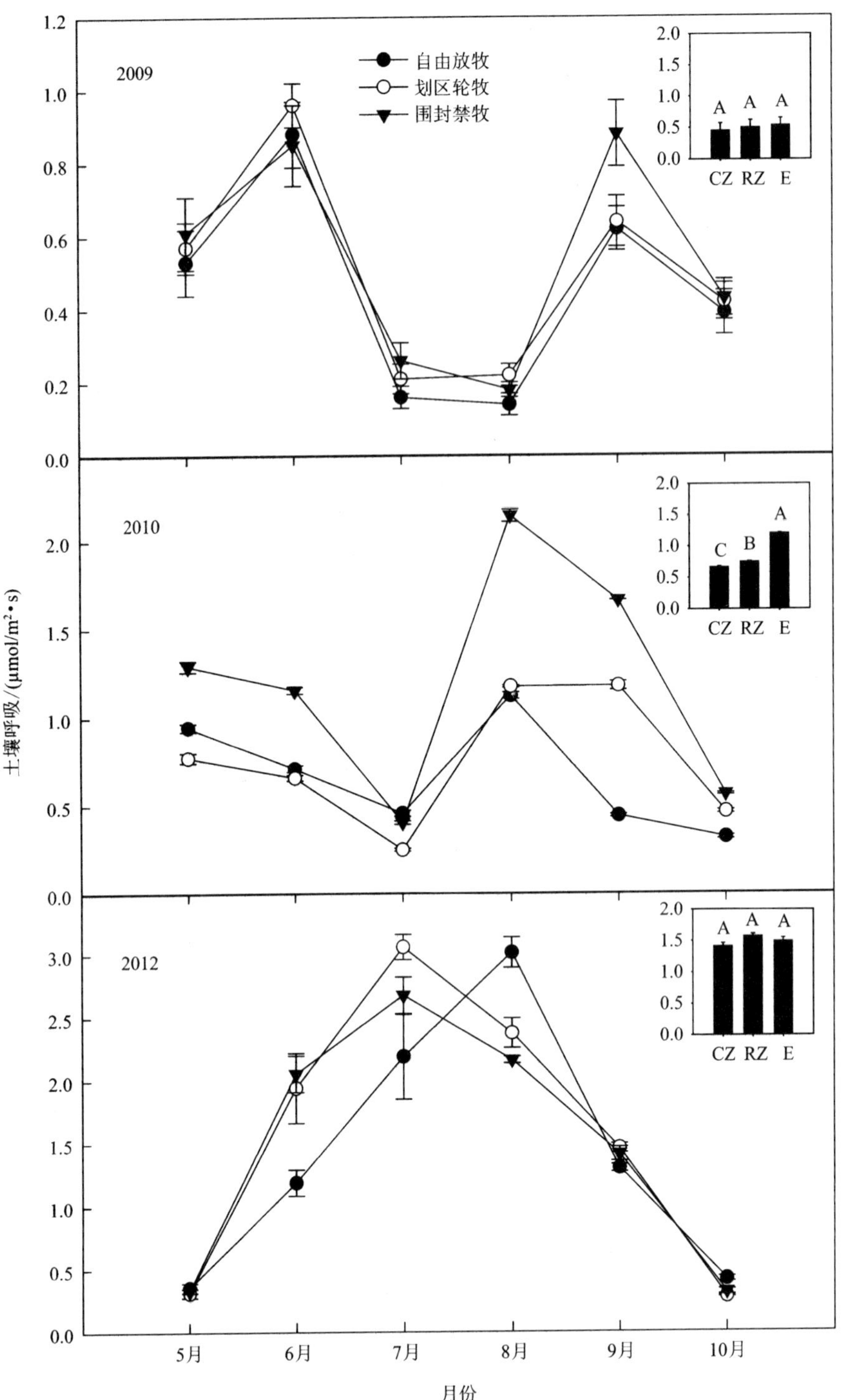

图 4-8　2009 年、2010 年和 2012 年不同放牧方式下土壤呼吸季节动态

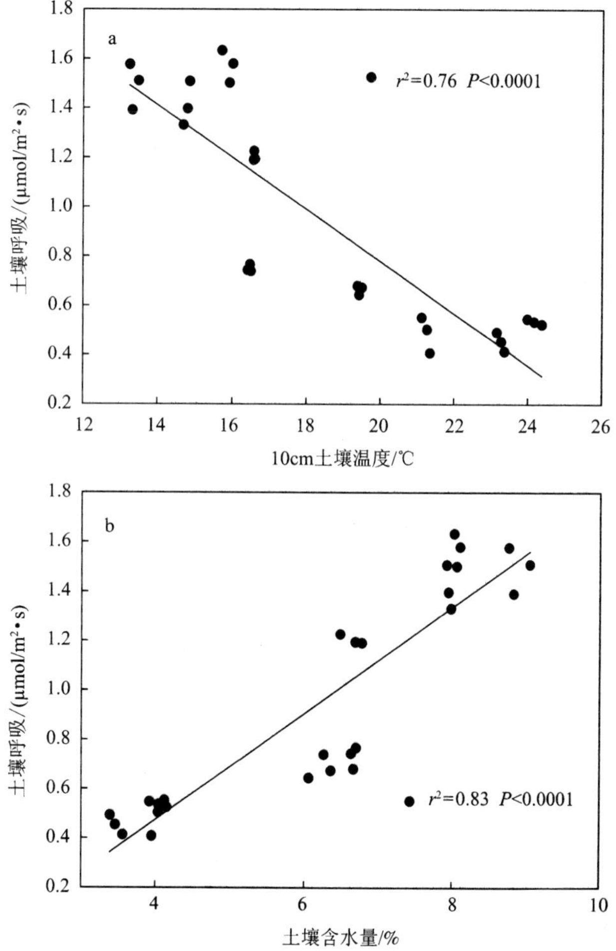

图 4-9　2009 年、2010 年和 2012 年土壤温度、土壤含水量与土壤呼吸的相关关系

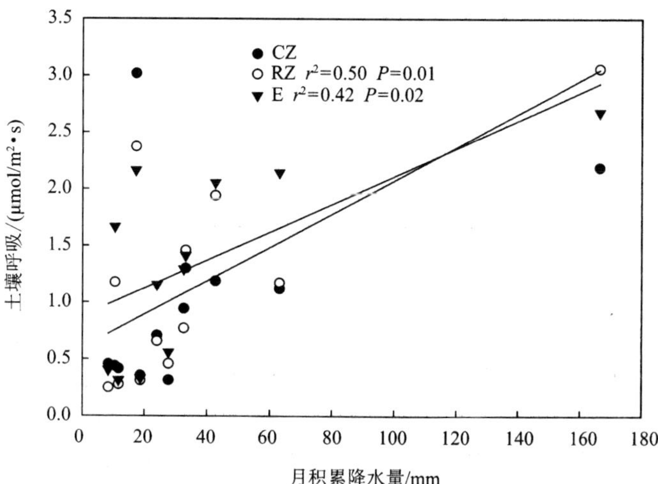

图 4-10　2009 年和 2010 年月土壤呼吸与降水量的季节动态关系

（三）不同放牧制度下碳平衡分析

1. 碳输入总量估计

草地初级生产力是反映草地生态系统运行功能的基本指标，也是碳输入的主要途径。草地群落净初级生产力的测定一般采用生物量最大差值法，同时考虑同期动物采食和其他各种因素造成的损失（耿元波等，2004）。含碳量的计算是地上部分和地下根系的生物量乘以含碳量系数 0.45（李凌浩，2004）。由表 4-2 可以看出，2009 年划区轮牧、自由放牧和围栏禁牧下短花针茅荒漠草原地上部分固碳量分别为 5.31g/(m^2•a)、3.56g/(m^2•a) 和 2.15g/(m^2•a)；2010 年划区轮牧、自由放牧和围栏禁牧下短花针茅荒漠草原地上部分固碳量分别为 32.98g/(m^2•a)、12.07g/(m^2•a) 和 7.31g/(m^2•a)；2012 年划区轮牧、自由放牧和围栏禁牧下短花针茅荒漠草原地上部分固碳量分别为 85.15g/(m^2•a)、104.14g/(m^2•a) 和 79.19g/(m^2•a)。2009 年地下部分固碳量分别为 44.51g/(m^2•a)、34.78g/(m^2•a) 和 24.91g/(m^2•a)；2010 年地下部分固碳量分别为 107.40g/(m^2•a)、59.08g/(m^2•a) 和 50.51g/(m^2•a)；2012 年地下部分固碳量分别为 354.86g/(m^2•a)、407.46g/(m^2•a) 和 316.05g/(m^2•a)。在降水量相对低的 2009 年和 2010 年，划区轮牧与自由放牧区的碳积累量相对较低，围封放牧区最高碳积累量；而在降水量相对充足的 2012 年，各处理下碳积累差距减小，最高的碳积累量为划区轮牧区。

表 4-2　不同放牧方式下荒漠草原碳输入估计

年份		地上净初级生产力	地下净初级生产力	碳积累
2009	围封禁牧	5.31	44.51	49.82
	划区轮牧	3.56	34.78	38.35
	自由放牧	2.15	24.91	27.06
2010	围封禁牧	32.98	107.40	140.38
	划区轮牧	12.07	59.08	71.15
	自由放牧	7.31	50.51	57.82
2012	围封禁牧	85.15	269.71	354.86
	划区轮牧	104.14	303.32	407.46
	自由放牧	79.19	236.86	316.05

2. 碳输出总量估计

生长季土壤呼吸总的释放碳量估计，根据不同放牧制度下短花针茅荒漠草原土壤呼吸速率季节动态与大气温度、土壤水分之间的指数拟合方程进行推算（崔骁勇等，2001）。逐日代入气象与土壤水分（土壤水分为当月取样值）数据，计算结果见表 4-3。可以看出，划区轮牧和围栏禁牧较自由放牧，能保持较高的土壤呼吸释放碳量。如果把家畜采食量部分考虑进去，自由放牧、划区轮牧与围栏禁牧下，2009 年短花针茅荒漠草原碳素输出总量分别为 9.85g/(m^2•a)、10.45g/(m^2•a)、11.77g/(m^2•a)；2010 分别为 22.18g/(m^2•a)、

32.95g/(m^2•a)、25.19g/(m^2•a)；2012 分别为 56.73g/(m^2•a)、47.55g/(m^2•a)、52.18g/(m^2•a)。划区轮牧损失的碳量最大，而自由放牧损失的碳量最小。不同放牧制度下，碳输出的主要途径仍是土壤呼吸释放带来的损失，把握短花针茅荒漠草原碳输出的关键仍是土壤呼吸的释放量。

表 4-3 不同放牧方式下荒漠草原土壤呼吸碳释放总量

年份	放牧制度	拟合方程	R2	碳释放量
2009	自由放牧	Rs=0.000 246 6e0.1108Ta+0.8396Ws	0.678	9.85
	划区轮牧	Rs=0.000 567 7e0.1006Ta+0.4757Ws	0.727	10.45
	围封禁牧	Rs=0.007 455e0.0782Ta+0.3675Ws	0.742	11.77
2010	自由放牧	Rs=0.000 265 8e0.1216Ta+0.8596Ws	0.667	22.18
	划区轮牧	Rs=0.000 628 5e0.1025Ta+0.4839Ws	0.752	25.19
	围封禁牧	Rs = 0.007 068e0.0821Ta+0.3189Ws	0.716	32.95
2012	划区轮牧	Rs = 0.000 648 6e0.1027Ta+0.5564Ws	0.657	56.73
	自由放牧	Rs = 0.000 356 6e0.2103Ta+0.7425Ws	0.802	47.55
	围封禁牧	Rs = 0.008 152e0.0765Ta+0.3863Ws	0.812	52.18

3. 碳平衡估计

草地碳平衡包括输入与输出两个过程，输入与输出的差值即为生态系统的净生产力(NEP)。NEP 代表大气 CO_2 进入生态系统的净光合产量，等于净初级生产力(NPP)减去土壤异氧呼吸碳释放(Rm)后的部分，其公式为 NEP=NPP−Rm。在内蒙古温性草原中，土壤根系呼吸占土壤呼吸总量比例为 24%，土壤净呼吸所占比例为 76%(李凌浩等，2002)。

不同放牧制度下，短花针茅荒漠草原碳输入、输出与碳平衡状况见表 4-4。结果表明，在整个生长季中，三种利用方式的 NEP 都为正值，说明生态系统植物固碳量大于碳排放量，草地为碳汇。通过计算得出自由放牧、划区轮牧和禁牧方式下，荒漠草原碳平衡，即 2009 年净生态系统生产力(NEP)分别为 17.21g/(m^2•a)、27.90g/(m^2•a)、38.05g/(m^2•a)；2010 年净生态系统生产力(NEP)分别为 35.64g/(m^2•a)、38.20g/(m^2•a)、115.19g/(m^2•a)；2012 年净生态系统生产力(NEP)分别为 259.32g/(m^2•a)、359.91g/(m^2•a)、302.68g/(m^2•a)。降水量不同的年份荒漠草原固碳能力有所不同，在降水量相对较低的 2009 年和 2010 年，荒漠草原固碳能力相对较弱，且围封禁牧保持着相对较高的固碳能力；在降水量充足的 2012 年，各处理下固碳能力均有提高，而且各处理间固碳能力之间的差异减小。

表 4-4 不同放牧制度下荒漠草原碳平衡

年份	放牧制度	碳输入量	碳释放量	碳平衡
2009	自由放牧	27.06	9.85	17.21
	划区轮牧	38.35	10.45	27.9
	围封禁牧	49.82	11.77	38.05

续表

年份	放牧制度	碳输入量	碳释放量	碳平衡
2010	自由放牧	57.82	22.18	35.64
	划区轮牧	71.15	32.95	38.2
	围封禁牧	140.38	25.19	115.19
2012	自由放牧	407.46	47.55	359.91
	划区轮牧	316.05	56.73	259.32
	围封禁牧	354.86	52.18	302.68

二、不同放牧强度下的草地碳储量

(一)不同放牧强度下地上生物量

苏尼特右旗小针茅、无芒隐子草群落5~9月各月地上生物量均随放牧强度增加而显著减小(表4-5)，5~9月生长季各月，极重度放牧下草地地上生物量分别比围栏对照区降低了26.9%、28.87%、28.27%、36.92%和46.92%；8~9月降低幅度明显大于5~7月，且9月的降低幅度最大。中度放牧下草地地上生物量分别比围栏对照区降低了4.12%、5.94%、22.4%、18.2%和23.14%，7~9月降低幅度显著大于5~6月。轻度放牧下草地地上生物量分别比围栏对照区降低了3.32%、5.77%、3.09%、3.21%和18.84%。

表4-5　不同放牧强度下生长季各月草地地上生物量

地上生物量/(g/m^2)　月份	放牧强度				
	围栏对照	轻度放牧	中度放牧	重度放牧	极重度放牧
5月	17.47	16.89	16.75	16.32	12.77
6月	23.58	22.22	22.18	18.35	16.77
7月	62.72	60.78	48.67	47.65	44.99
8月	91.94	88.99	75.21	59.87	57.99
9月	70.29	57.05	54.03	43.55	37.31

5~9月生长季，不同放牧强度下草地地上生物量季节动态变化规律一致，均表现为单峰型曲线。5月份地上生物量最低，6月份有所增加，之后迅速增加，到8月份达到峰值，9月份有所降低。5月和6月不同放牧强度草地地上生物量与对照区差别不大，其极重度放牧下草地地上生物量比对照区分别减少了4.7g/m^2和6.81g/m^2。7~9月，不同放牧强度下及对照区草地地上生物量表现出显著差别，地上生物量从高到低的顺序依次为：对照区>轻度放牧区>中度放牧区>重度放牧区>极重度放牧区。7月、8月和9月极重度放牧区草地地上生物量分别比对照区减少了17.73g/m^2、33.95g/m^2和32.98g/m^2。

这表明，过度放牧会显著降低草地地上生物量，随着放牧强度的增加，草地地上生物量降低越明显。

（二）不同放牧强度下地下生物量

苏尼特右旗小针茅、无芒隐子草群落 5~9 月各月地下各层生物量均随放牧强度增加而显著减小，且随着土层深度的增加，不同放牧强度下草地地下生物量均呈明显降低的趋势。根系主要分布在 0~10cm 土层中，0~10cm 土层中的地下生物量占 0~30cm 总地下生物量的 60%以上，且随着放牧强度的增加，各层地下生物量均呈减少趋势(表 4-6)。

5~9 月生长季各月，极重度放牧下草地 0~30cm 总地下生物量分别比围栏对照区降低了 44.88%、32.64%、36.12%、34.91%和 56.42%，各月降低幅度均较大，其中 9 月的降低幅度最大。中度放牧下草地地下生物量分别比围栏对照区降低了 25.03%、8.62%、16.87%、17.14%和 37.88%，5 月和 9 月降低幅度较大。轻度放牧下草地地上生物量分别比围栏对照区降低了 5.38%、9.19%、9.54%、12.63%和 30.78%，9 月降低幅度最大(表 4-6)。

表 4-6　不同放牧强度下生长季各月草地各层地下生物量

月份	土层深度/cm	地下生物量干重/(g/m²)				
		围封	6 只	8 只	10 只	15 只
5 月	0~10	776.87	720.27	572.72	551.76	413.39
	10~20	294.49	268.09	249.45	243.73	208.38
	20~30	214.81	228.66	142.05	88.35	87.14
6 月	0~10	788.67	758.52	702.47	660.87	519.24
	10~20	334.33	309.22	306.62	284.12	177.56
	20~30	245.57	174.96	126.46	143.78	140.32
7 月	0~10	1287.96	1210.78	1153.34	1094.95	1021.32
	10~20	466.43	417.48	370.71	260.71	142.18
	20~30	258.11	192.29	148.98	146.38	122.13
8 月	0~10	1329.07	1186.15	1131.98	1102.55	930.98
	10~20	492.84	453.86	440.87	406.20	282.78
	20~30	242.52	163.70	137.72	129.92	129.92
9 月	0~10	1728.89	1025.13	909.38	896.44	642.03
	10~20	376.77	363.36	333.47	339.53	260.71
	20~30	190.55	200.95	183.62	103.94	97.87

从不同放牧梯度下 0~30cm 总地下生物量季节变化可以看出(图 4-11)，随放牧强度的增大，5~9 月生长季各月 0~30cm 总地下生物量均呈降低趋势。5~8 月各月，不同放牧强度下 0~30cm 总地下生物量差异不显著。9 月份，各放牧强度 0~30cm 总地下生物量与对照区地下生物量差异显著，但各放牧梯度间差异不显著。

对照区 0~30cm 总地下生物量季节动态与各放牧梯度 0~30cm 总地下生物量季节动态明显不同，而各放牧梯度 0~30cm 总地下生物量季节动态变化趋势基本一致，均呈单峰型曲线。5 月开始地下生物量逐渐增加，到 8 月份达到峰值，9 月份又降低。对照区 0~30cm 总地下生物量季节动态表现为 6 月份略有降低，之后迅速增加，到 7 月份达到 2012.51g/m^2，8 月份略有增加，9 月份又显著增加达到峰值，为 2296.22g/m^2。

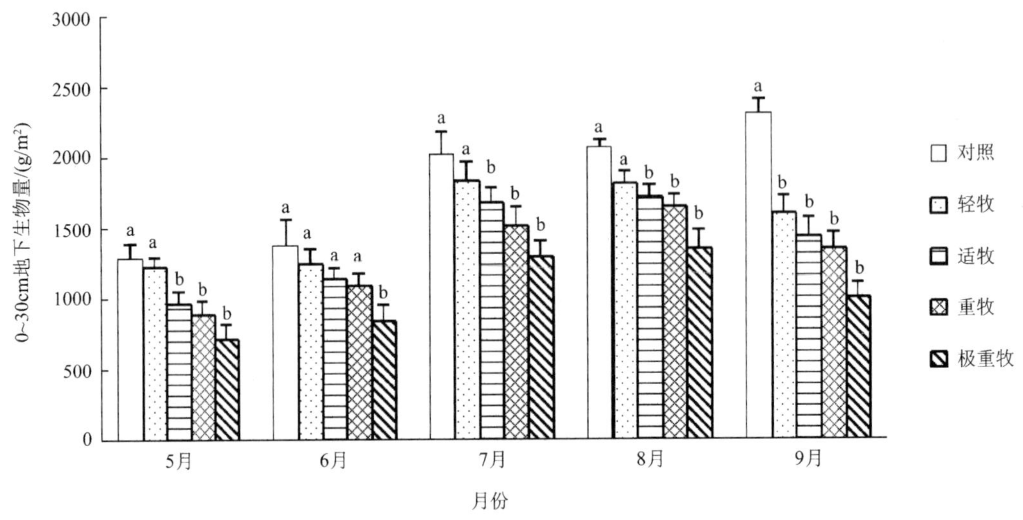

图 4-11　不同放牧梯度下 0~30cm 总地下生物量季节变化

放牧梯度样地内同一月份数据间不同字母表示差异显著(p<0.05)

(三)不同放牧强度下土壤有机碳

随着放牧强度的增加，苏尼特右旗小针茅草原生长季各月 0~30cm 土层深度总土壤有机碳含量呈减少趋势(图 4-12)。与围栏封育对照区相比，轻度放牧区的土壤有机碳有所增加，中度放牧、重度放牧和极重度放牧的试验小区土壤有机碳较对照区均有不同程度降低。其中，极重度放牧区的土壤有机碳含量比对照区减少了 14.88%~32.03%，重度放牧区的土壤有机碳含量比对照区减少了 9.3%~20.9%。不同放牧强度下的土壤有机碳含量在 5 月、6 月、7 月、9 月各月的差异均不显著，而在 8 月，对照区土壤有机碳含量与重度放牧和极重度放牧下土壤有机碳含量差异显著。可见，轻度放牧有助于土壤有机碳含量的增加，而过度放牧会导致土壤有机碳含量明显减少。

不同放牧梯度下土壤有机碳含量随深度变化规律不同(图 4-12)。在对照区和轻度放牧区，随着土层深度的增加，土壤有机碳含量也明显增加。重度和极重度放牧区，随着土层深度的增加，其土壤有机碳含量无明显变化规律，且各层土壤有机碳含量没有显著差别。中度放牧区，随着土层深度的增加，其土壤有机碳含量略有增加，但是增加幅度不大。这说明过度放牧会对土壤有机碳的垂直分布产生影响。

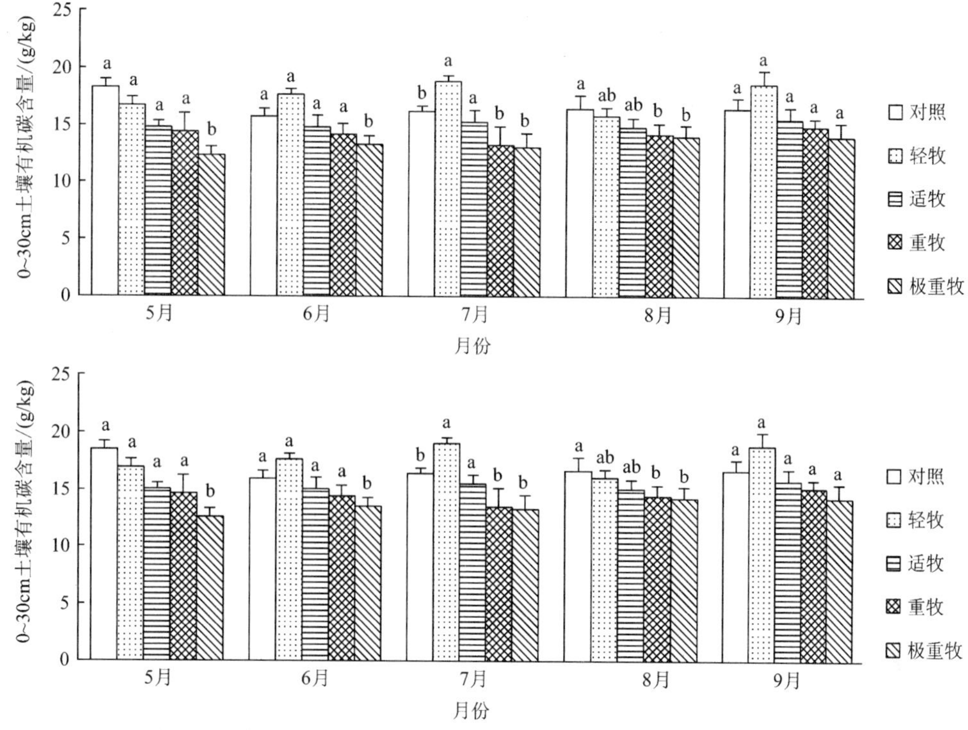

图 4-12　小针茅草原不同放牧梯度下 0~30cm 总土壤有机碳季节动态

三、不同植被类型碳储量研究

（一）地上生物量动态

由于水、热状况及其组合的季节变化与群落生长发育节律的变化，导致地上生物量的季节动态。由于各草地类型建群种的生活型不同和气候条件的差异，使得不同草地类型产草量的季节变化也各不相同。

本研究结果表明，苏尼特右旗小针茅群落地上生物量具有明显的季节变化。2011 年小针茅+无芒隐子草草地类型的地上生物量季节变化呈单峰型曲线，表现为从 5 月份牧草返青开始，地上生物量逐渐增加，到 6 月下旬达到峰值，为 41.0g/m^2，从 7 月下旬一直到 9 月下旬，地上生物量迅速减少到 17.9g/m^2(图 4-13)。2011 年狭叶锦鸡儿-小针茅+无芒隐子草草地类型的地上生物量季节动态呈双峰型曲线，表现为从 5 月份牧草返青开始，地上生物量逐渐增加，到 6 月下旬达到峰值，为 61.5g/m^2，7 月下旬迅速减少到 30.1g/m^2，到 8 月和 9 月又略有增加。

2012 年苏尼特右旗小针茅群落 2 种主要草地型地上生物量均表现出明显的单峰曲线(图 4-14)。5 月份牧草开始返青，小针茅+无芒隐子草草地型和狭叶锦鸡儿-小针茅+无芒隐子草草地型的地上生物量分别为 11.24g/m^2 和 21.57g/m^2，随着植物生育进程的发展，地上生物量逐渐增加，6 月份以后增长速率加快，到 8 月份达到峰值，分别为 60.88g/m^2 和 64.15g/m^2，到了 9 月份，随着小针茅逐渐枯萎凋落，地上生物量迅速减少到 36.52g/m^2

和 52.34g/m^2。从整个生长季来看，狭叶锦鸡儿-小针茅+无芒隐子草草地类型各时段的地上生物量均高于小针茅+无芒隐子草草地类型。

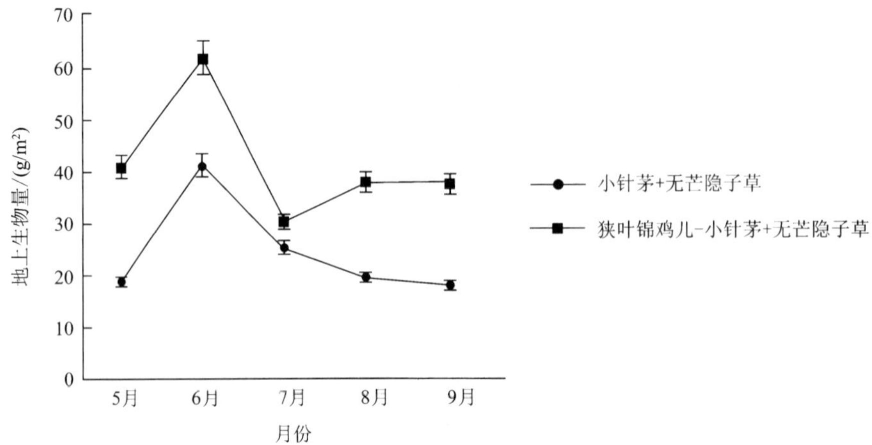

图 4-13　2011 年小针茅草原地上生物量季节动态

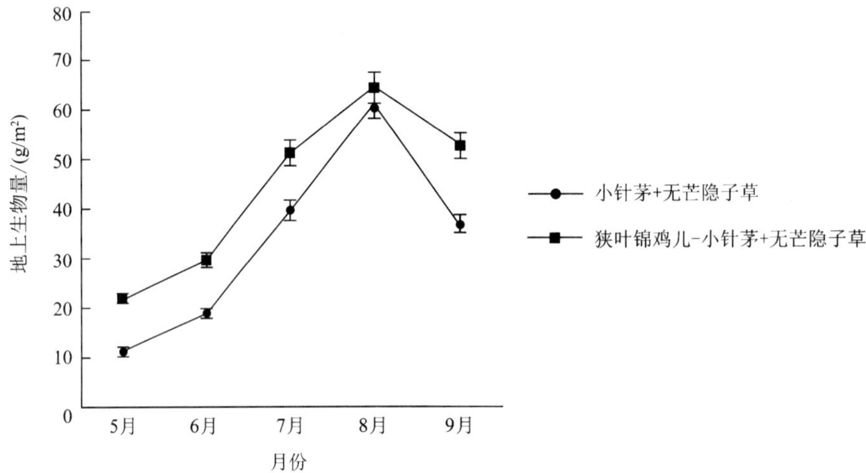

图 4-14　2012 年小针茅草原地上生物量季节动态

（二）地下生物量动态

众多研究表明，草地生态系统中，80%以上的植被生物量都分布于地下，地下生物量是草地植被碳库的重要组成部分，准确测定草地地下生物量是确定草地植被源汇功能的基础（Mokany *et al.*，2005）。然而，长期以来，由于地下生物量的取样费时费力，测定工作量大，没有简便有效的方法，且对生态系统的破坏性较大，人们对地下生物量的认识相对薄弱，成为陆地生态系统碳循环研究中的瓶颈（胡中民等，2005），严重影响着草地地下碳库的精确估计。本文以苏尼特右旗小针茅荒漠草原 2 种主要草地类型为例，对其地下生物量开展了两年的定位观测，探讨了地下生物量的时空分布规律及影响因素，以期为荒漠草原地下生物量的研究提供详细的基础资料，为荒漠草原碳储量的估算提供科学依据。

1. 总地下生物量动态

不同群落类型的地下生物量高低不同，且具有不同的动态变化，即使同一种植物群落类型的地下生物量在不同年份和不同季节也有很大差异，这主要受植物的生长发育和气候条件的影响。

2011 年苏尼特右旗小针茅群落两种主要草地类型的地下生物量季节动态均表现为“N”型变化规律(图 4-15)。5~7 月表现为逐渐增加的趋势，7~8 月地下生物量又迅速减小，到 9 月底又有所增加，但增加幅度不大，略高于 8 月。地下生物量最高值出现在 7 月下旬，最低值在 8 月下旬，狭叶锦鸡儿-小针茅+无芒隐子草草地各月的地下生物量均高于小针茅+无芒隐子草草地类型。地下生物量的峰值分别为 1412.0g/m^2 和 1230.0g/m^2，地下生物量的最低值分别为 471.1g/m^2 和 329.7g/m^2。

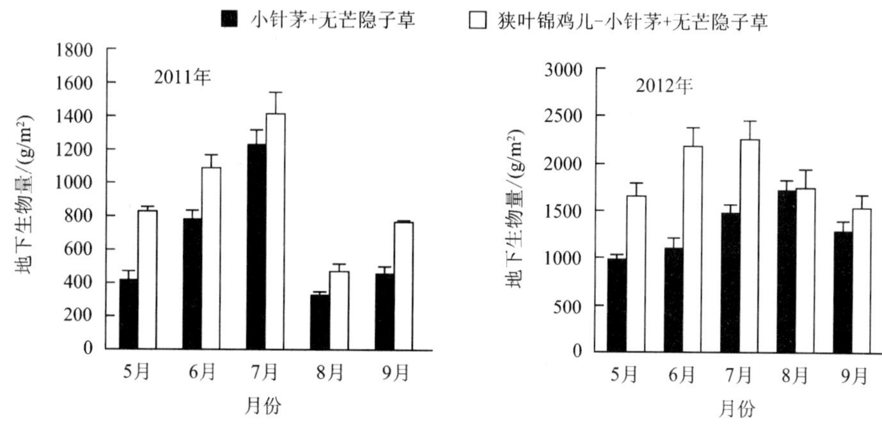

图 4-15　小针茅荒漠草原总地下生物量季节动态

2012 年小针茅群落 2 种主要草地类型地下生物量的季节动态均表现为单峰型曲线(图 4-15)。小针茅无芒隐子草草地型 5 月份地下生物量为 983.83g/m^2，之后逐渐增加，到 8 月份达到峰值，为 1711.02g/m^2，9 月份降低为 1294.56g/m^2。狭叶锦鸡儿-小针茅+无芒隐子草草地类型的地下生物量从 5 月份开始迅速增加，到 7 月份达到峰值，为 2255.40g/m^2，之后地下生物量迅速减少，到 9 月份达到峰值，为 1535.03g/m^2。狭叶锦鸡儿-小针茅+无芒隐子草草地各月的地下生物量均高于小针茅+无芒隐子草草地类型。

受降水量的影响，小针茅群落 2 年的地下生物量季节动态变化明显不同，2012 年小针茅群落各月地下生物量显著高于 2011 年，2012 年两种草地类型的地下生物量峰值分别比 2011 年高出 481.02g/m^2 和 843.4g/m^2。因此，荒漠草原地下生物量的季节动态在不同年份间波动也很大，受各月降水分配的影响，呈不同的动态曲线。干旱年份为“N”型，多雨年份为单峰型曲线，多雨年度和少雨年度地下生物量相差 35.78g/m^2。

2. 地下各层生物量动态

对苏尼特右旗小针茅草原各层地下生物量动态变化规律进行研究，结果表明，不同层次地下部分生物量的季节变化也表现出很多差异，各层的地下生物量变化曲线并不一致(图 4-16)。

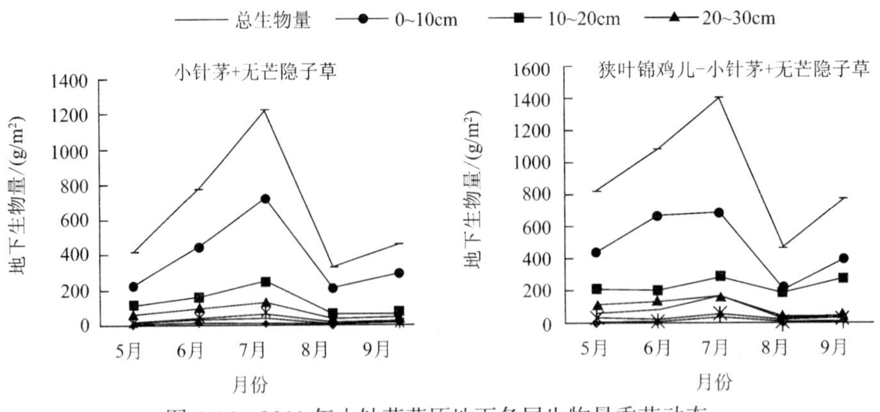

图 4-16　2011 年小针茅草原地下各层生物量季节动态

2011 年小针茅群落 0~10cm 的地下生物量变化最大，表现出很大的波动性。由于根系集中分布于该土层深度，受植物生长节律和环境条件的影响较大，所以该层的地下生物量季节变化也最为明显。10~20cm 和 20~30cm 两层的地下生物量也表现出明显的波动性，但不显著，而 30~40cm、40~50cm 和 50~60cm 的地下生物量季节变化很小，变化曲线比较平缓。这与根系分布相对较少、受地表环境条件的影响也较小有关。小针茅+无芒隐子草草地 0~10cm 地下生物量与总地下生物量的变化趋势基本一致，狭叶锦鸡儿-小针茅+无芒隐子草草地 0~10cm 地下生物量的变化趋势与总地下生物量的变化趋势略有不同。

2012 年小针茅草地 2 种草地型各层地下生物量季节变化显著不同(图 4-17)，小针茅+无芒隐子草草地 0~10cm 土层深度的地下生物量变化表现出较为显著的波动性。10~20cm 和 20~30cm 土层深度的地下生物量无明显波动性，0~10cm 地下生物量与总地下生物量的变化趋势基本一致。狭叶锦鸡儿-小针茅+无芒隐子草草地 0~10cm 和 10~20cm 地下生物量均表现出很大的波动性，且与总地下生物量的变化趋势不同。

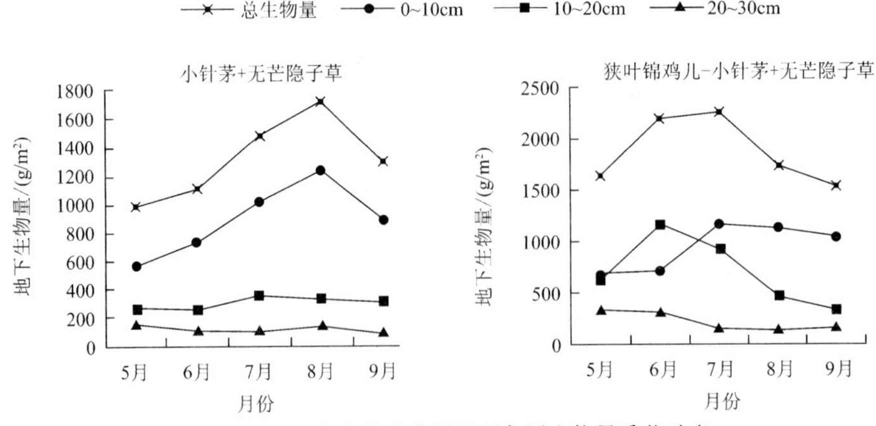

图 4-17　2012 年小针茅草原地下各层生物量季节动态

四、不同植被类型土壤有机碳动态及影响因素

(一)土壤有机碳动态

土壤有机碳(SOC)包括植物、动物及微生物的遗体、排泄物、分泌物及其部分分解产物和土壤腐殖质。土壤中的有机碳含量是进入土壤的植物残体量以及在土壤微生物作用下分解损失的平衡结果(李甜甜等,2007)。

2011 年小针茅草原土壤有机碳具有明显的季节变化(见图 4-18),各层土壤有机碳含量的季节变化不同,0~10cm 土壤有机碳生长季季节动态呈双峰型曲线,从 5 月份开始增加,到 6 月份达到第一个峰值,7 月份有所降低,8 月份达到第二个峰值,9 月份又下降。10~20cm 土壤有机碳季节动态表现为单峰型曲线,峰值出现在 9 月份。20~30cm 土壤有机碳季节动态表现为双峰型曲线,第一个峰值在 5 月份,第二个峰值在 8 月份。

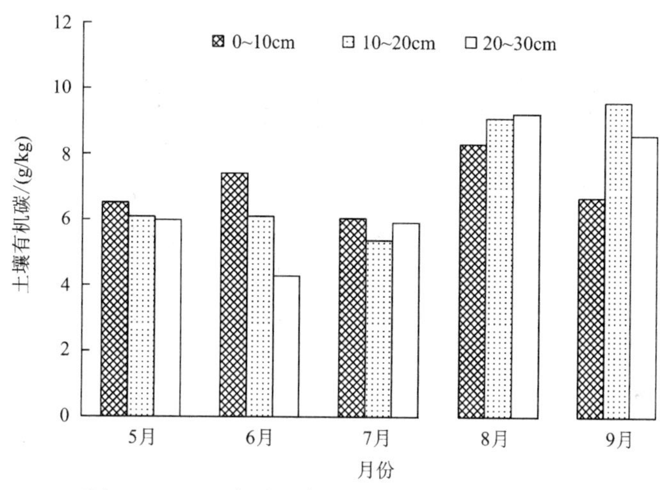

图 4-18 2011 年小针茅草原土壤有机碳季节动态

2011 年 7 月份小针茅草原土壤有机碳垂直分布的研究表明:0~10cm 土层土壤有机碳最高,往下逐渐减少,但是在第三层和第四层又略有增加,这与地下生物量的垂直分布相似(图 4-19)。可能是由于在 40cm 层左右多出现钙积层,根系难以继续向下生长,在钙积层出现堆积,根系死亡后被土壤微生物分解转化为土壤有机碳。

2012 年小针茅草原 2 种草地型土壤有机碳季节动态不同(图 4-20),呈单峰型曲线,小针茅+无芒隐子草草地类型 0~30cm 土壤有机碳峰值出现在 6 月份,狭叶锦鸡儿-小针茅+无芒隐子草草地类型 0~30cm 土壤有机碳峰值出现在 7 月份,且各层土壤有机碳动态不尽相同。小针茅+无芒隐子草草地类型各月土壤有机碳含量均大于狭叶锦鸡儿-小针茅+无芒隐子草草地类型。

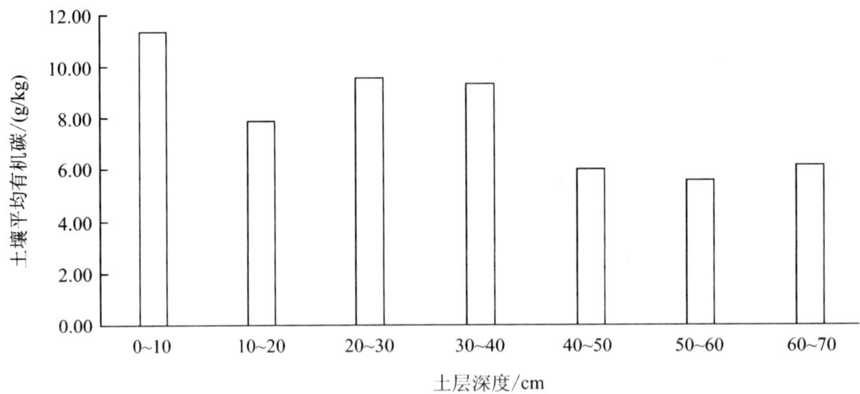

图 4-19　小针茅草原 7 月份土壤有机碳垂直分布

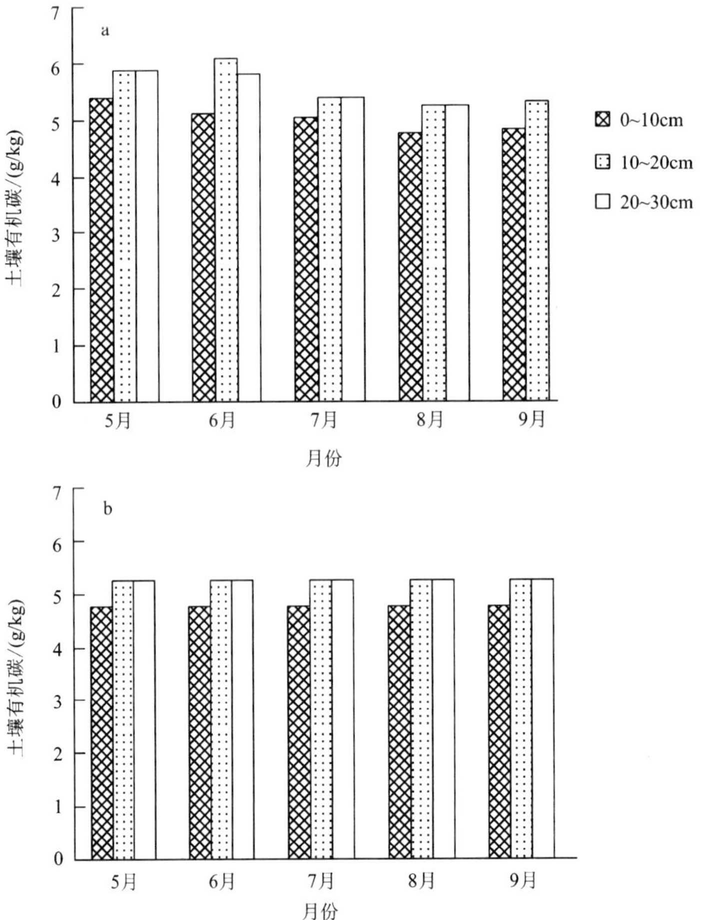

图 4-20　2012 年小针茅草原 2 种草地类型土壤有机碳动态
(a 小针茅+无芒隐子草；b 狭叶锦鸡儿-小针茅+无芒隐子草)

（二）土壤碳储量与根系生物量的关系

小针茅草原 5~9 月各月地下生物量及土壤有机碳含量见表 4-7。在生长初期，地下部分生长发育缓慢，致使前期地下生物量较低，而后随着气温升高、降水增多，土壤温度也随之升高，加快根系的生长发育，地下生物量增高明显。到 7 月，水热条件配合协调，光合作用积累大量物质供地下部分生长，7 月底达到一年中的峰值。同时，土壤温度的升高加剧了土壤微生物的活动进程，死根被分解储存于土壤中，土壤有机碳含量逐渐增加。7 月底之后，由于该地区生长季长期干旱，根系开始死亡，表现出 7 月底到 8 月底地下生物量有一明显的下降过程。而此期间，微生物活动频繁，大量死根被分解，土壤有机碳含量在 8 月底达到峰值。到 9 月份，降水量增加，地下生物量再次增高，而此时土壤温度下降，土壤微生物活动减缓，土壤有机碳含量降低。

表 4-7　小针茅草原 5~9 月土壤有机碳及地下生物量

小针茅草原	5 月	6 月	7 月	8 月	9 月
地下生物量/(g/m^2)	419.60	779.10	1230.00	329.70	458.10
土壤有机碳/(g/m^2)	7018.28	9081.68	9711.56	13 045.58	11 161.37

小针茅草原地下生物量与土壤有机碳的相关分析结果表明(图 4-21)，5~9 月生长季小针茅草原 0~60cm 土层地下生物量和土壤有机碳含量无显著相关性，0~10cm 土层地下生物量和土壤有机碳呈显著正相关(r=0.72，P<0.05)。说明土壤有机碳受表层地下生物量影响较大。

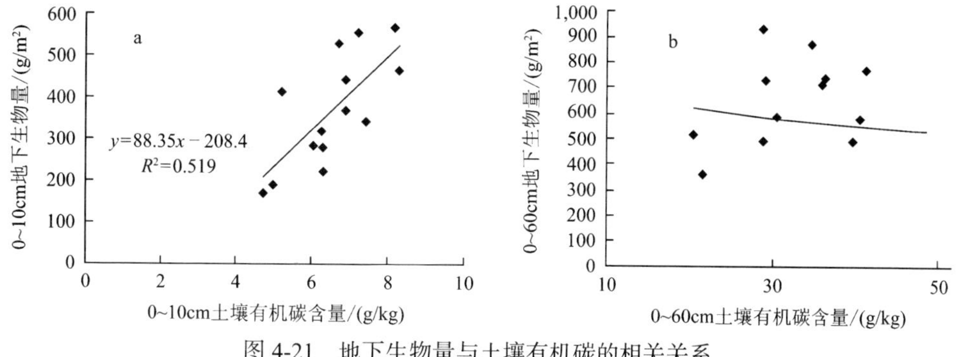

图 4-21　地下生物量与土壤有机碳的相关关系

（三）土壤有机碳与气温和降水的关系

苏尼特右旗小针茅草原 5~9 月土壤有机碳含量与月降水量之间呈正相关关系，但不显著。而 6~9 月土壤有机碳含量与月降水量之间呈显著正相关关系，相关系数 R 达到 0.88。生长季土壤有机碳含量与月气温之间没有显著相关性(图 4-22)。与王淑平的研究结论相似(王淑平等，2002)，我们认为土壤有机碳受温度和降水等的综合影响，通常随降水量的增加其土壤有机碳密度也增加，而温度对土壤有机碳的影响则比较复杂，在适宜的温度条件下有助于土壤有机碳的积累，不适宜的温度会影响土壤有机碳的积累，起到相反的作用。

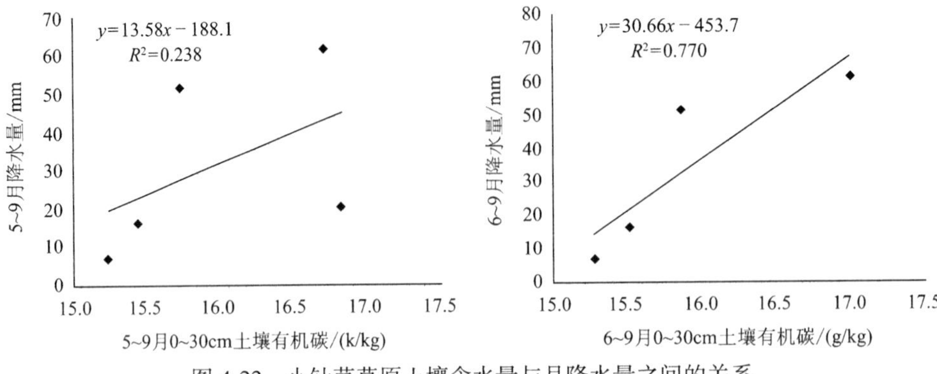

图 4-22　小针茅草原土壤含水量与月降水量之间的关系

(四) 土壤有机碳与土壤含水量的关系

小针茅草原土壤有机碳与土壤含水量呈极显著正相关(图 4-23)。0~10cm 与 0~30cm 土壤有机碳含量与 0~10cm 土壤含水量均呈极显著正相关，相关系数 R 分别达到 0.92 和 0.99。说明土壤有机碳含量与土壤含水量之间关系密切，受土壤含水量影响较大。

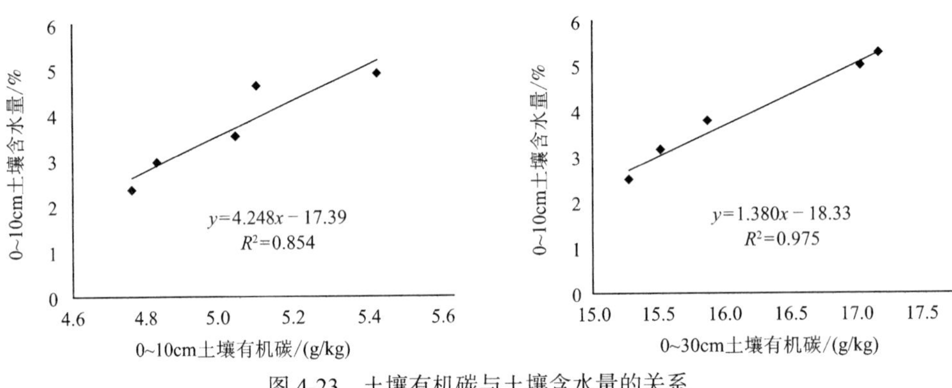

图 4-23　土壤有机碳与土壤含水量的关系

五、苏尼特右旗草原碳储量估算及固碳潜力分析

(一) 生物量遥感估算

1. 地面数据

地面样方数据来源于 2011 年和 2012 年课题组野外调查采集的数据和 2006 年苏尼特右旗草原站地面监测数据(图 4-24)。采样时间为 2006 年、2011 年和 2012 年每年的 7~8 月植被生长旺盛期。草本及矮小灌木植物的样方大小设置为 1m×1m，灌木和高大草本植物样方设置为 10m×10m，记录样地和样方内的相关信息，对草本及矮小灌木植物样方生物量的测定采用齐地面剪割的方法，对灌木和高大草本植物样方生物量的测

定采用标准株(丛)法。对获取的地面样方数据进行检验剔除异常的个别数据，最终选取了90个样方数据建立地上生物量估测模型，其余20个样方数据用于精度验证，用于建模和精度验证的样方数量和地点基本能够代表苏尼特右旗的主要草地类型及其多年生物量状况。

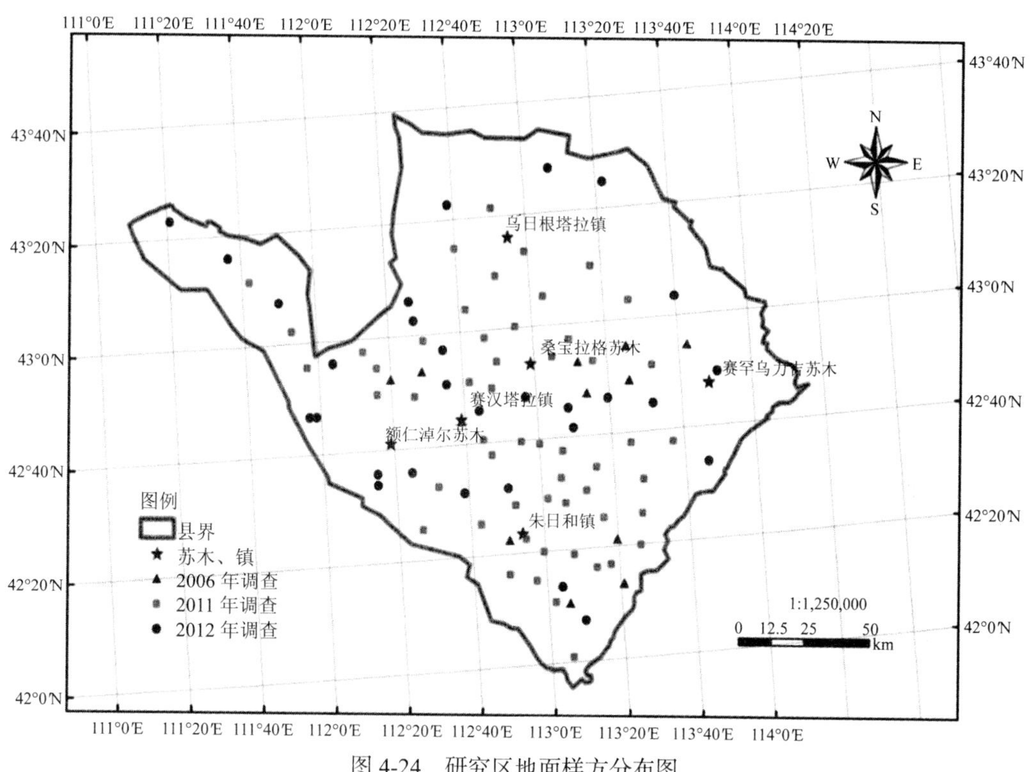

图4-24 研究区地面样方分布图

2. 遥感数据

本文中使用的遥感数据为2006年、2011年和2012年每年7月底到8月初的MODIS-NDVI 16天合成产品数据，从NASA(美国国家航空航天局)官方网站下载，其空间分辨率为250m。利用苏尼特右旗行政边界矢量数据分别对三个时间段的MODIS影像进行掩膜，获得苏尼特右旗2006年、2011年和2012年的NDVI分布图。运用ArcGIS软件，根据各地面样方数据的经纬度，提取各样方点500m范围内的NDVI均值，建立NDVI与对应样方地上生物量干重的数据库。

3. 模型建立

根据以上筛选出的110个样方的地上生物量干重数据，用ArcGIS软件提取与各地面样方经纬度相对应的NDVI最大值合成数据，建立地上生物量与NDVI的回归模型(图4-25)。

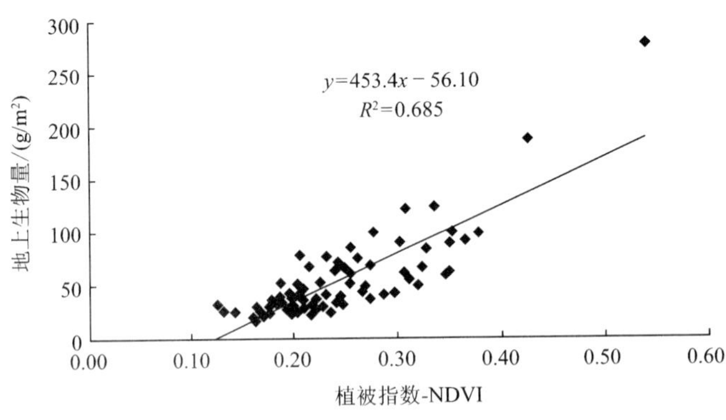

图 4-25　地上生物量与植被指数的关系

模型方程具有较好的相关关系，植被指数和地上生物量之间的相关系数达到了 0.83，经 F 检验其相关性达到极显著水平，拟合度为 0.672(表 4-8)。得到植被指数与地上生物量的模型，在此基础上生成地上生物量分布图，模型如下：

$$y=453.4\times \mathrm{NDVI}-56.1 \tag{4-4}$$

表 4-8　回归分析统计表

方差来源	平方和	自由度	均方	F 统计量	显著性
回归	68 339.576	1	68 339.576	178.022 78	**
残差	33 397.654	87	383.881		
总和	101 737.229	88			
相关系数	0.82				
拟合度	0.672				
斜率	406.414				
截距	−46.113				

用剩余的 20 个地面样方数据对以上所建立的模型进行精度验证。验证结果表明(表 4-9)，模型预测的地上生物量与实测地上生物量之间有较好的相关性。

表 4-9　验证点地上生物量的实测值与预测值比较(单位：g/m²)

序号	预测地上生物量	实测地上生物量	序号	预测地上生物量	实测地上生物量
1	32.73	28.90	11	27.04	33.50
2	49.39	24.20	12	25.86	25.70
3	27.08	34.60	13	30.25	51.70
4	43.91	27.60	14	33.87	29.20
5	80.16	55.10	15	107.06	86.42
6	23.34	24.28	16	101.82	89.36
7	25.13	21.90	17	95.60	71.37
8	62.28	53.08	18	94.34	62.85
9	36.51	50.52	19	24.68	23.20
10	34.64	26.60	20	41.71	31.50

4. 草地地上生物量时空分布

运用以上建立的苏尼特右旗草地地上生物量估测模型，对苏尼特右旗境内地上生物量进行模拟，获得了苏尼特右旗 2006 年、2011 年和 2012 年 3 个年份的草地地上生物量空间分布情况，如图 4-26。

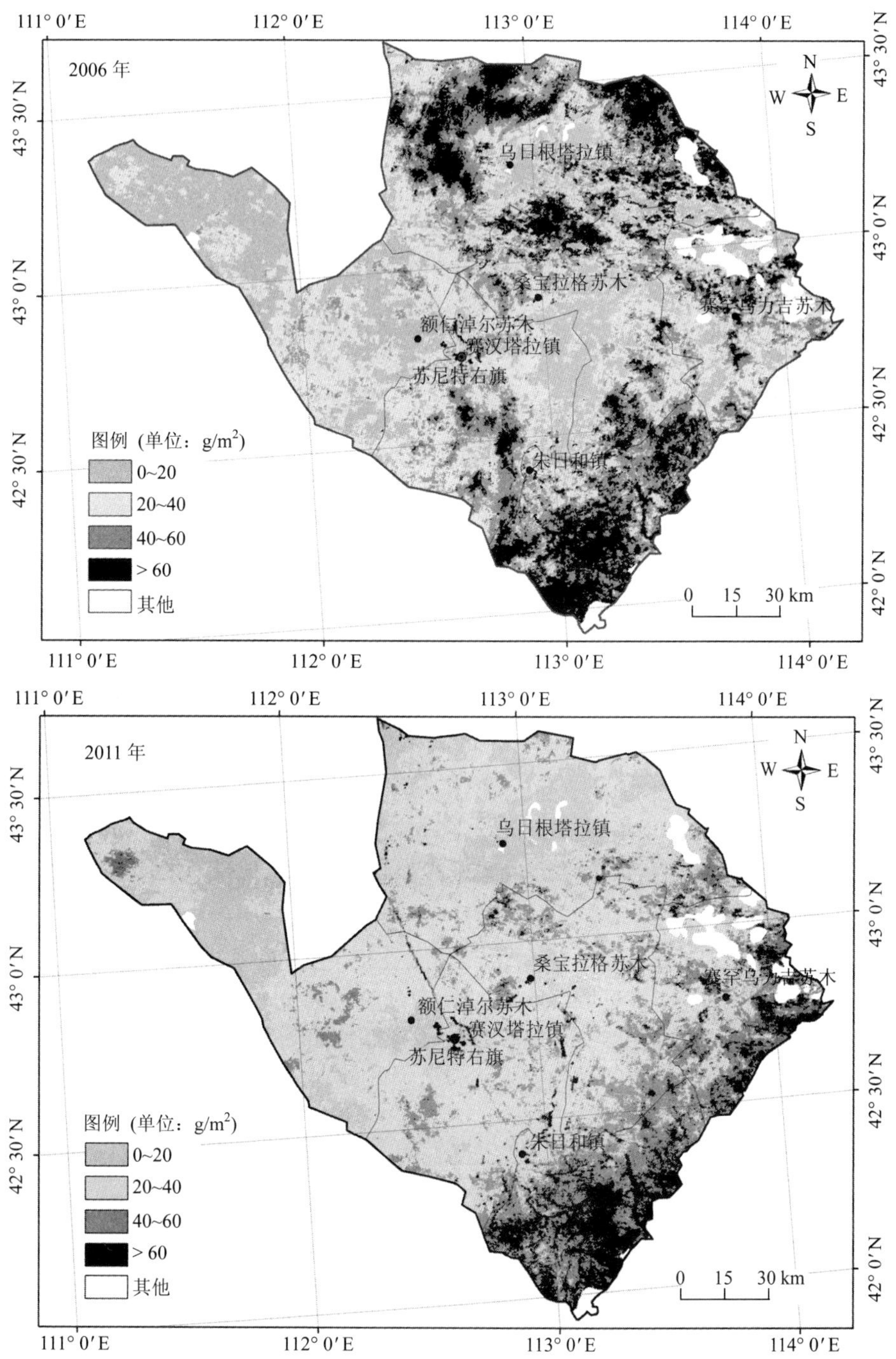

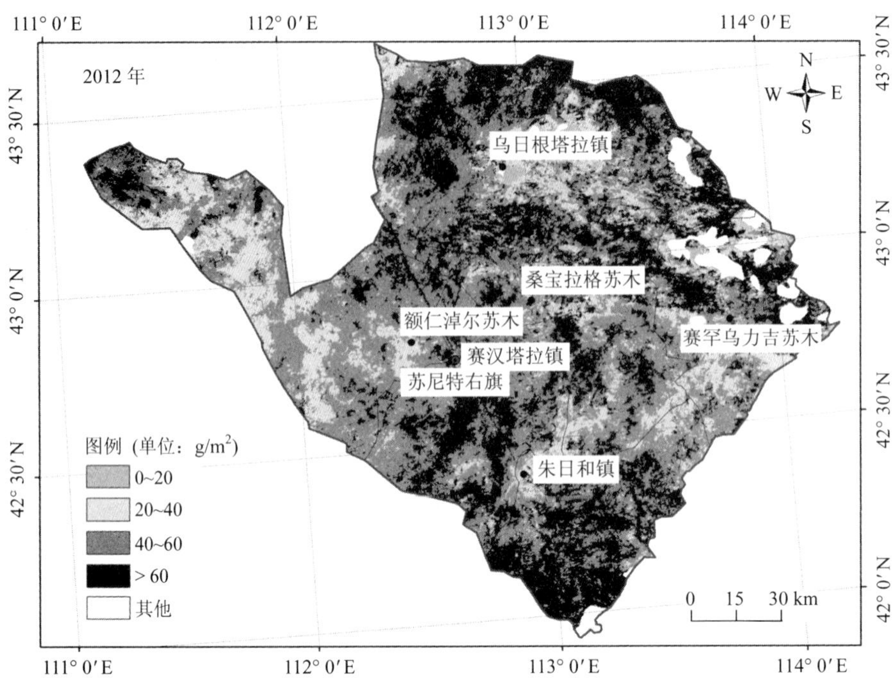

图 4-26　2006 年、2011 年和 2012 年苏尼特右旗地上生物量分布图(另见彩图)

从图中可以看出，2012 年苏尼特右旗地上生物量明显高于 2006 年和 2011 年。2012 年苏尼特右旗草地平均地上生物量为 59.08g/m^2，2011 年为 37.59g/m^2，2006 年为 41.23g/m^2。苏尼特右旗草原地上生物量分布具有明显的空间分布差异，东南部温性草原类草地生物量密度较高，生物量干重大于 60g/m^2，由东南向西北草地生物量逐渐降低，中西部以荒漠草原为主，草地生物量处于较低水平，生物量干重小于 40g/m^2，西北部分布有草原化荒漠，生物量干重小于 20g/m^2。

用苏尼特右旗草地类型图提取不同草地类型栅格图内的平均值以及面积，然后进行统计，获得 2006 年、2011 年和 2012 年苏尼特右旗不同草地类型平均地上生物量(表 4-10)。荒漠草原是苏尼特右旗的主要草地类型，占苏尼特右旗草地总面积的 70.63%，以小针茅+无芒隐子草草地类型为主，占荒漠草原面积的 64.15%，其次为沙生针茅草原和短花针茅草原，分别占荒漠草原总面积的 20.44%和 15.41%。此外，苏尼特右旗还分布有草原化荒漠、典型草原和低地草甸，分别占草地总面积的 4.26%、15.56%和 5.88%。

表 4-10　苏尼特右旗不同时期各草地类型地上生物量

序号	草地类型	面积/km^2	地上生物量干重/(g/m^2)		
			2006 年	2011 年	2012 年
1	小针茅、无芒隐子草	9867.88	35.23	27.43	54.85
2	沙生针茅	3144.69	34.01	30.74	54.55
3	短花针茅草原	2370.90	36.80	36.92	57.02

续表

序号	草地类型	面积/km^2	地上生物量干重/(g/m^2)		
			2006 年	2011 年	2012 年
4	克氏针茅	2200.84	55.96	57.38	60.73
5	隐子草	1188.35	43.81	54.25	56.35
6	红砂	927.33	28.83	28.40	52.96
7	芨芨草	1280.55	95.32	91.85	112.50
8	中间锦鸡儿、褐沙蒿	799.46	40.14	36.60	56.37

2006 年、2011 年和 2012 年苏尼特右旗不同草地类型地上生物量明显不同。2012 年各草地类型地上生物量均明显高于其余两年，除个别草地类型外，2006 年苏尼特右旗地上生物量整体上略高于 2011 年，这与各年度的降水量有密切关系。苏尼特右旗 2006 年、2011 年和 2012 年 4~9 月生长季降水量分别为 164.1mm、96.5mm 和 162.6mm，2006 年的生长季降水量与 2012 年相差无几，但是地上生物量却相差很多。由于 2006 年返青期降水量偏少，降水量主要集中在 7 月，且分布不均匀，7 月 8 日和 7 月 17 日的降水量就分别达到了 21.2mm 和 30.4mm。虽然其总降水量较高，但是地上生物量比 2012 年相差较多。2012 年返青期到生长季降水量均较多，且分配较为均匀，因此苏尼特右旗荒漠草原的地上生物量受返青期和生长季降水量影响较大(表 4-11)。

表 4-11 苏尼特右旗不同年份生长季各月降水量

月份	降水量/mm			
	2006 年	2011 年	2012 年	多年平均值
4 月	0.50	13.60	6.00	6.85
5 月	9.80	11.20	20.30	16.92
6 月	24.20	12.70	61.60	32.45
7 月	76.70	12.90	51.60	49.20
8 月	19.10	22.10	6.70	44.53
9 月	33.80	24.00	16.40	24.94
合计	164.10	96.50	162.60	174.89

此外，不同草地类型的草原生物量存在一定差异(表 4-12)。荒漠草原类为苏尼特右旗的主要草地类型，平均地上生物量为 40.84g/m^2，年平均干草产草量为 614 916.01t，占苏尼特右旗草原总产草量的 61.42%。典型草原的平均地上生物量为 54.74g/m^2，年平均干草产草量为 188 858.69t，占苏尼特右旗草原总产草量的 18.86%。低地草甸的平均地上生物量最高，为 99.89g/m^2，年平均干草产草量为 127 914.2t，占苏尼特右旗草原总产草量的 12.77%。另外，还分布一些草原化荒漠、沙地植被和其他零星分布的荒漠植被，其产草量占苏尼特右旗总产草量的 6.94%。总体来看，苏尼特右旗多年平均干草产量约为

1 001 219.2t，地上生物量的平均值为 45.97g/m^2，与荒漠草原类的地上生物量基本持平，进一步说明苏尼特右旗主要草地类型为荒漠草原类，各种草地类型生物量大小顺序为：低地草甸类>典型草原类>荒漠草原>草原化荒漠。

表 4-12　苏尼特右旗不同草地类型年平均地上生物量

序号	草地类	群落类型	产草量干重/t	多年平均地上生物量/(g/m^2)	占总产草量比例/%
1	荒漠草原	小针茅、无芒隐子草	386 534.1	39.17	38.61
2		沙生针茅	125 054.9	39.77	12.49
3		短花针茅、多根葱	103 327.0	43.58	10.32
4	典型草原	克氏针茅	127 698.8	58.02	12.75
5		隐子草	61 159.85	51.47	6.11
6	草原化荒漠	红砂	34 060.36	36.73	3.40
7	低地草甸	芨芨草	127 914.2	99.89	12.78
8	沙地植被	中间锦鸡儿、褐沙蒿	35 469.94	44.37	3.54

苏尼特右旗辖 3 个苏木 3 个镇，本研究表明，苏尼特右旗各苏木草地地上生物量不同(表 4-13)。朱日和镇多年平均地上生物量最高，为 89.51g/m^2，其次为赛罕乌力吉苏木，为 44.3g/m^2，多年平均地上生物量最低的为额仁淖尔苏木，为 29.76g/m^2，这与苏尼特右旗的草地类型地上生物量分布规律一致。朱日和镇位于苏尼特右旗南部，草地类型以温性典型草原为主，主要群落类型为克氏针茅和隐子草群落。赛罕乌力吉苏木位于苏尼特右旗东部，草地类型多样，既有克氏针茅、隐子草等温性典型草原，也有短花针茅、沙生针茅荒漠草原，还分布有沙地先锋植物，植被生物量较高。而额仁淖尔苏木分布在苏尼特右旗西部，植被类型以小针茅荒漠草原为主，西北部还分布有红砂、珍珠柴等草原化荒漠，因此植被生物量较低。

表 4-13　苏尼特右旗各苏木平均地上生物量

序号	苏木	面积/km^2	地上生物量/(g/m^2)			年平均地上生物量/(g/m^2)	年平均产草量/t
			2006 年	2011 年	2012 年		
1	桑宝拉格苏木	3459.01	37.43	35.45	55.33	42.74	147 820.77
2	额仁淖尔苏木	4442.31	17.62	23.93	47.73	29.76	132 207.27
3	乌日根塔拉镇	5548.13	46.06	25.83	56.65	42.85	237 722.39
4	赛罕塔拉镇	3321.24	34.04	33.48	59.68	42.40	140 813.94
5	朱日和镇	2691.52	89.28	86.54	92.71	89.51	240 921.82
6	赛罕乌力吉苏木	2317.79	35.43	44.88	52.58	44.30	102 667.95

从表中还可以看出，年平均产草量最高的也是朱日和镇，为 240 921.82t，最低的是

赛罕乌力吉苏木，为 102 667.95t。虽然其平均地上生物量较高，但是分布面积最小，因此产草量最少。另外从 3 年的地上生物量变化来看，朱日和镇的地上生物量较为稳定，而其他苏木贫水年和丰水年的地上生物量相差较大，主要原因是朱日和以温性草原和低湿地为主，且该地区的年际降水量较为稳定。

(二)苏尼特右旗草原碳储量估算

结合苏尼特右旗草地类型分布图和草原地上生物量遥感估算结果，将实地测定的苏尼特右旗不同草地类型的根冠比作为 1∶150 万草地图的属性进行栅格化，然后与地上生物量栅格图进行波段运算，获得苏尼特右旗草地地下生物量。通过波段运算，将草地地上生物量和地下生物量进行相加得出草地地上地下总生物量；再给总生物量乘以生物量与碳的换算系数，采用国际上常用的 0.45 转换系数将生物量(kg/hm^2)转换成碳密度(kg C/hm^2)(Fang *et al.*，2007)，即可得到苏尼特右旗草地生物碳分布图。将计算出的苏尼特右旗主要草地类型土壤碳密度数据录入该矢量图层的属性数据库，获得苏尼特右旗草地土壤有机碳密度图，通过波段运算与生物量碳分布图进行相加，获得苏尼特右旗草地总有机碳储量。利用 arcmap 建模工具建立模型计算苏尼特右旗碳密度分布图，图 4-27 为本文构建的碳密度计算流程图。图 4-28 为模型的运行路径及参数设置。

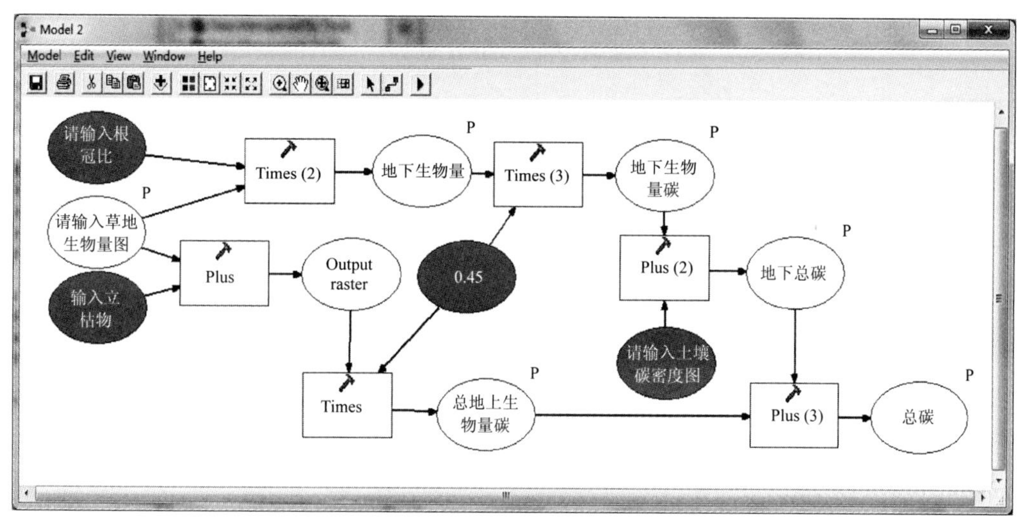

图 4-27 碳密度计算流程图

1. 植被碳储量

植被碳储量包括地上植被碳储量和根系碳储量，而在草地植被碳储量中根系碳储量显著大于地上植被碳储量。尤其在荒漠草原生态系统中，受气候和水热因子的影响，草地的地下根系作为土壤碳库和大气碳库的传输纽带，在养分输送和传导方面的作用极其重要。

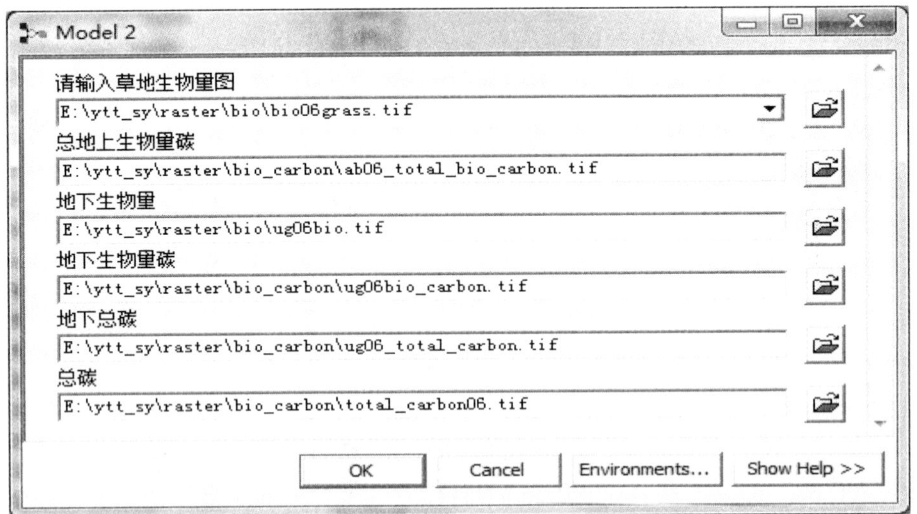

图 4-28　模型运行路径及参数设置

苏尼特右旗根系碳密度分布情况见图 4-29~图 4-31，2006 年、2011 年和 2012 年苏尼特右旗根系碳密度空间分布明显不同。2012 年苏尼特右旗根系碳密度明显高于其余 2 年，碳密度>1000g/m^2 的面积明显增多，主要分布在苏尼特右旗的西南部、中部和北部地区；2006 年，碳密度>1000g/m^2 的主要分布在苏尼特右旗北部地区，南部有零星分布；2011 年，碳密度>1000g/m^2 只有东部有少量零星分布。

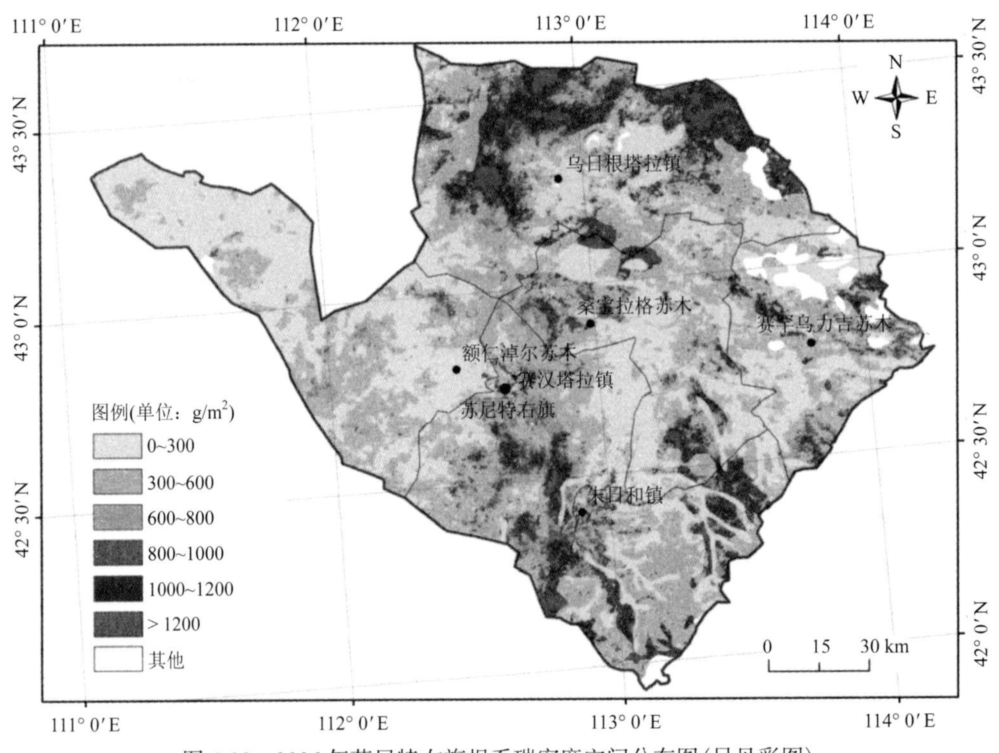

图 4-29　2006 年苏尼特右旗根系碳密度空间分布图(另见彩图)

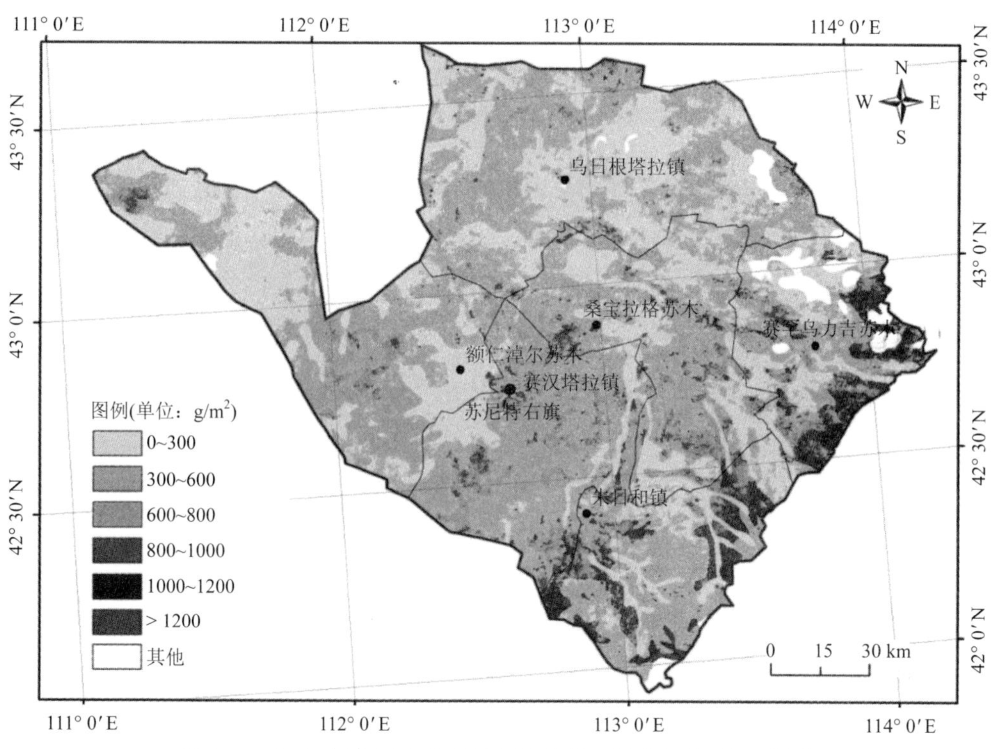

图 4-30　2011 年苏尼特右旗根系碳密度空间分布图(另见彩图)

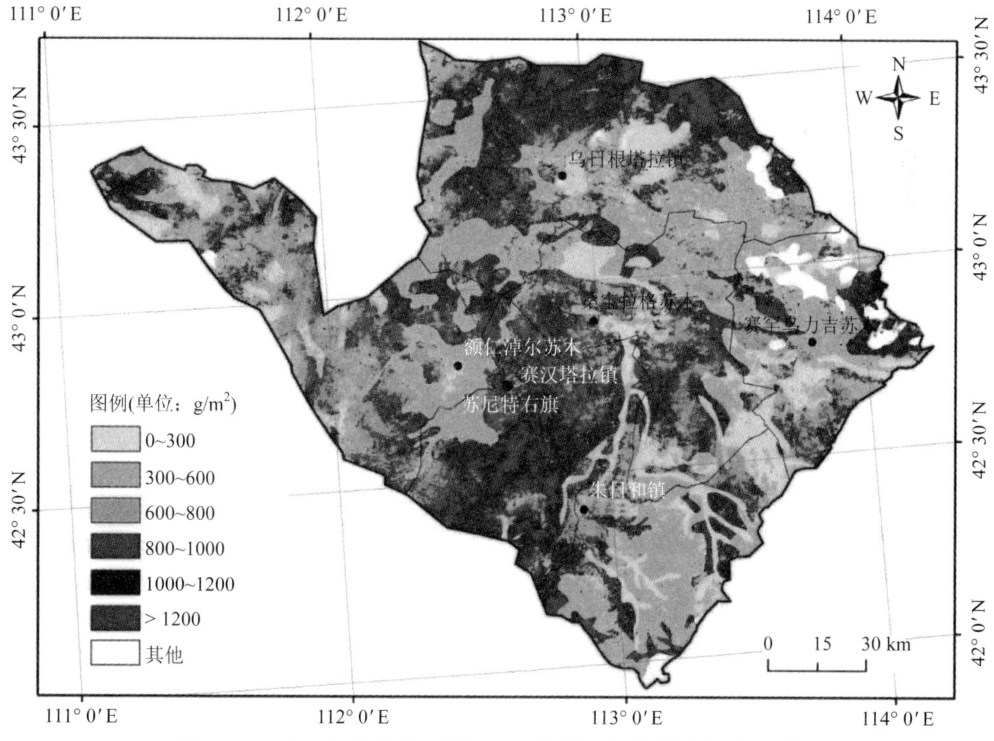

图 4-31　2012 年苏尼特右旗根系碳密度空间分布图(另见彩图)

2012 年根系碳密度在 0~600g/m^2 的草地面积比 2006 年和 2011 年分别减少了 28.84%和 39.68%。而根系碳密度>600g/m^2 的草地面积比 2006 年和 2011 分别增加了 28.84%和 39.68%。总体来看，苏尼特右旗 2012 年的根系碳密度明显高于 2006 年和 2011 年(表 4-14)。

表 4-14　苏尼特右旗根系碳密度等级分布面积

根系碳密/(g/m^2)	2006 年		2011 年		2012 年	
	面积/km^2	比例/%	面积/km^2	比例/%	面积/km^2	比例/%
0~300	7939.03	36.45	7665.87	35.20	2794.94	12.83
300~600	6909.70	31.72	9545.54	43.83	5773.85	26.51
600~800	2974.17	13.66	2795.44	12.83	3835.06	17.61
800~1000	1763.42	8.10	996.71	4.58	4163.90	19.12
1000~1200	1087.77	4.99	432.94	1.99	3047.39	13.99
>1200	1105.91	5.08	343.50	1.58	2164.87	9.94

整个苏尼特右旗草原植被地上平均碳密度为 25.26g/m^2，根系平均碳密度为 553.63g/m^2，植被总碳储量为 12.61Tg C。其中植被地上碳储量为 0.55Tg C，植被 0~80cm 土层深度的地下碳储量为 12.06Tg C。

从不同草地类型来看(表 4-15)，芨芨草盐化草甸的地上碳密度最高，为 44.95g/m^2，红砂、珍珠柴草原化荒漠的地上碳密度最低，为 18.28g/m^2，其余各草地类型地上碳密度分布在 22.54~29.73g/m^2，隐子草退化草地的根系碳密度最高，为 882.39g/m^2，红砂、珍珠柴草原化荒漠的根系碳密度最低，为 230.07g/m^2。地上碳储量最高的为小针茅、无芒隐子草草原，其碳储量为 0.22Tg C，根系碳储量最高的也是小针茅、无芒隐子草草原，其碳储量为 6.63Tg C。

表 4-15　苏尼特右旗主要草地类型多年平均植被碳密度及碳储量

草地类型	地上碳密度/(g/m^2)	根系碳密度/(g/m^2)	地上碳储量/Tg C	根系碳储量/Tg C
克氏针茅草原	28.59	359.28	0.06	0.79
小针茅、无芒隐子草草原	22.54	671.59	0.22	6.63
沙生针茅	22.97	352.89	0.07	1.11
短花针茅群落	29.73	724.68	0.07	1.72
隐子草退化草原	23.16	882.39	0.03	1.05
红砂、珍珠柴草原化荒漠	18.28	230.07	0.02	0.21
芨芨草盐化草甸	44.95	269.70	0.06	0.35
中间锦鸡儿、褐沙蒿	25.04	255.64	0.02	0.20

2. 土壤碳储量

土壤碳库是陆地生态系统中最大的碳库，对于全球气候变化与温室效应具有重要的调控作用(Fang *et al.*，2007)，在全球碳循环中扮演着重要的角色。土壤碳库动态及其驱动机制研究是陆地生态系统碳循环及全球变化研究的重点和热点之一。土壤碳库包括土壤有机碳库(SOC pool)与土壤无机碳库(SIC pool)。全球 1.5×10^3~3.0×10^3Pg 碳是以有机质形态存储于土壤中，约为植被碳储量的 2 倍(Lal，1999)。无机碳库达 7×10^2~1×10^3Pg C。但由于土壤无机碳库(碳酸盐碳)的更新周期较慢(陈庆强等，1998)，无机碳对碳循环的意义不大。土壤有机碳主要分布于土层 1m 深度以内，处于大气圈、水圈、岩石圈和生物圈交汇的地带，对碳循环有重要影响。目前对全球土壤有机碳储量的计算或者是基于植被类型，或是土壤类型，或是碳循环模型(Rodriguez，2001)。

通常，土壤有机碳储量根据土壤样本中获取的土壤有机碳密度和总的土壤面积来确定。土壤有机碳密度不仅是统计土壤有机碳储量主要参数，其本身也是一项反映土壤特性的重要指标，它是由土壤有机碳含量、砾石(粒径>2mm)含量和容重所共同确定的。本研究中，通过对各层土壤样本的土壤有机碳含量、土壤容重和大于 2mm 石砾所占的体积百分比等参数进行取样测定。在此基础上，计算每个土壤剖面不同深度的碳含量，然后以土层深度作为权重系数，获得不同草地类型土壤的平均理化性质，并经过面积的加权平均获得各草地类型土壤的平均容重、平均碳密度。将不同草地类型的土壤剖面数据通过经纬度连接到 GIS 中，并叠加到草地类型图中，获得苏尼特右旗草地土壤碳密度分布图(图 4-32)。

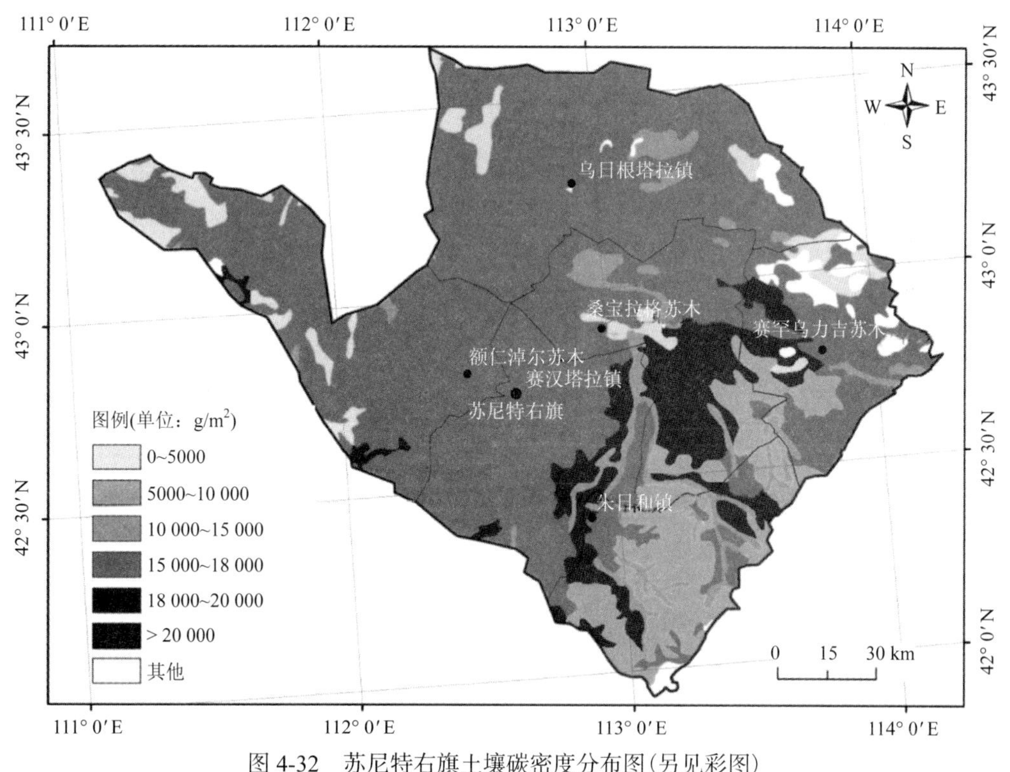

图 4-32　苏尼特右旗土壤碳密度分布图(另见彩图)

根据统计计算，苏尼特右旗草地土壤总碳储量为 318.56Tg C，土壤平均碳密度为

14 626.36g/m^2。不同草地类型土壤碳密度不同（表 4-16），短花针茅草原的土壤碳密度最高，为 18 690.3g/m^2，红砂、珍珠柴草原化荒漠的土壤碳密度最低，只有 4358.43g/m^2。从碳储量分布来看，小针茅+无芒隐子草草地由于面积最大，其土壤碳储量最大，为 149.52Tg C，红砂、珍珠柴草原化荒漠由于土壤碳密度最低，且分布面积较小，其土壤碳储量最少，为 4.04Tg C。

表 4-16　苏尼特右旗不同草地类型土壤碳密度

草地类型	土壤碳密度/(g/m^2)	土壤碳库/Tg
克氏针茅	8 704.08	19.16
小针茅、无芒隐子草	15 152.40	149.52
沙生针茅	16 616.90	52.25
短花针茅、多根葱	18 690.30	44.31
隐子草	15 142.40	17.99
红砂、珍珠柴草原化荒漠	4 358.43	4.04
芨芨草	14 052.30	17.99
中间锦鸡儿、褐沙蒿	16 616.90	13.28

从分布区域来看，赛罕塔拉镇的土壤碳密度最高，为 15 847.4g/m^2，朱日和镇的土壤碳密度最低，为 12 280.5g/m^2。土壤碳储量最高的是乌日根塔拉镇，为 83.03Tg C，土壤碳储量最低的是朱日和镇，为 33.05Tg C（表 4-17）。

表 4-17　苏尼特右旗不同区域土壤碳密度

苏木	土壤碳密度/(g/m^2)	土壤碳库/Tg C
桑宝拉格苏木	15 331.90	53.03
额仁淖尔苏木	14 308.40	63.56
乌日根塔拉镇	14 965.90	83.03
赛罕塔拉镇	15 847.40	52.63
朱日和镇	12 280.50	33.05
赛罕乌力吉苏木	14 344.50	33.25

3. *总碳储量*

植被碳储量与土壤碳储量相加即为草原总碳储量。根据模型运行结果，苏尼特右旗 2006 年、2011 年和 2012 年的植被、土壤总碳储量见表 4-18。苏尼特右旗 2006 年、2011 年和 2012 年的草地总碳储量分别为 329.86Tg C、328.63Tg C 和 335.03Tg C。其中，土壤碳储量为 318.56Tg C，占总碳储量的 95%以上，根系碳储量是地上生物量碳储量的 20 倍。

表 4-18　苏尼特右旗植被、土壤总碳储量

年份	土壤碳储量/Tg C	地上碳储量/Tg C	根系碳储量/Tg C	总碳储量/Tg C
2006	318.56	0.50	10.79	329.86
2011		0.47	9.60	328.63
2012		0.68	15.79	335.03

（三）固碳潜力分析

由于多年以放牧为主的过度利用，苏尼特右旗草原群落生产力降低，草层高度和地表盖度显著降低，土壤侵蚀强度和面积增加，使草地生态系统植被和土壤有机碳含量降低。加强草地管理，恢复退化草地可以有效地增加草地植被、土壤有机碳储量。近年来，苏尼特右旗实施了草畜平衡政策，将放牧强度控制在中度放牧，苏尼特右旗小针茅草原面积为 9893km^2，如果恢复到围栏封育的状态，其地上植被、根系和土壤的固碳潜力分别为 165 509.9t、525 120.4t 和 2 336 727t。

第四节　结　　论

本研究选取内蒙古荒漠草原的代表性类型小针茅草原作为研究对象，选择 2 种主要草地类型，通过测定其地上生物量、土壤各层中的地下生物量以及土壤有机碳含量，探讨了小针茅荒漠草原生物量及土壤有机碳的季节动态。研究了不同放牧强度下的植被、土壤碳储量。并以苏尼特右旗为例，在多年野外样方调查资料的基础上结合遥感数据，建立了草原地上生物量遥感估算模型，获得地上生物量分布图，分析了苏尼特右旗草原地上生物量时空动态分布格局。运用实地调查测定获得的苏尼特右旗主要草地类型根冠比及土壤有机碳数据，以此为参数估算了苏尼特右旗草地碳储量。主要结论如下。

(1) 小针茅群落地上、地下生物量受生长季降水分配的影响，不同年份呈现不同的季节动态，2011 年小针茅群落的地上生物量季节变化呈单峰型曲线，峰值出现在 6 月下旬，地下生物量季节动态表现为“N”型变化规律，最大值出现在 7 月下旬。2012 年小针茅群落地上、地下生物量季节变化均呈单峰型曲线，地上生物量的峰值出现在 8 月中旬，地下生物量的峰值出现在 7 月中旬或 8 月中旬。

(2) 小针茅草原土壤有机碳的季节变化呈单峰型曲线，从 5 月份开始土壤有机碳逐渐增加，到 7 月底达到峰值，8 月、9 月又逐渐降低。0~10cm 土层地下生物量和土壤有机碳呈显著正相关。

(3) 苏尼特右旗 2006 年、2011 年和 2012 年的草地总碳储量分别为 329.86Tg C、328.63Tg C 和 335.03Tg C。土壤碳储量占总碳储量的 95%以上，根系碳储量是地上生物量碳储量的 20 倍。其中，小针茅荒漠草原总碳储量最多，为 140.57Tg C，植被碳储量为 6.85Tg C，土壤碳储量为 149.52Tg C。

(4) 2012 年苏尼特右旗平均地上生物量明显高于 2006 年和 2011 年，分别为 59.08g/m^2、37.59g/m^2 和 41.23g/m^2。苏尼特右旗草地土壤平均碳密度为 14 626.36g/m^2。

不同草地类型土壤碳密度不同，短花针茅草原的土壤碳密度最高，为 18 690.3g/m^2，红砂、珍珠柴草原化荒漠的土壤碳密度最低，只有 4358.43g/m^2。

(5) 苏尼特右旗小针茅、无芒隐子草群落生长季各月地上生物量和地下生物量均随放牧强度增加而显著减小，且随着土层深度的增加，不同放牧强度下草地地下生物量均呈明显降低的趋势。与围栏封育对照区相比，轻度放牧区的土壤有机碳有所增加，中度放牧、重度放牧和极重度放牧的试验小区土壤有机碳较对照区均有不同程度降低，说明轻度放牧有利于土壤有机碳的积累。

(6) 苏尼特右旗小针茅草原植被和土壤的固碳潜力分别为 690 630.3t 和 2 336 727t。

第五章　沙地草原不同保护利用方式下生态系统碳循环与固碳潜力分析

第一节　引　　言

近年来，全球气候变化对世界经济、社会和生态环境等产生了重大影响，严重威胁着各国经济的可持续发展和国家安全。地球系统碳循环是连接诸如温室气体、全球变暖和土地利用等重大全球变化问题的纽带(陈泮勤等，2008)。全球碳循环与气候变化的关系密切，使得地球系统的碳库变化和碳循环过程机制问题成为气候变化成因分析、变化趋势预测、减缓和适应对策等全球变化科学研究中的基础问题，受到科技界和国际社会的广泛关注(于贵瑞等，2011)。

草地生态系统是地球陆地上面积仅次于森林的第二个绿色植被层，约占全球植被生物量的36%(刘立新等，2004)。草地严酷的自然条件、脆弱的生态系统使其对气候变化及其所带来的其他自然条件的变化反应较其他地区更为敏感(韩士杰等，2008)。因此，草地在区域气候变化及全球碳循环中扮演着重要的角色。草地生态系统碳储量和通量的全球估计，以及全球气候变化、大气 CO_2 浓度升高、人类活动对草地生态系统过程的影响是碳循环研究的主要内容，探讨其碳储量和通量是研究的重点(钟华平等，2005)。

在只考虑活生物量及土壤有机质的情况下，草地碳储量约占陆地生物区总碳量的25%(耿元波等，2004)。准确评估草地生态系统碳库及其动态变化，将有助于预测全球气候变化与草地生态系统之间的反馈关系以及草地资源的可持续利用(Yang *et al.*，2010；Yang *et al.*，2008)。草地生态系统碳素的 92%(282Pg C)是储存在土壤中(Houghton，1995)，而土壤呼吸又是碳素从土壤中释放到大气的主要途径。因此，精确测定草地土壤呼吸强度并分析其影响因子是草地碳循环研究中重要的科学问题，在全球碳收支中起着极为重要的作用(Schlesinger and Andrews，2000)。目前，大气 CO_2 平衡预算中的一个很不确定的部分就是土壤呼吸的数量和途径(Houghton *et al.*，1999)。

我国现有不同类型草地面积约 4 亿 hm^2，约占我国土地总面积的 40%以上，是我国陆地最大的生态系统，其面积约为我国耕地面积的 4 倍，森林面积的 3.6 倍(陈佐忠和汪诗平，2000；温明章，1996；李博等，1990)。我国草地生物量碳库的估算范围在 0.56~4.67Pg C($1Pg=1\times10^{15}g$)，相差约 8 倍，草地土壤有机碳库的估算结果相差约 2.5 倍，造成较大差异的主要原因是不同的草地类型之间在物种组成、群落结构、土壤特性方面有很大的不同，采用高度简化的植被碳密度和土壤剖面数据估算得到的草地碳库可能会造成较大误差(方精云等，2010)。

内蒙古草原地处欧亚大陆中部，是我国北方草地的主体，跨越了半湿润、半干旱气候区，从额尔古纳河起，向西南伸展至甘肃北部，东起西辽河平原，西达鄂尔多斯高原东南部，草原区面积约 74×10^4km^2，占内蒙古自治区总土地面积的 64%(马文红和方精云，2006)。在内蒙古草原区，从东到西随气候的逐渐变干，出现林缘草甸、草甸草原、典型草原、荒漠草原等地带性草场类型，还有两类重要的非地带性草场：沙地草场和低湿地草场(李博等，1987)。已有研究表明，内蒙古不同草地类型的碳储量差异较大，典型草原最大(113.25Tg C)，占草地总碳储量的 50%，其次是草甸(48.93Tg C)和草甸草原(48.46Tg C)，荒漠草原碳储量最低(15.37Tg C)(马文红等，2006)。有关本区沙地草场和低湿地草场的碳储量的估算未见报道。

在本区分布的沙地有呼伦贝尔沙地(13 051km^2)、科尔沁沙地(50 440km^2)、浑善达克沙地(29 220km^2)、毛乌素沙地(38 940km^2)、库布齐沙地(库布齐沙漠东段干草原区，4 827km^2)(李刚等，2013；胡兵辉和廖允成，2010；吴正，2009；钟德才，1999；李博等，1995)，分布在本区的沙地总面积约为 136 478km^2，占全国沙地总面积的 96%。草原区沙地的主要建群植物为半灌木蒿类，并且以固定、半固定沙地为主。在天然条件下植物生长茂密，由于人为干扰才使流沙再起，造成“植被破口”。沙地多为复合生态系统，除沙丘以外，丘间低地分布了草甸、沼泽草甸甚至沼泽。由于沙地微地形复杂，植物地上部分冬季保存较好，所以是很好的冬春牧场(李博等，1987)。

半灌木油蒿(*Artemisia ordosica*)草场是鄂尔多斯高原地区重要的沙地天然放牧场，主要分布在本区的毛乌素沙地和库布齐沙地上，常见于固定、半固定沙地(李博，1990)。油蒿草场占整个鄂尔多斯高原总面积的 47.3%，占鄂尔多斯高原沙地总面积的 73.4%，其对鄂尔多斯高原的系统稳定性起着关键的作用(李博等，1995)。但是在 21 世纪之前，由于过度放牧、农田开垦、大面积采薪等不合理利用，导致油蒿草场严重退化沙化(王庆锁等，1995)，造成土壤有机碳的损失。2000 年，国家“退耕还林还草”工程以及后期的飞播造林、沙区封育等生物和工程措施加上地方政府的“禁牧、休牧、轮牧”政策的实施，使得沙地草场呈现“整体遏制，局部好转”的局面(闫峰等，2013；王玉华等，2008)。大量实验观测表明，退耕还草、围封草场和人工种草等措施可以促进退化草地土壤有机碳的恢复和积累，具有固定大气 CO_2 的能力(郭然等，2008)。而目前有关不同保护利用方式(围封和放牧)和不同围封演替阶段油蒿草场碳循环和固碳潜力的研究还未见报道。

根际微生物以其独特的环境和性质在荒漠植被演替过程中发挥着重要作用，根际微生物更能准确的反映出植物对土壤环境的影响，因此可作为植被恢复的重要生物指标。植物通过根系分泌物、根产物和植物残体等形式供给根际土壤微生物碳源和能源，有多达 30%的光合产物以有机碳形式进入根际土壤，不仅影响根际微生物生长代谢和种群结构，而且改变了根际微域的化学物理环境(陆雅海等，2006)，而附着于植物根系的微生物多数具有固氮、分泌激素和酶等能力，又对植物提高根、茎、叶及生产力具有一定的促进作用。一般认为植被类型是影响土壤微生物区系的首要因素(Lynch *et al.*，1990；田呈明等，1999)，不同的植被类型、同一植物不同龄级、不同时期均对根际土壤微生物有一定的影响。有研究指出，荒漠植被根系通过分泌物、凋落物等根产物影响根际微生物数量、种群与活性，根际微生物进而又直接影响土壤-植物-微生物间的物质能量循环，根际微生物数量及活性越高，越能提高植物抗逆性、促进植物养分吸收、土壤肥力积累以及结构改善(李春俭等，2008)。因此，通过了解根际土壤微生物分布特征及土壤化学性质，可以直接或间接的反映出植被对土壤的改良作用及植被恢复的生态效果。就目前沙地草原生态恢复的研究而言，大多数研究集中在沙地植被、土壤养分等方面的系统研究，从根际微域的角度，对土壤微生物特征分析的相关研究较少。

基于以上分析，在鄂尔多斯高原沙地展开以下研究：①油蒿草场为研究对象，通过开展不同保护利用方式(围封和放牧)下和不同围封演替阶段(流动沙地、半固定沙地、固定沙地)植被碳储量、土壤有机碳储量和土壤碳通量的研究，进一步估算鄂尔多斯高原沙地油蒿草场的固碳潜力，为更好地评价沙地草场在我国陆地生态系统碳循环中的作用提供参考数据。②不同放牧梯度土壤呼吸研究。③以自然恢复状态下的固定沙地、半固定沙地油蒿群落以及人工种植的中间锦鸡儿群落和苜蓿草地为研究对象，分析土壤呼吸的季节变化、空间变化及环境因子，为进一步探明植被恢复方式对沙地生态系统碳收支的影响提供一定的数据依据。④库布齐沙漠东段(达拉特旗)自然恢复的油蒿群落、人工种植的中间锦鸡儿群落作为研究对象，分析两种植物根际与非根际土壤微生物学、化学性质的差异，为库布齐沙地生态系统植被恢复与重建提供科学参考。

第二节　研究材料和主要研究方法

一、研究区域概况

(一)地形地貌

鄂尔多斯高原西、北、东三面为黄河环绕，南接黄土高原，是一个完整的地理单元。除东南部局部地段属于陕西省以外，行政上属于内蒙古自治区鄂尔多斯市，也是一个相对完整的行政单元。地处内蒙古自治区西南部，地理坐标为北纬 37°35′24″至 40°51′40″，东经 106°42′40″至 111°27′20″，总面积 8.74 万 km^2。鄂尔多斯高原面上海拔 1500m 左右，往四周递降，黄河滩地 850~1000m，西部桌子山高达 2400m(李博等，1995)。

(二)气候特征

鄂尔多斯高原属温带半干旱至干旱强大陆性气候。受地势及海拔影响，高原面热量低，往周围低海拔处增高。高原中部年平均气温 5.5℃上下，≥10℃活动积温 2400~2600℃，周围黄河谷地年平均气温 7.5~9℃，活动积温达 3000~3600℃。受海洋季风影响，降水量自东向西有规律降低，东部年降水量达 400mm 以上，西部仅 160mm(李博等，1995)。

(三)土壤与植被

与气候条件相对应，自东向西形成草原栗钙土带，荒漠草原棕钙土带与草原化荒漠灰漠土带。鄂尔多斯高原处于草原与荒漠的过渡区域，地带性植被类型从东到西依次为典型草原、荒漠草原与草原化荒漠，各地带性植被类型分布面积分别约占鄂尔多斯高原总面积的 10%、20%、5%，半隐域性植被-沙地植被约占总面积的 60%以上，还有零星分布的隐域性植被-低湿地植被(李博，1990)。

二、研究样地设置

研究样地设在农业部鄂尔多斯沙地草原生态环境重点野外科学观测试验站。本试验站是在李博院士 1989 年创建的“中国农业科学院草原研究所鄂尔多斯沙地草原改良试验站”和始建于 2002 年的“国家旱生牧草驯化及原种繁育基地(十二连城科技示范基地)”的基础上组建的部级重点野外科学观测试验站(图 5-1)。中国农业科学院草原研究所鄂尔多斯沙地草原改良试验站位于内蒙古鄂尔多斯市达拉特旗树林召镇，地处库布齐沙漠东段，距鄂尔多斯市康巴什新区 100km，位于 N 40°19′，E 109°59′，海拔 1030~1060m，属于半干旱地带，年均温 6℃，最低气温–32.3℃，最高气温 38.3℃，年降水量 240~360mm，主要集中在 7~9 月，无霜期 156d。国家旱生牧草驯化及原种繁育基地位于内蒙古鄂尔多斯市准格尔旗十二连城乡，地处库布齐沙漠东缘，东靠黄河，距呼和浩特市 100km，地处 N 40°12′，E 111°07′，海拔 1030~1040m，属于中温带大陆性季风气候，年平均气温 6~7℃，最低气温–32.8℃，最高气温 39.1℃，年平均降水量 350~380mm，无霜期 145d。农业部鄂尔多斯沙地草原生态环境重点野外科学观测试验站立地类型主要有固定沙地、半固定沙地、流动沙地和丘间低地。土壤类型为沙壤土和风沙土。植被以沙地植被为主，固定及半固定沙地以油蒿为建群种，流动沙地有白沙蒿(*Artemisia sphaerocephala*)、沙蓬(*Agriophyllum pungens*)、蓼子朴(*Inula salsoloides*)等分布。

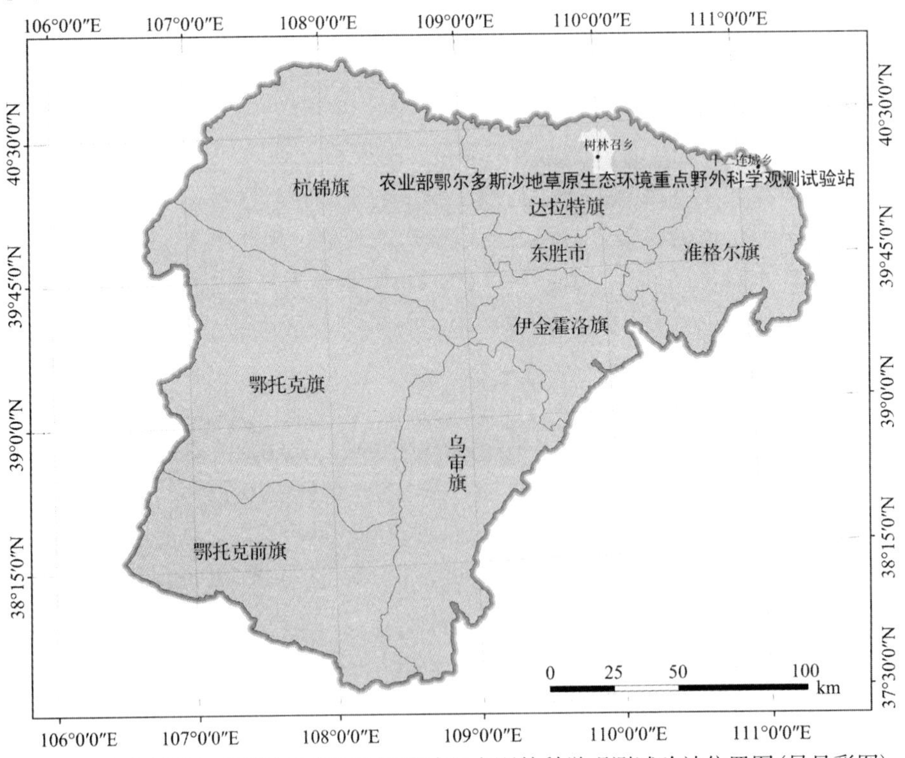

图 5-1 农业部鄂尔多斯沙地草原生态环境重点野外科学观测试验站位置图(另见彩图)

（一）不同保护利用方式和围封演替阶段草地碳储量及土壤碳通量研究

本项研究选择了 4 个研究样地：围封保护固定沙地样地、自由放牧固定沙地样地、围封保护半固定沙地样地和围封保护流动沙地样地。

围封保护固定沙地样地建于 1990 年，未围封之前是流动沙地，经过 20 多年的围封保护已经演替为固定沙地；自由放牧样地紧邻围封保护样地，面积 300m×200m，从 1990 年开始一直作为冬春放牧场，所放牲畜以绵羊为主，数量在 100~120 只/年，放牧时间为当年生长季结束到次年植物返青期前，大约每隔 10d 放牧 1 次，每次大概停留 30min，理论上属于轻度放牧。围封保护半固定沙地样地和围封保护流动沙地样地于 2009 年开始围封禁牧。

四个样地均以油蒿为建群种，以雾冰藜（*Bassia dasyphylla*）、刺沙蓬（*Salsola ruthenica*）、绳虫实（*Corisprmum declinatum*）、小画眉草（*Eragrostis minor*）、狗尾草（*Setaria viridis*）、丝叶山苦荬（*Ixeris chinensis*）为共有种，主要植物群落特征和土壤物理化学性质见表 5-1。

表 5-1　四个样地主要植物群落特征和土壤物理化学性质

样地	植被盖度/%	植物种类/种	土壤容重/(g/cm^3)	土壤 pH	土壤有机质/(g/kg)	土壤全氮/(g/kg)
围封保护固定沙地样地	60	26	1.44	8.51	4.24	0.23
自由放牧固定沙地样地	45	28	1.51	8.66	5.00	0.27
围封保护半固定沙地样地	30	14	1.46	8.62	2.59	0.13
围封保护流动沙地样地	8	9	1.50	8.14	1.57	0.12

（二）不同放牧梯度土壤呼吸研究

以往年对该区域草场生产力的调查情况为基础，根据中华人民共和国农业部发布的天然草地合理载畜量的计算标准（NY/T 635—2002），用草地面积单位表示的放牧草地合理承载量的计算公式，估算出了该区域沙地改良草场的载畜率为 0.5hm^2/只羊•120 日。

计算公式为：$$Susw = Yw \cdot Ew \cdot Hw / Ius \cdot Dw \tag{5-1}$$

式中，Susw 为 1 羊单位暖季（或冷季、或春秋季、或全年）需某类暖季（或相应的冷季、或春秋季、或全年）放牧草地的可利用面积，hm^2/[羊单位•暖季（或冷季、或春秋季、或全年）]；Yw 为 1hm^2 某类暖季（或冷季、或春秋季、或全年）放牧草地可食草产量，kg/hm^2；Ew 为某类暖季（或冷季、或春秋季、或全年）放牧草地的利用率，%；Hw 为某类暖季（或冷季、或春秋季、或全年）放牧草地牧草的标准干草折算系数；Ius 为羊单位日食量[1.8kg 标准干草（/羊单位•日）]；Dw 为暖季（或冷季、或春秋季、或全年）放牧草地的放牧天数，日。

根据这个估算值，分别设立了三个放牧梯度：轻度放牧（0.67hm^2/只羊•120 日）、中度放牧(0.5hm^2/只羊•120 日)及重度放牧(0.33hm^2/只羊•120 日)和一个不放牧对照区；放牧试验时间为 6~9 月，120 天；试验所用牲畜为鄂尔多斯绒山羊。

(三)不同植被类型土壤微生物量碳及土壤呼吸的动态特征研究

在研究区选择 4 种不同群落类型(表 5-2)：固定沙地天然油蒿群落(YH)、半固定沙地天然油蒿群落(BYH)、中间锦鸡儿群落(NT)、苜蓿草地(MX)。其中，固定沙地、半固定沙地天然油蒿群落是研究区的自然植被；中间锦鸡儿群落是人工种植 16 年后形成的；人工草地是人工种植 6 年后形成的。

表 5-2　研究样地基本情况

样地	海拔/m	地理位置	优势物种
YH	1045	N40°19′096″ E109°59′557″	油蒿(*Artemisia ordosica*)
NT	1043	N40°19′243″ E109°59′684″	中间锦鸡儿(*Caragana intermedia*)
BYH	1041	N40°19′232″ E109°59′499″	油蒿(*Artemisia ordosica*)
MX	1043	N40°19′310″ E109°59′662″	紫花苜蓿(*Medicago sativa*)

(四)不同固沙方式根际土壤微生物分布特征及土壤化学性质研究

在研究区选择 2 种不同的群落类型：油蒿群落(YH)、中间锦鸡儿群落(ZJ)，并以流动沙地(LS)作对照。其中，油蒿群落是研究区固定沙地自然恢复 16 年的自然植被；中间锦鸡儿群落是研究区人工种植 16 年生的人工植被。

三、取样和测定方法

(一)野外取样

1. 植物样品取样

(1)不同围封演替阶段油蒿草场植物样品取样

取样时间为：2010 年。

地上部分取样：7~9 月，每月在流动沙地、半固定沙地、固定沙地样地上随机布设 50m 样线，在 0m、25m、50m 处各做 1 个 5m×5m 样方，记录油蒿的盖度、株数、高度、冠幅。在每个 5m×5m 样方中选取 3 株标准株，选取原则要以其能够代表该样方的总体水平为准(包括冠幅大小、新老枝比例)，齐地面刈割。在每个 5m×5m 样方内对角线设 3 个 1m×1m 的样方，分种记录盖度、株树、高度后，齐地面刈割。在流动沙地、半固定沙地、固定沙地样地中，用 1m×1m 的正方形金属框随机布点，收取框内立枯物和凋落物，每个样地取样 9 个，共 27 个。

地下部分取样：在地上部分刈割后，取 50cm×50cm×70cm 土方，分 5 层取样(0~10cm、10~20cm、20~30cm、30~50cm、50~70cm)。

(2)不同保护利用方式油蒿草场植物样品取样

取样时间为：2011 年。

地上部分取样：5 月，在围封保护固定沙地样地和自由放牧固定沙地样地典型地带，根据机械布点法自西向东按 1、2、3…顺序依次标号，选择 1、13、25、29、41、53 号 6 个 5m×5m 样方作为测量样方(图 5-2)。从 5 月到 10 月，每月对 6 个样方进行植物群落调查。灌木和半灌木依其丛幅和高度相对地划分为大、中、小三个等级组，每一等级组内，选择生长于固定观测样方外的 3 个标准丛，分别齐地面刈割。在 6 个 5m×5m 的样方中分别作 1 个 1m×1m 的草本样方，分种记录盖度、株树、高度后，齐地面刈割。采集完地上活体部分后，将每个 1m×1m 的样方中立枯物和凋落物收集装袋。

1	2	3	4	5	6	7	8	9
10	11	12	13	14	15	16	17	18
19	20	21	22	23	24	25	26	27
28	29	30	31	32	33	34	35	36
37	38	39	40	41	42	43	44	45
46	47	48	49	50	51	52	53	54

图 5-2　取样分布图

地下部分取样同(1)。

2. 土壤样品取样

(1)不同围封演替阶段油蒿草场土壤样品

取样时间为：2010 年。

7~9 月，每月在流动沙地、半固定沙地和固定沙地样地挖取 3 个土壤剖面，按 0~10cm、10~20cm、20~30cm、30~50cm 分 4 层取样。每个剖面每个土层取样大约 1kg，样品量过大时，把土样放在塑料布上，用手捏碎混匀，用四分法舍弃一部分，取剩余部分。同时采用环刀取样，用于测定土壤容重和土壤含水量，每个剖面每个土层 3 次重复。

(2)不同保护利用方式油蒿草场土壤样品

取样时间为：2011 年。

8 月，在围封保护样地、自由放牧样地通过挖取土壤剖面，分 0~5cm、5~10cm、10~20cm、20~30cm、30~50cm、50~70cm 土层取样，每个样地重复 3 次，用于测定土壤 pH、土壤有机碳。同时采用环刀取样，用于测定土壤容重和土壤含水量。

(3)不同固沙方式根际土壤微生物

取样时间为：2011 年。

4 月，在各样地中按“S”型选取 6~8 株植物，采集 0~10cm、10~20cm、20~30cm、30~40cm 不同深度根际、非根际土壤(将植物根系周围 1cm 的土壤作为根际土壤，离植物根系 20cm 以外的土壤作为非根际土壤)，并将各点土样分层混合，分装于无菌塑料袋中包扎密封，带回实验室于 4℃冷藏。

（二）样品处理与制备

1. 植物样品处理与制备

植物样品带回室内后，迅速清除尘土。油蒿植株地上部分分老枝、新枝、叶、果实，称量鲜重；油蒿根系地下部分带回室内用水洗分离法获得根系样品，分细根（<2mm）和粗根（>2mm）分层装入纸袋；草本层分种称量鲜重；立枯物和凋落物分别称量鲜重。所有植物样品置于鼓风干燥箱中65℃烘干至恒重后，称量干重。称量后的样品，用粉碎粒度较大的植物粉碎机先粗碎，充分混合均匀，然后用细碎的不锈钢植物粉碎机粉碎至100目，全部移入密封塑料袋中封好待测。

2. 土壤样品处理与制备

剖面土壤样品取回室内后，平铺于干净白纸上，捏碎大块土粒，去除石块和草根等杂物，自然风干，过1mm筛用以测定土壤pH，过0.15mm筛用以测定土壤有机碳。环刀中的土样取出，装入铝盒中，称量湿重后，置于鼓风干燥箱中105℃烘干至恒重，称量干重。

（三）样品分析方法

以下方法均参照《土壤农化分析》（鲍士旦，2002）。

1. 植物样品分析方法

植物全碳含量测定采用重铬酸钾、硫酸氧化-外加热法。

2. 土壤样品分析方法

(1) 土壤含水量

采用烘干称重法。

(2) 土壤容重

采用环刀法。

(3) 土壤pH

采用电位法。

(4) 土壤有机碳

采用重铬酸钾、硫酸氧化-外加热法。

(5) 土壤微生物数量

采用稀释涂布平板法进行土壤微生物数量的测定。细菌采用牛肉膏蛋白胨琼脂培养基：牛肉膏3.0g、蛋白胨10.0g、NaCl 15.0g、琼脂15.0g、水1000mL、pH7.0~7.2；放线菌采用高氏1号琼脂培养基：可溶性淀粉20.0g、KNO_3 1.0g、NaCl 0.5g、K_2HPO_4 0.5g、$MgSO_4$ 0.5g、$FeSO_4$ 0.01g、琼脂20.0g、水1000mL、pH7.2~7.4；真菌采用马丁氏培养基：K_2HPO_4 1.0g、琼脂20g、蛋白胨5.0g、葡萄糖10.0g、$MgSO_4$ 0.5g、水1000mL。将培养基在121℃下灭菌20min，选用2个稀释度，3次重复进行无菌接种，接种后放在培养箱内培养，温度设定为25~28℃，在2~7d内对细菌、真菌、放线菌进行分别计数。

（6）土壤微生物量碳

采用熏蒸法进行土壤微生物生物量碳的测定。将鲜土样去除植物残体，过 2mm 筛称取 40g，置于烧杯（50ml）中，并将 60ml 无酒精氯仿及少量沸石加入小烧杯，将两个烧杯放入真空干燥器内，并将少许湿润的滤纸放入干燥器底部，一同放入的还有 NaOH（1mol/L）溶液，将干燥器内抽真空，使氯仿剧烈沸腾，并保持 2min。将干燥器阀门关闭，放入培养箱 1d，取出氯仿，反复抽真空直到土壤没有氯仿气味。将熏蒸后的土样放入聚乙烯塑料瓶中，加入 160ml K_2SO_4（1mol/L），进行震荡、过滤。对照土样为不进行熏蒸土壤，处理过程与熏蒸土样相同，将滤液放入 TOC-VCPH 仪器进行有机碳测定。

土壤微生物生物量碳的计算公式为：

$$\text{土壤微生物量碳(mg/Kg)} = \text{EC/KEC} \tag{5-2}$$

式中，EC 为熏蒸后提取液与未熏蒸提取液的差值；转换系数 KEC 取值为 0.45。

（四）指标计算

1. 油蒿地上生物量

以下计算公式均参照《陆地生物群落调查观测与分析》（董鸣，1996）。

（1）绿色部分的生物量 B_G：

$$B_G = \frac{G_l \times N_l + G_m \times N_m + G_s \times N_s}{A} \tag{5-3}$$

式中，B_G 为绿色部分生物量，g/m^2；G_l 为大丛组油蒿每丛平均重量，g；N_l 为大丛油蒿的丛数，丛；G_m 为中等油蒿每丛平均重量，g；N_m 为中等油蒿的丛数，丛；G_s 为小丛组油蒿每丛平均重量，g；N_s 为小丛油蒿的丛数，丛；A 为样地面积，25m^2。

（2）木质部分的生物量 B_V：

$$B_V = \frac{V_l \times N_l + V_m \times N_m + V_s \times N_s}{A} \tag{5-4}$$

式中，B_V 为木质部分生物量，g/m^2；V_l 为大丛组油蒿每丛平均重量，g；N_l 为大丛油蒿的丛数，丛；V_m 为中等油蒿每丛平均重量，g；N_m 为中等油蒿的丛数，丛；V_s 为小丛组油蒿每丛平均重量，g；N_s 为小丛油蒿的丛数，丛；A 为样地面积，25m^2。

2. 植被碳密度

无论是同一植株的不同组分之间还是不同植株的同一组分之间的碳含量存在一定差异，每个植株各器官碳含量的算术平均值不能代表由该植株组成的碳含量，应根据各器官生物量的权重来计算该植株类型平均碳含量，具体计算公式为：

$$C = (C_1\%W_1 + C_2\%W_2 + C_3\%W_3 + C_4\%W_4 + C_5\%W_5 + C_6\%W_6)/W_7 \tag{5-5}$$

式中，C%为油蒿平均碳含量；C_1%、C_2%、C_3%、C_4%、C_5%、C_6%分别为油蒿老枝、新枝、叶、果、粗根、细根的平均碳含量；W_1、W_2、W_3、W_4、W_5、W_6、W_7分别为油蒿老枝、新叶、叶、果、粗根、细根的生物量(g/m^2)及总生物量(g/m^2)。植株碳含量乘以单位面积生物量，即得出活体植株碳密度。用测得的立枯物和凋落物碳含量，乘以立枯物和凋落物生物量，计算出立枯物和凋落物碳密度。

3. 土壤有机碳密度

土壤有机碳密度是指单位面积一定深度的土层中土壤有机碳的储量，由于排除了面积因素的影响而以土体体积为基础来计算，土壤碳密度已成为评价和衡量土壤中有机碳储量的一个极其重要的指标(解宪丽等，2004)。

某一土层 i 的有机碳密度 SOC_i(kg/m^2)计算公式如下(Post, *et al.*, 1982；Batjes, 1996；Rodriguez，2001；Schwartz and Namri，2002)：

$$SOC_i = C_i D_i E_i (1-G_i)/10 \tag{5-6}$$

式中，C_i为土壤有机碳含量(%)，D_i为容重(g/cm^3)；E_i为土层厚度(cm)；G_i为大于 2mm 的石砾所占的体积百分比(%)。本研究中土壤为风沙土，G_i=0，所以公式(1)可以简化为：

$$SOC_i = C_i D_i E_i/10 \tag{5-7}$$

如果某一土体的剖面由 k 层组成，那么该剖面的有机碳密度 SOC_t 的计算公式为:

$$SOC_t=\sum_{i=1}^{k} SOC_i \tag{5-8}$$

(五)土壤碳通量测定

1. 不同围封演替阶段油蒿草场土壤碳通量

测定时间：2010 年。

采用开放式动态气室法进行测定，使用的仪器为 LC Pro+型土壤碳通量测定仪。

5 月、7 月和 9 月下旬，对围封保护固定沙地、围封保护半固定沙地和围封保护流动沙地土壤 CO_2 的昼夜排放通量进行测定。每个沙地内设 3 个呼吸环(间隔大于 10m)，在第一次测定时，提前 1 天将测定呼吸环嵌入土壤中。经过 24h 的平衡后，内部的土壤接近于自然状态，土壤碳通量速率也会恢复到呼吸环放置前的水平，从而避免了由于安置气室对土壤扰动而造成的短期内呼吸速率的波动。从 8:00 至次日的 6:00，每间隔 2 个小时测定一次土壤碳通量速率，重复测定 6 次。同时用地温测定仪测定 5cm、10cm、20cm 土壤温度；在呼吸环最近处取 0~5cm、5~10cm、10~20cm 土层测量土壤含水量。地下生物量取呼吸环正下方 30cm×30cm×20cm 土体中的所有活体根系，洗去尘土，置于烘箱 65℃烘干至恒重，称量干重。

2. 不同保护利用方式油蒿草场土壤碳通量

测定时间：2011 年。

分别在围封保护固定沙地样地、自由放牧固定沙地样地 6 个 5m×5m 灌木样方内，各选择 1 个地势平坦、植物长势均匀的地段作为长期监测点，即每个样地共设 6 个监测点，每个监测点之间的距离不小于 20m。5 月开始测量前 1 天，将土壤 PVC 环(直径 20cm，高 11cm)嵌入土壤中约 8cm，经 24h 平衡后准备测量。土壤碳通量的测定从 5 月开始至 10 月结束，每月中下旬使用土壤碳通量自动测量系统 LI-8100(LI-COR，Lin-coln，NE，USA)进行的测定，要求测量必须在晴天进行(若碰上降水，则选择在雨停暴晒 1、2 天后的晴天进行)。

(1)24h 内日动态测定

每月中下旬在每个试验样地进行 1 次 24h 日动态测定，测定时间从早 8:00 至次日 8:00，每隔 2h 测定 1 次。每次测量前 10min 预热仪器，整点准时开始测量，每个监测点测量 1 次，每次 5min，每个样地同一时间段共测定 6 次，加上机器预热时间，共需 50min。24h 内土壤碳通量平均值记为该月 24h 内的平均土壤碳通量。

(2)12h 内对比测定

6~10 月，每月中下旬分别对围封保护样地、自由放牧样地进行 1 次 12h 土壤碳通量测定，测定时间从 8:00~20:00，每隔 2h 测定 1 次。为减少时间所造成的差异，每个样地测 2 个监测点(固定样点)，每个监测点测量 2 次。

(3)12h 内平均日动态

6~10 月，对每个样地的 2 个固定样点进行 1 次 24h 日动态和 2 次 12h 对比测定，相当于每个月对每个样地的 2 个固定样点进行了 3 次 12h 日动态测定，把每个月 3 次 12h 日动态的平均值作为该月 12h 内平均日动态。因 5 月未进行不同样地组合间的对比测定，取 24h 昼夜动态中 8:00~20:00 的土壤碳通量(6 个不同监测点)作为 5 月 12h 内的平均日动态。

(4)温度和土壤含水量测定

在测定土壤碳通量的同时，使用 LI-8100 自带的土壤温度和土壤体积含水量探头同步测定 0~10cm 土壤温度和 0~5cm 土壤体积含水量。

3. 不同放牧梯度土壤呼吸研究

于 2012 年 7 月 23 日和 10 月 22 日，分别对各样地土壤呼吸白昼动态(后简称日动态)变化进行了测定。每一样地选取具有代表性的样点 3 个，即 3 次重复，每个样点再重复测定 3 次。土壤呼吸测定方法为动态密闭气室法，使用仪器为 LICOR-6400 光合仪配备 LI-6400-09 土壤呼吸室。测定频率 7 月份为早 10:00~20:00，10 月份为早 10:00~20:00，每间隔 2h 测定一次。日均呼吸速率为所有时间点测定值的平均值。

4. 不同植被类型土壤呼吸的动态特征研究

在每类型样地中预先均匀安置 3 个测定基座，每次测量前一天，去除测定基座中的凋落物部分以及新鲜的植物苗体。在 2012 年 5 月、7 月和 9 月，选择天气晴朗、无降水影响的天气，从 8:00 开始至次日 6:00，利用 LI-6400 进行土壤呼吸测定，同时使用 LI-6400 土壤温度探头测定地下 5cm 土壤温度。土壤有机碳的含量采用重铬酸钾外加热容量法测定。

（六）气象因子测定

气象数据由 Dynamet 型自动气象站采集数据，每 1 个小时记录 1 次数据，包括大气温度、降水量、风向、风速、相对湿度等指标。

（七）油蒿群落冠层截获的光合有效辐射测定

冠层的光合有效辐射采用英国 Delta 公司生产的 Sunscan 冠层分析系统（Sunscan Canopy Analysis System）测定。冠层截获的光合有效辐射（IPAR）可用冠层上下光合有效辐射量之差计算：

$$IPAR = PAR - TPAR$$

式中，PAR 为冠层上部的总光合有效辐射，TPAR 为冠层底部的光合有效辐射。

在 2010 年 7、8、9 月，选择晴朗无风天，在流动、半固定、固定沙地上随机布设 50m 样线 3 条，每条样线每隔 5m 测定一次（周勋波等，2010；任安芝等，2001）。于上午 9:00~11:00、下午 13:00~15:00，用 Sunscan 冠层分析仪测定植株基部至顶部每隔 10cm 光合有效辐射值及冠层顶部入射的光合有效辐射，每次重复读数 3 次，取平均值。

四、主要分析统计方法

应用 Microsoft Excel 2003 对植物生物量、植被碳密度、土壤碳密度、土壤碳通量等数值计算和曲线图绘制。使用 SPSS13.0 软件进行数据的统计分析，运用单因素方差分析进行不同样地植物生物量、植被碳密度、土壤碳密度、土壤碳通量的比较分析；利用配对样本 t 检验对不同样地组合在同一时间段内的土壤碳通量进行差异性检验；通过 Pearson 相关分析确定土壤碳通量的影响因子，采用逐步回归模型模拟土壤碳通量与环境影响因子的关系；不同植被类型土壤微生物量碳及土壤呼吸的动态特征研究中应用 DPS 系统软件进行方差分析、相关分析和通径分析。

第三节　研 究 结 果

一、不同保护利用方式对植被-土壤系统碳密度的影响

从植物群落物种组成的情况来看（表 5-3），围封保护样地与自由放牧样地共有植物 33 种，都是适应沙地环境的旱生、中生植物。群落结构比较单一，只有灌木层和草本层。其中，种类最多的科有藜科（8 种）、菊科（5 种）、豆科（5 种）和禾本科（4 种），共计 22 种，占总种数的 2/3，其他植物共占总种数的 1/3。因围封保护样地、自由放牧样地均源于典型固定沙地油蒿群落，故两个样地物种组成的相似度较高。利用相似性公式：

$$K_{jaccard}=C/A+B-C$$

式中，$K_{jaccard}$为相似系数，A 为一种样地植物群落种数，B 为另一种样地植物群落种数，C 为两个植物群落共有种数。计算得出两个样地间的相似系数为 0.56。围封保护样地与自由放牧样地以油蒿为建群种，分为灌木层和草本层，灌木层中以油蒿、白沙蒿和小叶锦鸡儿为主，草本层以一年生、一二年生和多年生藜科、豆科、禾本科植物为主。

围封保护样地共有植物 26 种，占总种数的 78.79%。灌木种类有油蒿、白沙蒿和小叶锦鸡儿共 3 种；草本植物共 23 种，占围封保护样地总种数的 88.46%，其中藜科 8 种，菊科 5 种，豆科 4 种，禾本科 2 种、萝藦科 2 种、大戟科 1 种、唇形科 1 种、紫葳科 1 种、旋花科 1 种、蒺藜科 1 种。

自由放牧样地共有植物 28 种，占总种数的 84.85%，灌木种类有油蒿、白沙蒿和小叶锦鸡儿共 3 种；草本种类共 25 种，占自由放牧样地总种数的 89.29%，其中藜科 8 种，菊科 5 种，豆科 4 种、禾本科 4 种、萝藦科 3 种，大戟科 1 种、唇形科 1 种、紫草科 1 种、旋花科 1 种。放牧使群落中禾本科植物种类增加，但却降低了植物群落盖度，减少了生态系统生产力。

表 5-3 植物群落物种特征

物种名	拉丁名	科	水分生态型	生活型	群落分布
雾冰藜	*Bassia dasyphylla*	藜科	旱生	一年生草本	Ⅰ Ⅱ
猪毛菜	*Salsola collina*	藜科	旱中生	一年生草本	Ⅰ Ⅱ
刺沙蓬	*Salsola pestifer*	藜科	旱中生	一年生草本	Ⅰ Ⅱ
绳虫实	*Corispermum declinatum*	藜科	中生	一年生草本	Ⅰ Ⅱ
宽翅虫实	*Corispermum platypterum*	藜科	中生	一年生草本	Ⅰ Ⅱ
蒙古虫实	*Corispermum mongolicum*	藜科	中生	一年生草本	Ⅰ Ⅱ
灰绿藜	*Chenopodium glaucum*	藜科	中生	一年生草本	Ⅰ Ⅱ
刺藜	*Chenopodium aristatum*	藜科	中生	一年生草本	Ⅰ Ⅱ
达乌里胡枝子	*Lespedeza davurica*	豆科	中旱生	多年生草本	Ⅰ Ⅱ
草木樨状黄芪	*Astragalus melilotoides*	豆科	中旱生	多年生草本	Ⅰ Ⅱ
小叶锦鸡儿	*Caragana microphylla*	豆科	旱生	灌木	Ⅰ Ⅱ
苦豆子	*Sophora alopecuroides*	豆科	旱生	多年生草本	Ⅰ Ⅱ
蒺藜	*Tribulus terrestris*	蒺藜科	中生	一年生草本	Ⅰ
地锦	*Euphorbia humifusa*	大戟科	中生	一年生草本	Ⅰ
乳浆大戟	*Euphorbia esula*	大戟科	中生	多年生草本	Ⅱ
牛心朴子	*Cynanchum komarovii*	萝藦科	旱生	多年生草本	Ⅰ Ⅱ
鹅绒藤	*Cynanchum chinanse*	萝藦科	中生	多年生草本	Ⅱ
地梢瓜	*Cynanchum. thesioides*	萝藦科	旱生	多年生草本	Ⅰ Ⅱ

续表

物种名	拉丁名	科	水分生态型	生活型	群落分布
田旋花	*Convolvulus arvensis*	旋花科	中生	多年生草本	Ⅰ Ⅱ
鹤虱	*Lappula myosotis*	紫草科	旱中生	一二年生草本	Ⅱ
香青兰	*Dracocephalum moldavica*	唇形科	中生	一年生草本	Ⅰ Ⅱ
角蒿	*Incarvillea sinensis*	紫葳科	中生	一年生草本	Ⅰ
黑沙蒿(油蒿)	*Artemisia ordosica*	菊科	旱生	半灌木	Ⅰ Ⅱ
糜蒿	*Artemisia blephareolepis*	菊科	旱中生	一年生草本	Ⅰ Ⅱ
白沙蒿	*Artemisia sphaerocephala*	菊科	旱生	半灌木	Ⅰ Ⅱ
丝叶山苦荬	*Ixeris chinensis*	菊科	中旱生	多年生草本	Ⅰ Ⅱ
乳苣	*Mulgedium tataricum*	菊科	中生	多年生草本	Ⅰ Ⅱ
狗尾草	*Setaria viridis*	禾本科	中生	一年生草本	Ⅰ Ⅱ
画眉草	*Eragrostis pilosa*	禾本科	中生	一年生草本	Ⅰ Ⅱ
短花针茅	*Stipa breviflora*	禾本科	旱生	多年生草本	Ⅱ
沙芦草	*Agropyron mongolicum*				Ⅱ

注：Ⅰ为围封保护样地；Ⅱ为自由放牧样地。

(一)不同保护利用方式下生物量特征

生物量是指一个有机体或群落在一定时间内积累的有机质总量，是度量个体、种群的大小以及个体、种群在群落中的地位和作用的指标，同时也是反映群落或生态系统功能强弱的重要指标(Odum，1971)，其直接反映了生态系统生产者的物质生产量，是生态系统生产力的重要体现(张峰等，1993)，生物量和生产力是研究生态系统碳储量的基础数据。

1. 不同保护利用方式油蒿群落地上生物量

由图 5-3 可以看出，围封保护样地和自由放牧样地油蒿群落地上生物量季节动态呈双峰型。5 月，水分条件为生长季最好(图 5-4)，但温度较低，两个样地油蒿群落地上生物量处于较低水平；6 月，两个样地地上生物量均出现一个微弱的小峰，由于受土壤水分较低的影响，两个样地地上生物量增幅不大；在植物生长旺盛的 7 月，高温低湿的环境条件，使得两个样地地上生物量较 6 月大幅下降，尤其是自由放牧样地生物量降到季节最小值；8 月，土壤含水量增大，自由放牧样地地上生物量大幅增加，达到季节最大值，而围封保护样地地上生物量降到季节最低值，分析原因是围封保护样地油蒿地上生物量占群落总地上生物量 83.10%(表 5-4)，所以群落生物量大小由油蒿种群生物量大小决定，而油蒿在 7 月干旱条件下，光合作用受到抑制，光合产物积累减少，导致 8 月生物量出现最小值，而自由放牧样地油蒿地上生物量只占群落总地上生物量的 61.74%，群落生物量由油蒿和草本层共同决定，草本层生物量通常在 8 月达到最大，加上 8 月较好的水分条件，因此自由放牧样地地上生物量最大值出现在 8 月；9 月，自由放牧样地大多数草本层植物枯萎，造成地上生物量骤降，围封保护样地受益于 8 月相对较高的土壤含水量，油蒿光合产物积累增加，使得地上生物量在 9 月达到最大值；10 月，温度降到生长季最低，油蒿生长减缓，并逐渐枯黄，地上生物量减小。

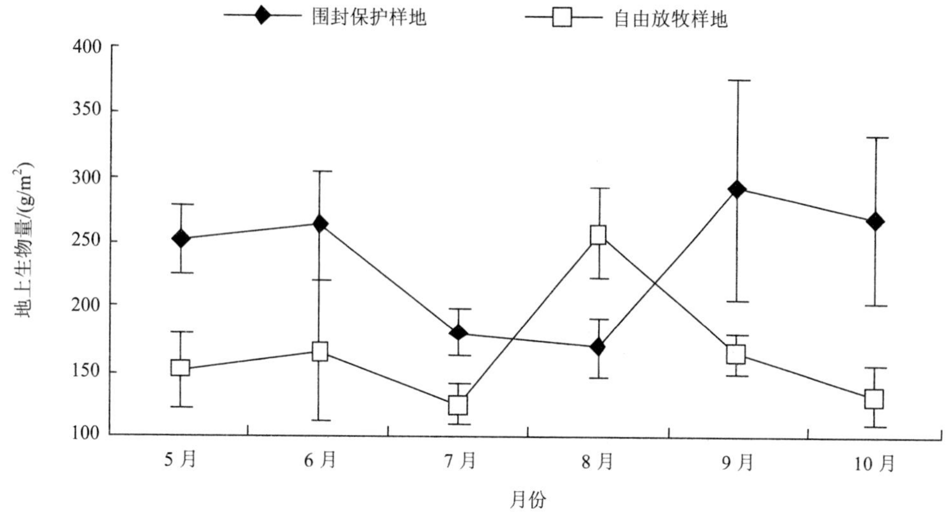

图 5-3　不同保护利用方式油蒿群落地上生物量

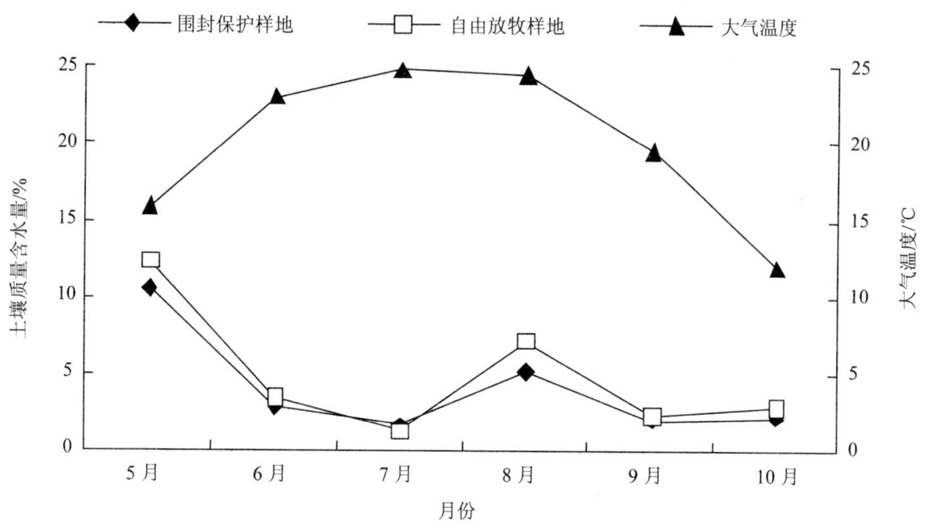

图 5-4　生长季大气温度和土壤体积含水量变化

5 月、7 月、9 月和 10 月围封保护样地地上生物量显著大于自由放牧样地，8 月自由放牧样地显著大于围封保护样地，6 月两个样地差异不显著。两个样地地上生物量生长季均值为：围封保护样地（$237.40\pm50.49g/m^2$）极显著大于自由放牧样地（$165.96\pm47.55g/m^2$）（$P<0.01$）。自由放牧不仅导致油蒿草场地上总生物量降低，也使得油蒿地上生物量占地上总生物量的比例减小。

表 5-4　不同保护利用方式下生长季油蒿地上生物量占群落总地上生物量的比例（单位：%）

	5 月	6 月	7 月	8 月	9 月	10 月	平均值
围封保护样地	90.15±1.05	88.73±1.72	86.9±1.44	81.92±2.30	80.71±6.78	70.16±5.09	83.10±7.35
自由放牧样地	69.98±0.09	55.69±0.12	65.89±0.02	66.21±0.06	53.42±0.03	59.26±0.05	61.74±6.59

2. 不同保护利用方式油蒿群落地下生物量

围封保护样地地下生物量从 5 月到 8 月一直在下降（图 5-5），9 月出现小幅增加，10 月又降低；自由放牧样地地下生物量从 5 月到 7 月处于下降状态，8 月大幅增加，达到季节最大值，9 月地下生物量骤降，10 月又有小幅增长。围封保护样地地下生物量最大值出现在 5 月，最小值出现时间与地上生物量最小值出现时间一致；自由放牧样地地下生物量与地上生物量最大值、最小值出现时间相同。

7 月、9 月围封保护样地地下生物量显著大于自由放牧样地，其余月份两个样地差异不显著。两个样地地下生物量生长季均值为围封保护样地（113.36±34.22g/m^2）显著大于自由放牧样地（73.37±27.35g/m^2）（P<0.05）。围封保护样地油蒿地下生物量占群落总地下生物量 98.71%，自由放牧样地油蒿地下生物量占群落总地下生物量 89.94%（表 5-5）。自由放牧不仅导致油蒿草场地下总生物量降低，也使得油蒿地下生物量占地下总生物量的比例减小。

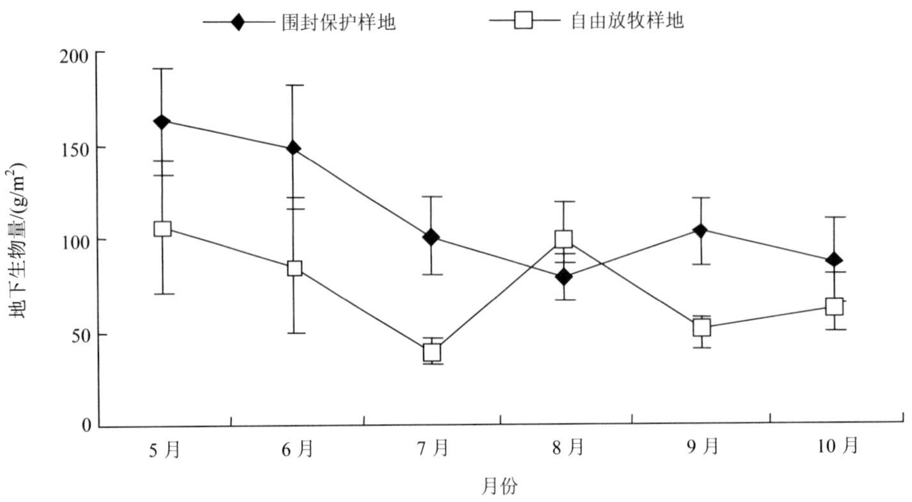

图 5-5　不同保护利用方式油蒿群落地下生物量

表 5-5　不同保护利用方式下生长季油蒿地下生物量占群落总地下生物量的比例（单位：%）

	5 月	6 月	7 月	8 月	9 月	10 月	平均值
围封保护样地	99.7±0.05	99.2±0.16	97.98±0.39	97.69±0.39	98.29±0.59	100±0.00	98.71±0.96
自由放牧样地	96.57±0.01	87.53±0.07	86.91±0.03	90.84±0.02	85.49±0.02	92.32±0.03	89.94±4.13

3. 不同围封演替阶段油蒿群落凋落物生物量

围封保护样地和自由放牧样地凋落物生物量季节动态呈双峰曲线(图 5-6)，围封保护样地曲线较平缓，自由放牧样地曲线起伏较大。两个样地峰值均出现在 7 月和 10 月。凋落物生物量通常在生长季末期(10 月)出现峰值。而本项研究中在植物生长旺期(7 月)出现一个小的峰值，分析其原因是 7 月环境条件呈现出高温低湿的特点，植物在干旱条件下出现萎蔫甚至死亡现象，导致凋落物生物量增加。生长季，自由放牧样地凋落物生物量(243.72±76.68)均值显著大于围封保护样地(181.11±19.43) ($P<0.05$)。

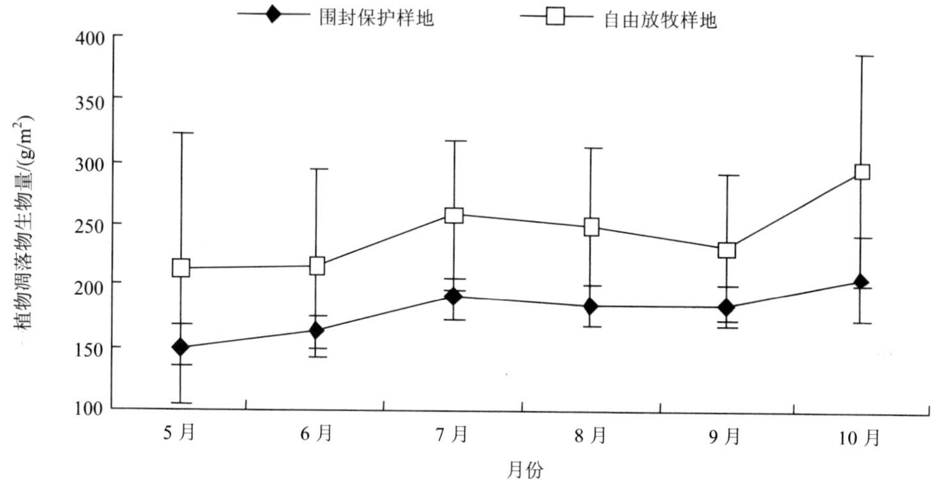

图 5-6　不同保护利用方式油蒿群落凋落物生物量

(二)不同保护利用方式植物碳密度

1. 不同保护利用方式油蒿群落植物碳含量

围封保护样地和自由放牧样地植被盖度分别为 60%和 45%，均为固定沙地，所以两个样地统一采用固定沙地油蒿各器官碳含量来计算植物碳密度。本项研究采样时间为 8 月，无立枯物只有凋落物，所以枯落物层只用凋落物碳含量和生物量来计算碳密度。油蒿各器官碳含量、草本层主要植物碳含量及凋落物碳含量见表 5-6。

表 5-6　围封保护样地和自由放牧样地油蒿各器官、草本层主要植物碳含量及凋落物碳含量(单位：%)

		油蒿	丝叶山苦荬	虫实	刺沙蓬	雾冰藜	小画眉草	狗尾草	尖头叶藜	苦豆子
地上部分	老枝	40.34	30.12	37.47	30.52	38.50	32.45	34.67	35.06	52.39
	新枝	44.44								
	叶	46.76								
	果	46.97								
地下部分	粗根	41.72	32.52	37.38	38.63	37.20	39.42	39.47	32.23	47.05
	细根	30.47								
凋落物		37.86								

2. 不同保护利用方式油蒿群落植物碳密度

由围封保护样地和自由放牧样地地上生物量、地下生物量、凋落物生物量及植物碳含量计算得出不同保护利用方式油蒿草场植物碳密度。由图 5-7 可以看出，两个样地油蒿草场植物碳密度季节动态与地上生物量季节动态(图 5-3)一致。8 月，自由放牧样地油蒿草场植物碳密度显著大于围封保护样地，其他月份差异不显著。两个样地油蒿群落植物碳密度生长季平均值差异不显著(P>0.05)，分别为：围封保护样地 211.99±25.48g/m^2、自由放牧样地 191.37±26.70g/m^2。

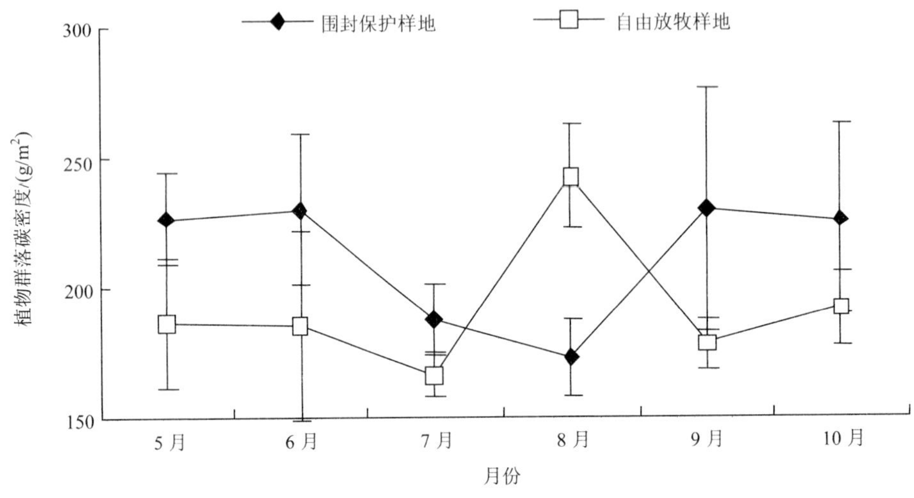

图 5-7　不同保护利用方式油蒿群落植物碳密度

(三)不同保护利用方式土壤有机碳密度

由公式 5-6、公式 5-7 和表 5-7 中的数据计算得出围封保护样地和自由放牧样地 70cm 深度土壤有机碳密度分别为 2.08±0.41kg/m^2、2.49±0.36kg/m^2，两个样地间差异不显著(P>0.05)。

表 5-7　不同保护利用方式油蒿草场土壤容重、土壤有机质、土壤有机碳含量

土层/cm	土壤容重/(g/cm^3)		土壤有机质/(g/kg)		土壤有机碳/(g/kg)	
	围封保护样地	自由放牧样地	围封保护样地	自由放牧样地	围封保护样地	自由放牧样地
0~5	1.50±0.02	1.50±0.01	5.36±0.45	5.87±0.94	3.11±0.26	3.40±0.55
5~10	1.64±0.05	1.52±0.04	4.55±0.36	5.44±0.84	2.64±0.21	3.16±0.49
10~20	1.55±0.19	1.52±0.10	4.26±0.37	4.75±2.13	2.47±0.21	2.76±1.24
20~30	1.60±0.05	1.51±0.06	2.93±1.45	3.94±1.21	1.70±0.84	2.29±0.70
30~50	1.56±0.03	1.53±0.01	2.42±0.25	3.36±0.66	1.40±0.21	1.95±0.58
50~70	1.50±0.05	1.50±0.03	3.12±0.54	3.65±0.91	1.81±0.19	2.12±0.26
平均值	1.56±0.06	1.51±0.01	3.77±1.12	4.50±1.02	2.18±0.65	2.61±0.59

(四)不同保护利用方式植物-土壤系统碳密度

表 5-8 可以看出，围封保护样地和自由放牧样地油蒿草场土壤碳密度占植物-土壤系统碳密度的 91%、93%，可见，油蒿草场 90%以上的碳储存于土壤中。围封保护样地植物碳密度大于自由放牧样地，土壤碳密度却小于自由放牧样地，但差异均不显著。围封保护油蒿草场碳密度为 2.30kg/m^2，自由放牧油蒿草场碳密度为 2.69kg/m^2，自由放牧对油蒿草场碳密度影响不大。

表 5-8 不同围封演替阶段植物-土壤系统碳密度(单位：kg/m^2)

	围封保护样地	自由放牧样地
植物碳密度	0.22	0.19
土壤碳密度	2.08	2.49
总计	2.30	2.68

二、不同围封演替阶段碳密度研究

(一)不同围封演替阶段生物量特征

1. 不同围封演替阶段油蒿群落地上生物量

油蒿群落为单优群落，根据油蒿生物量占总生物量比例(表 5-9)，可知固定沙地油蒿生物量占总生物量 94.22%，半固定沙地油蒿生物量占总生物量 96.43%，流动沙地油蒿生物量占总生物量 61.06%。所以，在本研究中，以油蒿种群生物量来代表油蒿群落的生物量。

表 5-9 不同围封演替阶段油蒿地上生物量占群落总生物量的比例(单位：%)

月份	固定沙地	半固定沙地	流动沙地
7 月	98.69	95.76	61.67
8 月	97.91	97.21	58.80
9 月	86.05	96.31	52.71
平均值	94.22	96.43	61.06

不同围封演替阶段油蒿群落地上生物量出现明显的季节动态。7 月，气温高，降水量低(表 5-10)，流动沙地、半固定沙地、固定沙地生物量均比较低(表 5-11)。8 月，气温较 7 月低，降水量小幅增加，一年生草本植物繁盛，固定沙地地上生物量增加明显，达到最大值，半固定沙地和流动沙地地上生物量变化不大。9 月，降水量充沛，但部分一年生草本植物完成生活史开始死亡，固定沙地生物量明显降低，流动沙地生物量较 8 月有所增加，半固定沙地水分、养分和空间条件较好，油蒿有持续生长空间，一年生

草本植物所占比重小，对生物量变化影响小，所以其地上生物量在 9 月达到最大。总体来看，不同围封演替阶段植物群落地上总生物量排序为：固定沙地>半固定沙地>流动沙地。

表 5-10 气象因子变化

月份	大气温度/℃	大气相对湿度/%	降水量/mm
7 月	23.45	46.91	12.19
8 月	20.51	58.85	19.81
9 月	16.18	65.42	43.69

表 5-11 不同围封演替阶段油蒿群落地上生物量(单位：g/m^2)

月份	固定沙地	半固定沙地	流动沙地
7 月	88.13±18.07c	49.19±42.09b	12.14±3.82a
8 月	211.49±84.44a	62.44±48.14b	10.54±4.94a
9 月	159.00±86.18b	131.25±54.82a	15.07±10.51a

注：不同字母表示同一样地油蒿群落生物量不同月份差异显著($P<0.05$)。

由表 5-12 可以看出，固定沙地油蒿老枝生物量 8 月显著大于 7 月和 9 月($P<0.05$)，7 月与 9 月差异不显著($P>0.05$)；新枝生物量 9 月显著大于 7 月和 8 月($P<0.05$)，7 月与 8 月差异不显著($P>0.05$)；叶生物量 8 月最大，9 月次之，7 月最小，月份间差异显著($P<0.05$)；果生物量 9 月显著大于 7 月和 8 月($P<0.05$)，7 月与 8 月生物量差异不显著($P>0.05$)。固定沙地油蒿叶生物量、老枝生物量与总生物量最大值出现时间一致。在生长季内，9 月油蒿生殖生长达到顶峰，所以油蒿果的生物量达到生长季最大。总体来看，固定沙地油蒿各器官生物量大小排序是：老枝>叶>新枝>果。

表 5-12 固定沙地油蒿各器官生物量月动态(单位：g/m^2)

月份	老枝	新枝	叶	果
7 月	58.38±10.07b	10.06±5.27b	16.79±6.48b	2.91±2.34b
8 月	133.39±25.10a	14.33±12.35b	62.23±20.31a	1.54±2.36b
9 月	61.61±26.24b	40.96±13.17a	43.40±9.07ab	13.01±4.97a

注：右上角不同字母表示同一油蒿植株器官不同月份差异显著($P<0.05$)。

半固定沙地油蒿各器官生物量动态见表 5-13。半固定沙地油蒿老枝生物量 7 月、8 月、9 月差异不显著($P>0.05$)；新枝生物量，9 月最大，8 月次之，7 月最小，月份间差异显著($P<0.05$)；叶生物量 9 月显著大于 7 月和 8 月($P<0.05$)；果生物量月份间差异不显著($P>0.05$)。半固定沙地新枝生物量和叶生物量与总生物量最大值出现时间一致。总体来看，半固定沙地油蒿各器官生物量大小排序与固定沙地相同，即老枝>叶>新枝>果。

表 5-13　半固定沙地油蒿各器官生物量月动态(单位：g/m^2)

月份	老枝	新枝	叶	果
7 月	34.40±5.65a	2.66±1.80c	8.82±5.34b	2.52±2.22a
8 月	36.83±3.55a	7.22±3.77b	12.77±4.59b	5.61±4.36a
9 月	66.96±24.54a	21.91±9.40a	38.21±19.21a	4.16±3.60a

注：右上角不同字母表示同一油蒿植株器官不同月份差异显著($P<0.05$)。

流动沙地油蒿老枝、新枝、叶、果生物量，月份间差异均不显著($P>0.05$)；流动沙地在 7 月各器官生物量排序是：老枝>叶>果>新枝，8 月、9 月各器官生物量排序是：老枝>叶>新枝>果(表 5-14)。

表 5-14　流动沙地油蒿各器官生物量月动态(单位：g/m^2)

月份	老枝	新枝	叶	果
7 月	5.07±4.83a	0.94±0.76a	2.65±2.17a	1.06±0.84a
8 月	5.28±6.28a	0.38±0.40a	0.74±0.77a	0.80±0.41a
9 月	4.80±8.11a	0.87±1.50a	1.05±1.79a	0.50±0.32a

注：右上角不同字母表示同一油蒿植株器官不同月份差异显著($P<0.05$)。

2. 不同围封演替阶段油蒿群落地下生物量

根系的生长和周转也是碳蓄积的主要过程之一，根系通过周转固定的碳与地上部分所固定的碳处于同一数量级上。同时，植物的地下根系还具有储藏营养物质、供给营养和水分、调节植物的生长发育、支持植物的躯体等基本功能，对于地上生物量的形成乃至对整个植物的生长发育都起着重要的作用，是沙地生态系统物质循环和能量流动不可缺少的环节。研究不同围封演替阶段油蒿群落地下生物量，对沙地植物群落的生产力和生态稳定性具有指导意义。根系是植被吸收水分和养分的器官，其形态和分布直接反映出植被对立地条件的利用状况，对植被生长具有决定作用。在沙地环境中，水分竞争激烈，是限制植物生存的主要因子，植物根系生长分布决定植物吸收水分的能力及生存能力。同时，根系生长过程中的分泌物及枯落物和死亡根系腐烂分解形成的腐殖质，提高了土壤有机质的含量，使土壤形成良好的结构体。

不同围封演替阶段植物群落地下生物量动态：固定沙地地下生物量变化呈浅“V”型，半固定沙地地下生物量变化呈深“V”型，流动沙地地下生物量变化不大，8 月是植物生长旺季，不同沙地类型油蒿地下生物量都有下降趋势，油蒿生长重心以地上部分为主，地上部分保持较大生物量，还未转入到地下，导致 8 月地下生物量减小，到 9 月以后植物生长重心向地下转移，固定沙地、半固定沙地和流动沙地地下生物量达到生长季最大。总体分析三个沙地类型地下生物量总量为：固定沙地>半固定沙地>流动沙地(图 5-8)。

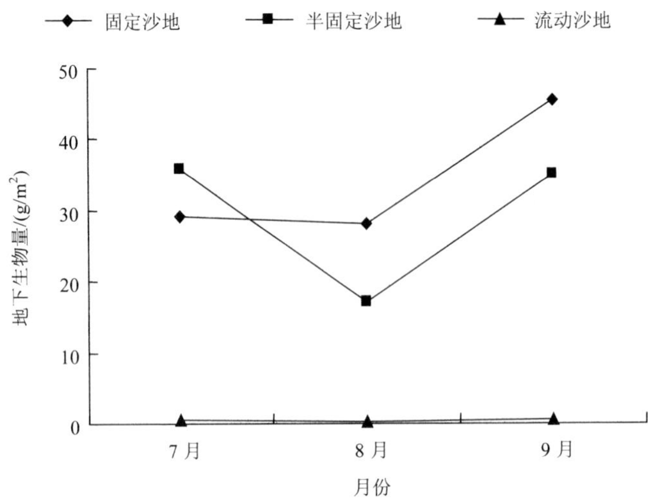

图 5-8　不同围封演替阶段油蒿群落地下生物量月动态

生长季油蒿地下生物量动态（表 5-15）：固定沙地粗根生物量 9 月显著大于 7 月和 8 月（$P<0.05$），细根生物量月份间差异不显著（$P>0.05$）。半固定沙地粗根 9 月与 8 月生物量差异不显著（$P>0.05$），与 8 月生物量呈显著差异（$P<0.05$），细根 7 月与 8 月、9 月生物量呈显著差异（$P<0.05$），半固定沙地地上生物量在 9 月达到最大值，粗根生物量同地上生物量变化趋势一致，细根最大值出现在 7 月，7 月生长季开始，根系生长活跃，细根生物量达到最大。流动沙地粗根和细根在 7 月、8 月、9 月生物量都差异不显著（$P>0.05$），流动沙地地下生物量变化同地上生物量变化趋势一致，同样受到环境限制，生长的根系很容易受到沙埋或风蚀影响导致根系裸露，生存环境恶劣，地上、地下生物量较小且变化大。

表 5-15　不同围封演替阶段油蒿地下生物量（单位：g/m^2）

	固定沙地		半固定沙地		流动沙地	
	粗根	细根	粗根	细根	粗根	细根
7 月	25.45±23.81b	3.80±1.85a	30.83±30.80ab	4.94±4.48a	0.36±0.26a	0.28 ±0.18a
8 月	24.71±32.26b	3.32±2.87a	16.27±15.76b	0.88±0.31b	0.26 ±0.26a	0.13±0.06a
9 月	42.11±44.91a	3.28 ±2.41a	33.49±29.91a	1.45±0.80a	0.30±0.25a	0.12±0.12a

注：右上角不同字母表示油蒿根系不同月份差异显著（$P<0.05$）。

3. 不同围封演替阶段油蒿群落立枯物和凋落物生物量

立枯物是指绿色植物在生长期结束后仍直立于地上枯黄的植物。它们不再进行光合作用，除少量分解外，部分营养物质向地下转移，储存于根部，为来年植物生长提供养分来源。因此，立枯物中的营养成分均有所降低。凋落物是指地上植物干枯植物落于地表或有一些经风吹雨打、牲畜践踏脱落于地表的植物形成凋落物。凋落物生物量具有明显的季节波动，它的积累与分解直接影响碳素向土壤的归还动态（李玉强等，2001）。

不同围封演替阶段油蒿群落立枯物生物量排序同地上生物量总量相同，即固定沙地>半固定沙地>流动沙地，样地间差异显著（$P<0.05$）（表 5-16）。在流动沙地立枯物受到风蚀沙埋影响较严重，立枯物在地表固定停留时间短，所以立枯物生物量很小；半固定沙地立枯物分布不均匀，现场收集时可以看到大株油蒿立枯物，但是总体生物量小；固定沙地植物密度大，立枯物在地表停留时间长，生物量大。

不同围封演替阶段油蒿群落凋落物生物量表现为：固定沙地显著大于半固定沙地和流动沙地（$P<0.05$），半固定沙地与流动沙地凋落物生物量差异不显著（$P>0.05$）（表 5-14）。固定沙地油蒿地上生物量最大，对应凋落物生物量也最大，半固定沙地凋落物和流动沙地凋落物主要受到环境影响，凋落物在地表停留时间短暂，在风的作用下，会在沙丘的低处聚集分解。

表 5-16　不同围封演替阶段油蒿群落立枯物、凋落物生物量（单位：g/m^2）

	固定沙地	半固定沙地	流动沙地
立枯物	23.45±13.34a	10.72±18.20b	2.33±4.75c
凋落物	19.77±9.28a	3.59±11.17b	1.13±2.89b

注：右上角不同字母表示不同样地油蒿群落立枯物、凋落物差异显著（$P<0.05$）。

4. 不同围封演替阶段油蒿群落冠层光合有效辐射与地上生物量

油蒿群落冠层结构特征显著影响群落冠层截获光合有效辐射的能力及其光合作用的强度。前人研究表明，植物的光合产物和累积生物量与冠层截获光合有效辐射量（IPAR）有着密切的关系（李迪秦等，2009；林同保，2008），植物冠层截获光合有效辐射的量决定其固定 CO_2 的能力，显著影响植物的干物质积累（周勋波，2010），及生物量垂直结构的变化（冯丽，2009）。

（1）不同围封演替阶段油蒿群落冠层截获的光合有效辐射量

由图 5-9 可以看出，在距离地表 0~70cm 高度范围内，三个不同围封演替阶段油蒿群落冠层 IPAR 随着高度的增加而逐渐降低。在 0~30cm 之间，固定沙地、半固定沙地 IPAR 变化明显，30~70cm 变化幅度减小，流动沙地冠层 IPAR 变化幅度较小。固定沙地油蒿群落冠层 IPAR 最大值出现在 9 月，为 737.56μmol/(m^2•s)，在生长季 IPAR 不断增大；半固定沙地油蒿群落冠层 IPAR 最大值出现在 8 月，为 484.18μmol/(m^2•s)，在生长季 IPAR 缓慢上升；流动沙地油蒿群落冠层 IPAR 最大值出现在 7 月，为 169.52μmol/(m^2•s)，在生长季 IPAR 变化不明显（图 5-9）。在生长季内，7 月固定样地和半固定沙地 IPAR 平均值相近，8 月、9 月固定沙地 IPAR 大于半固定沙地，流动沙地 IPAR，一直处于较低水平（图 5-10）。

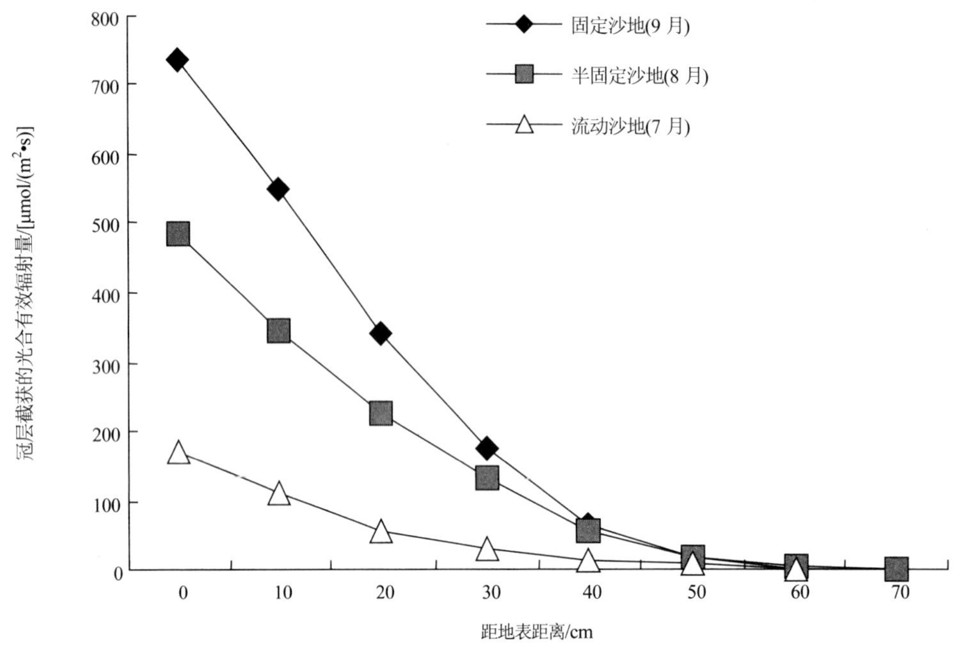

图 5-9　不同围封演替阶段油蒿群落冠层 IPAR 垂直空间变化

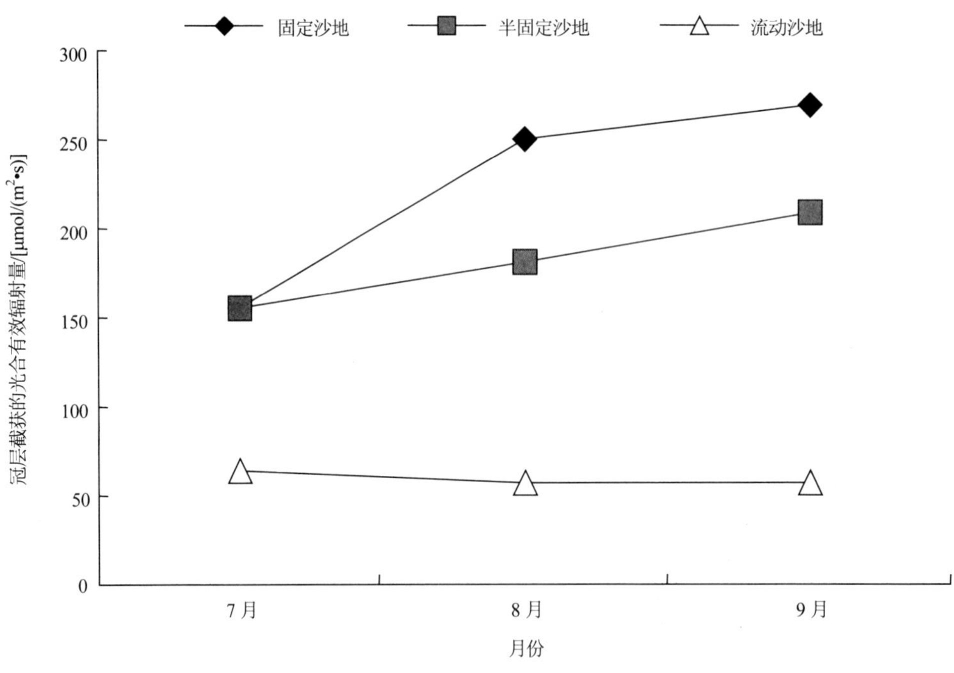

图 5-10　不同围封演替阶段油蒿群落冠层 IPAR 月变化

(2) 不同围封演替阶段油蒿群落冠层截获的光合有效辐射量与地上生物量的关系

不同围封演替阶段油蒿群落冠层 IPAR 与地上生物量呈显著正相关(表 5-17)。由

图 5-9 可知，三个样地油蒿 IPAR 值地表层最大，但是主要进行光合作用的器官叶分布在植株中间靠地表端，所以油蒿群落冠层光合有效辐射截获量较高层是在 0~10cm、10~20cm、20~30cm。在半固定沙地上，风沙对植物体的干扰比较大，这迫使植物个体通过聚集生活来抵御风沙的危害和提高存活机会，另一方面，在半固定沙地上由于土壤水分条件较好，降低了油蒿个体之间对土壤水分这种重要生存条件的竞争[7]，所以单个油蒿植株的干物质重量比固定沙地大，但是半固定沙地油蒿群落盖度小于固定沙地油蒿群落盖度，总体看半固定沙地油蒿群落冠层 IPAR 值小于固定沙地油蒿群落。在固定沙地上由于风沙危害相对微弱且土壤水分条件变差，油蒿个体对聚集生活的生态需求有所降低，同时水分竞争作用有所增强，所以比半固定沙地油蒿个体冠层 IPAR 整体变小。流动沙地生物量较小，冠层 IPAR 随着生物量的变化而变化。从流动沙地、半固定沙地到固定沙地，冠层截获的光合有效辐射增加，固碳量加大，固碳能力提高。

表 5-17　不同围封演替阶段油蒿群落 IPAR 与地上生物量相关性分析

月份	固定沙地	半固定沙地	流动沙地
7 月	0.989**	0.986**	0.901*
8 月	0.919**	0.948**	0.994**
9 月	0.986**	0.956**	0.941*

*表示在 0.05 水平显著相关，**表示在 0.01 水平显著相关

（二）不同围封演替阶段油蒿群落各组分碳含量

植被碳储量是指活体植物地上部分（枝、叶、果）、地下部分（粗根、细根）和立枯物、凋落物的总和，植物各组分含碳率不相同（孟蕾等，2010）。

1. 活体油蒿植株各组分碳含量

由表 5-18 可以看出，油蒿活体植株各器官碳含量排序为：果>叶>新枝>老枝>粗根>细根。叶和果的碳含量差距较小，枝的碳含量高于根。可以看出，植物的各个器官由于所占有的空间及自身生理特征的差异，使得各个器官间的碳含量差异较大。

根据计算公式 5-4 得出固定沙地、半固定沙地和流动沙地油蒿植株的碳含量排序为：半固定沙地>固定沙地>流动沙地。分析其原因是半固定沙地土壤养分和水分充足，单个油蒿植株体积较大，光合作用强，固碳率高，所以总体植株平均含碳量最大。固定沙地植物密度大，竞争激烈，单个油蒿植株体积比较半固定样地小，由于空间有限，光合作用相对较弱，固碳率低，所以总体植物平均含碳量低于半固定沙地。流动沙地环境恶劣，植物可以利用的营养物质水分有限，油蒿植株生长弱小，光合作用最弱，碳含量最低。

表 5-18　不同围封演替阶段油蒿各器官碳含量(单位：%)

	固定沙地	半固定沙地	流动沙地
老枝	40.34	43.04	40.13
新枝	44.44	46.72	40.57
叶	46.76	47.46	43.20
果	46.97	49.71	43.87
粗根	41.72	37.92	33.25
细根	30.47	27.41	28.39
加权平均值	54.04	59.30	47.65

2. 油蒿群落立枯物、凋落物碳含量

凋落物覆盖在地表，分解时受到微生物、土壤动物、气候和环境等生物因子和非生物因子的影响，分解速度、分解程度比立枯物高，所以立枯物碳含量>凋落物碳含量(见表 5-19)。油蒿群落立枯物碳含量表现为：固定沙地>半固定沙地>流动沙地。凋落物碳含量为：半固定沙地>流动沙地>固定沙地。由于固定沙地生物结皮发育良好，微生物较多，凋落物分解快，所以碳含量明显低于半固定沙地和流动沙地。

表 5-19　不同沙地类型油蒿群落立枯物、凋落物碳含量(单位：%)

	固定沙地	半固定沙地	流动沙地
立枯物	50.49	50.01	45.76
凋落物	37.86	44.76	40.78

(三)不同围封演替阶段植物碳密度

固定沙地、半固定沙地、流动沙地植物碳密度分别为 101.93g/m^2、54.83g/m^2、4.99g/m^2(表 5-20)。不同围封演替阶段油蒿群落碳密度排序为：固定沙地>半固定沙地>流动沙地。

表 5-20　不同围封演替阶段植物碳密度(单位：g/m^2)

	固定沙地	半固定沙地	流动沙地
活体植株	82.61	47.86	3.46
立枯物	11.84	5.36	1.07
凋落物	7.48	1.61	0.46
合计	101.93	54.83	4.99

（四）不同围封演替阶段土壤有机碳密度

土壤是陆地生态系统一切生命的载体。土壤有机碳（SOC）库约占整个陆地生态系统碳库的 2/3（Schlesinger，1990），是全球碳循环中最为重要的组成部分（Post *et al.*，1982）。0~50cm 土层集中了土壤剖面碳储量的 80%，主要原因是 0~50cm 深度内地表对土壤有机碳补给较大、植被根系分布较多、微生物比较活跃。

不同围封演替阶段土壤碳密度研究结果表明：固定沙地土壤有机碳含量随着土层深度的增加而减小。分析原因主要是固定沙地的浅层土壤混杂大量腐朽的枯枝落叶和根系残体，在植物生长周期中不断有凋落物和枯落物。随着时间的推移，在大气降水和风力的作用下，凋落物（或枯落物）向土壤下层推进沉积，并分解转化被植物所利用。所以，固定沙地的有机质含量高，并且上层含量丰富，随着深度的增加逐渐减小，有机碳的含量也会相应的下降。半固定样地 0~10cm 土壤有机碳含量明显大于 10~20cm、20~30cm、30~50cm 土层，但 10~20cm、20~30cm、30~50cm 土壤有机碳含量差异不大。半固定沙地 0~10cm 有少量的结皮分布，土壤受到地表的土壤有机碳补给。半固定沙地 0~10cm 有少量的结皮分布，土壤受到地表的土壤有机碳补给，碳含量较大，但由于处于半固定状态，土壤碳的积累时间短暂，深层土壤碳含量较小。流动沙地植被盖度低，土壤有机碳受植被影响小，不同土层土壤有机碳含量变化不大（图 5-11）。

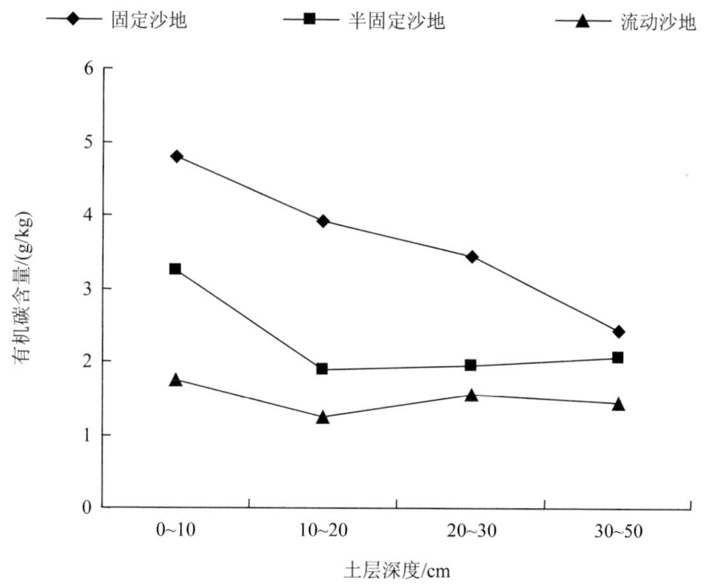

图 5-11　不同围封演替阶段土壤有机碳含量

根据计算公式得出：固定沙地土壤碳密度 2473.59±247.35g/m^2，半固定沙地土壤碳密度 1643.98±115.08g/m^2，流动沙地土壤碳密度 1121.35±168.20g/m^2（表 5-21）。

表 5-21　不同围封演替阶段土壤碳密度(单位：g/m^2)

	固定沙地	半固定沙地	流动沙地
土壤有机碳密度	2473.59±247.35	1643.98±115.08	1121.35±168.20

(五)不同围封演替阶段植物-土壤系统碳密度

表 5-22 可以看出，固定沙地、半固定沙地和流动沙地油蒿草场土壤碳密度占植物-土壤系统碳密度的 96%、97%、99%。可见，油蒿草场 90%以上的碳储存于土壤中，随着演替阶段的推进，植物-土壤系统碳密度增大。流动沙地、半固定沙地和固定沙地植物-土壤系统碳密度分别为 $1.13kg/m^2$、$1.70kg/m^2$ 和 $2.58kg/m^2$。

表 5-22　不同围封演替阶段植物-土壤系统碳密度

	固定沙地	半固定沙地	流动沙地
植物碳密度/(g/m^2)	101.93	54.83	4.99
土壤碳密度/(kg/m^2)	2.47	1.64	1.12
总计	2.58	1.70	1.13

三、不同保护利用方式土壤碳通量

(一)不同保护利用方式土壤碳通量日变化

1. 24h 动态

图 5-12 为 2011 年围封保护固定沙地样地、自由放牧固定沙地样地在整个生长季土壤碳通量的 24h 昼夜动态。可以看出，从 5 月到 10 月，围封保护样地、自由放牧样地 24h 日动态在每个月的变化趋势基本一致，呈不明显的多峰型。其中，在白天(8:00~20:00)，两个样地土壤碳通量变化幅度较大，峰型明显；在夜间(20:00~次日 8:00)，围封保护样地土壤碳通量变化较平缓，峰型不明显，而自由放牧样地土壤碳通量波动相对较大，峰型相对明显。

在整个生长季，与围封保护样地相比，受长期放牧的影响，自由放牧样地土壤碳通量 24h 日动态变化明显，波动幅度变大，而且在 9 月、10 月有负值出现。但在白天(8:00~20:00)，两个样地土壤碳通量变化基本一致，土壤碳通量最高值出现的时间基本相同。

5 月，植物刚进入返青期，植被覆盖度较低，土壤碳通量的高峰值出现较早，围封保护样地和自由放牧样地最高值均出现在 8:00，分别是 1.01μmol/(m^2•s) 和 1.04μmol/(m^2•s)。围封保护样地最低值出现在白天 14:00，为 0.40μmol/(m^2•s)，而自由放牧样地出现在凌晨 0:00，分别为 0.28μmol/(m^2•s)。

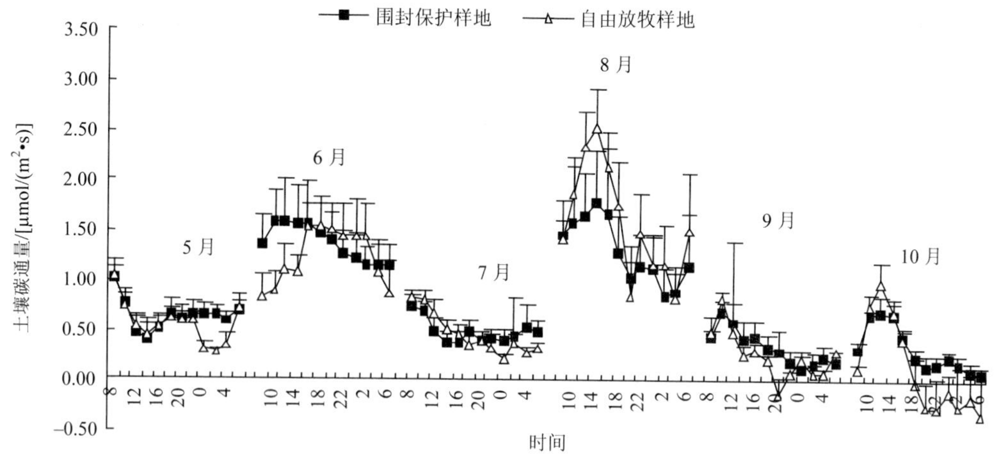

图 5-12　两个样地土壤碳通量在 24h 内动态变化

6 月，温度适宜，雨量丰富，植物生长较快，植被覆盖度迅速增加，土壤碳通量也随之增加。围封保护样地最高值出现较早，出现在 10:00，为 1.58μmol/(m^2•s)；自由放牧样地土壤碳通量的高峰值出现相对较晚，出现在 16:00，最高值为 1.55μmol/(m^2•s)；围封保护样地、自由放牧样地最低值分别出现在 2:00 和 8:00，为 1.14μmol/(m^2•s) 和 0.82μmol/(m^2•s)。

7 月，由于高温少雨，两个样地土壤碳通量低于 5 月。最大值和最小出现时间与 5 月完全相同。围封保护样地和自由放牧样地土壤碳通量值也比较接近，最高值分别为 0.75μmol/(m^2•s) 和 0.83μmol/(m^2•s)，最低值为 0.38μmol/(m^2•s) 和 0.22μmol/(m^2•s)。

8 月，降水量相对充沛，两个样地土壤碳通量均达到了季节最大值，日动态呈现出明显的多峰型。围封保护样地和自由放牧样地最高值 1.79μmol/(m^2•s) 和 2.54μmol/(m^2•s) 均出现在 14:00，最低值分别出现在 2:00 和 4:00，为 0.85μmol/(m^2•s) 和 0.82μmol/(m^2•s)。

9 月，围封保护样地和自由放牧样地土壤碳通量的最高值出现在 10:00，最高值均小于 1.00μmol/(m^2•s)；最低值分别出现在 0:00 和 20:00，为 0.10μmol/(m^2•s) 和–0.12μmol/(m^2•s)。

10 月，土壤碳通量达到季节最低，两个样地峰值出现时间一致。围封保护样地和自由放牧样地最大值分别为 0.71μmol/(m^2•s) 和 0.99μmol/(m^2•s)，最小值为 0.10μmol/(m^2•s) 和–0.33μmol/(m^2•s)。自由放牧样地土壤碳通量在夜间（18:00~次日 6:00）均为负值。

2. 12h 动态

图 5-13 表示的是围封保护样地、自由放牧样地土壤碳通量在 12h 内的平均日动态。在整个生长季，两个样地在相同月份土壤碳通量的变化趋势比较相似，变化曲线呈 V 型、直线型、单峰型、双峰型。其中，8 月份土壤碳通量 12h 内的日变幅最大。

5 月，植物刚进入返青期，不同样地土壤碳通量 12h 内平均日动态变化趋势一致，呈 V 字型。

6 月，植物处于快速生长期，与 5 月相比，不同样地土壤碳通量值大幅度上升，但 12h 内的平均日动态波动很小，围封保护样地呈坡度较缓的双峰型，自由放牧样地接近于水平直线型。土壤碳通量在 12h 内的平均日动态最高值出现在大气高温前后，围封保护样地出现在 10:00，为 1.21μmol/(m²•s)，自由放牧样地出现在 8:00，为 1.64μmol/(m²•s)。

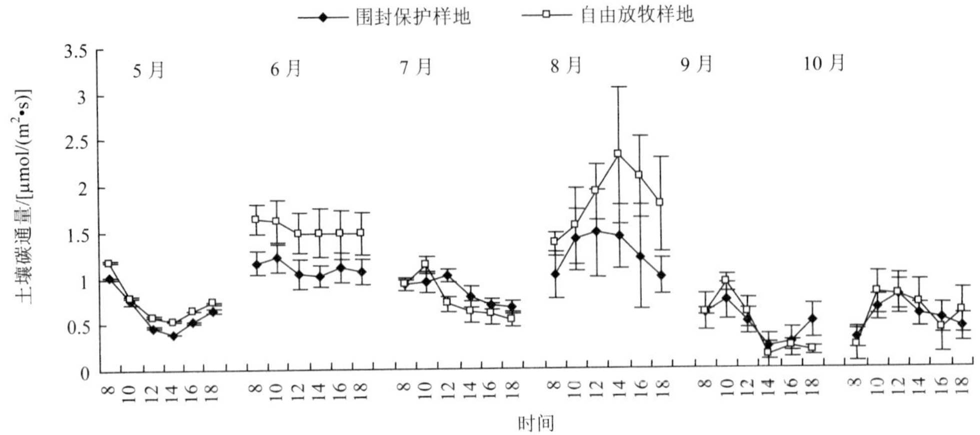

图 5-13　两个样地土壤碳通量在 12h 内的平均日动态

7 月，受高温少雨的影响，土壤呼吸受到抑制，与 6 月相比，不同样地土壤碳通量值有所下降，在 12h 内的平均日动态波动较大，呈明显单峰型。围封保护样地和自由放牧样地峰值分别出现在 12:00[1.02μmol/(m²•s)]和 10:00[1.12μmol/(m²•s)]。

8 月，温度、水分条件适宜，两个样地土壤碳通量值为生长季最高，在 12h 内的平均日动态波动较大，呈明显单峰型。围封保护样地土壤碳通量最高值出现时间与 7 月相同，自由放牧样地推迟到了 14:00，最高值分别为 1.07μmol/(m²•s)和 2.30μmol/(m²•s)。

9 月，温度开始下降，植物逐渐枯黄，不同样地土壤碳通量回落较大，在 12h 内的平均日动态波动复杂，呈不明显双峰型。两个样地土壤碳通量最高值均出现在 10:00，围封保护样地为 0.73μmol/(m²•s)，自由放牧样地为 0.92μmol/(m²•s)。

10 月，植物逐渐枯死，生长季结束，不同样地土壤碳通量继续下降，围封保护样地日动态呈单峰型，而自由放牧样地呈不明显双峰型。两个样地土壤碳通量最高值出现在 10:00~14:00，最高值处于 0.70~0.80μmol/(m²•s)。

(二)不同保护利用方式土壤碳通量季节变化

从围封保护样地和自由放牧样地土壤碳通量在整个生长季不同月份的变化曲线中(图 5-14)，可以明显看出，两个样地土壤碳通量无论是 24h 内的平均月动态还是 12h 内的平均月动态均呈明显双峰型。第一个峰值出现在植物处于营养生长期的 6 月，第二个峰值出现在植物处于生殖生长期的 8 月。其中，在生殖生长期的 8 月，两个样地土壤碳通量值最高。在植物生长旺盛期的 7 月，受高温少雨的影响，土壤呼吸受到严重抑制，土壤碳通量较低。

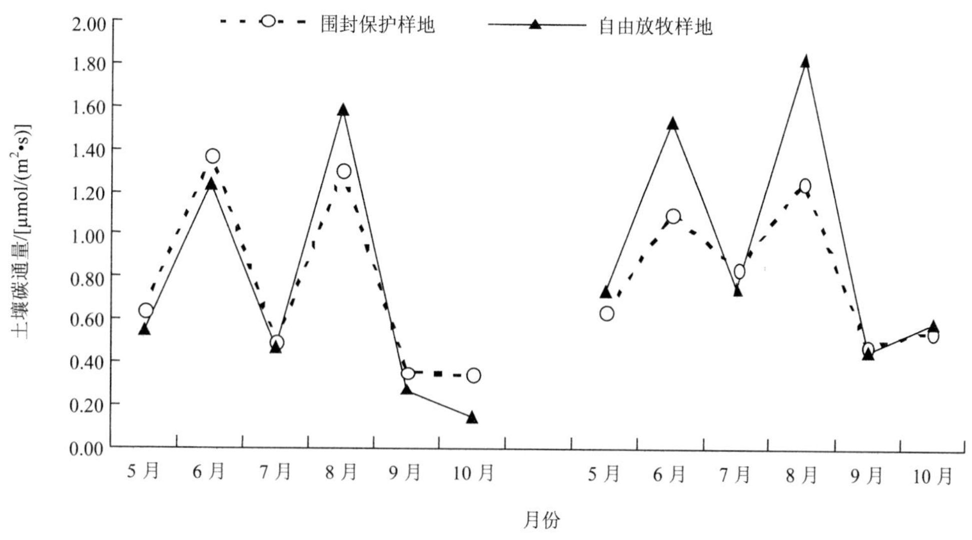

图 5-14 两个样地土壤碳通量季节动态

(三)不同保护利用方式土壤碳通量的比较分析

1. 24h 内的比较分析

统计结果显示(表 5-23)，在整个生长季，围封保护样地和自由放牧样地 24h 内平均土壤碳通量值依次为 0.75μmol/(m^2•s)、0.71μmol/(m^2•s)。自由放牧样地土壤碳通量比围封保护样地低，但单因素方差分析未达到显著性差异水平。

表 5-23 不同月份 24h 内平均土壤碳通量的比较[单位：μmol/(m^2•s)]

	5月	6月	7月	8月	9月	10月	生长季
围封保护样地	0.64±0.14Bb	1.37±0.17Aa	0.49±0.11BCc	1.30±0.30Aa	0.35±0.17Cc	0.34±0.22Cc	0.75±0.19
自由放牧样地	0.55±0.20Bc	1.23±0.27Ab	0.47±0.19Bcd	1.59±0.53Aa	0.27±0.23Bcd	0.14±0.44Bd	0.71±0.31

注：同一行不同小写字母差异显著(P<0.05)，大写字母差异极显著(P<0.01)。

同一样地不同生长月份 24h 内平均土壤碳通量的方差分析结果显示，围封保护样地和自由放牧样地 24h 内平均土壤碳通量在不同月份均存在显著差异。围封保护样地在 6 月、8 月 24h 内平均土壤碳通量比较接近，在整个生长季最高；7 月、9 月、10 月 24h 内平均土壤碳通量处于同一水平，在整个生长季最低；5 月 24h 内平均土壤碳通量极显著低于 6 月、8 月，显著高于 7 月，极显著地高于 9 月、10 月。自由放牧样地在 8 月 24h 内平均土壤碳通量最高，6 月次之，分别为 1.59μmol/(m^2•s)和 1.23μmol/(m^2•s)，但 8 月比 6 月显著地高；8 月和 6 月比 5 月、7 月、9 月、10 月极显著的高；7 月、9 月介于 5 月、10 月之间，同 5 月和 10 月均处于同一水平，但 5 月显著高于 10 月。

在整个生长季，与围封保护样地相比，自由放牧样地24h内平均土壤碳通量在8月(最大生物量期)比围封保护样地高，但未达到显著性水平。除 8 月外，自由放牧样地均低于围封保护样地。

2. 12h 内的比较分析

与 24h 内平均土壤碳通量的比较分析结果相似，同一样地不同生长月份、两个样地同一生长月份间均存在不同程度的差异(表 5-24)。在整个生长季，围封保护样地和自由放牧样地 12h 内平均土壤碳通量依次为 0.81μmol/(m²•s)、0.98μmol/(m²•s)。

表 5-24 不同月份 12h 内平均土壤碳通量的比较[单位：μmol/(m²•s)]

	5月	6月	7月	8月	9月	10月	生长季
围封保护样地	0.64±0.16CDbc	1.10±0.36ABa	0.84±0.11BCb	1.25±0.48Aa	0.48±0.13Dc	0.55±0.10CDc	0.81±0.22
自由放牧样地	0.74±0.12Bc	1.53±0.23Ab	0.75±0.10Bc	1.83±0.35Aa	0.45±0.24Bc	0.59±0.13Bc	0.98±0.20

注：同一行不同小写字母差异显著(P<0.05)，大写字母差异极显著(P<0.01)。

在整个生长季，围封保护样地和自由放牧样地 12h 内平均土壤碳通量的大小为 8 月>6 月>7 月>5 月>10 月>9 月，这个结果与 24h 内平均土壤碳通量的结果不同。

从植物返青期(5 月)到最大生物量期(8 月)，同一生长月份两个样地间 12h 内平均土壤碳通量存在显著性差异，而在最大生物量期以后的 9 月、10 月，同一生长月份不同样地间 12h 内平均土壤碳通量不存在显著性差异。在整个生长季，与围封保护样地相比，自由放牧样地 12h 内平均土壤碳通量在植物返青期(5 月)、营养生长期(6 月)、生殖生长期(8 月)和生长季结束期(10 月)比围封保护样地高，且在 6 月和 8 月达到极显著性水平；而在干旱少雨的 7 月和植物开始枯黄的 9 月，自由放牧样地比围封保护样地低，但均未达到显著性差异水平。

3. 时间段上的比较分析

5 月，对围封保护样地和自由放牧样地完成土壤碳通量 24h 日动态测定，进行数据整理时发现：在白天(8:00~20:00)，两个样地土壤碳通量变化幅度较大，呈现明显单峰型，有利于在更小的尺度上进行研究。因此，自 6 月开始至 10 月结束，测定两个样地在白天 12h(8:00~20:00)内同一时间段内的土壤碳通量，并进行配对样本 t 检验(表 5-25)。结果显示，相同日期同一时间段内两个样地土壤碳通量存在不同程度的差异。

自由放牧样地与围封保护样地同一时间段的土壤碳通量在营养生长期的 6 月和生殖生长期的 8 月不存在显著差异，而在干旱少雨的 7 月、植物开始枯黄的 9 月、生长期结束的 10 月存在明显的差异，时间段主要集中于 8:00~10:00 和 10:00~12:00。7 月，两样地土壤碳通量在 8:00~10:00 达到了显著差异，在 10:00~12:00 和 16:00~18:00 达到了极显著差异。9 月，两样地土壤碳通量在大气高温前的 8:00~10:00 和 10:00~12:00 分别达到了显著差异和极显著差异。10 月，两样地土壤碳通量在 8:00~10:00 达到了显著差异。

表 5-25 同一时间段不同样地组合土壤碳通量 t 检验结果

月份	t 值					
	8:00~10:00	10:00~12:00	12:00~14:00	14:00~16:00	16:00~18:00	18:00~20:00
6 月	−2.493	−1.544	−1.382	−1.300	−1.105	−1.952
7 月	−4.252*	−7.366**	−2.738	−2.183	−5.761**	−1.323
8 月	−0.708	−0.861	−0.898	−1.700	−1.924	−2.813
9 月	−16.557**	−3.869*	0.679	−0.360	−0.691	−0.328
10 月	−4.590*	−1.557	1.421	0.285	0.232	−0.762

*表示显著性水平为 0.05，**表示显著性水平为 0.01。

(四)不同保护利用方式下土壤碳通量的影响因子

1. 研究地环境因子季节变化

(1)太阳辐射和风速

2011 年 5~10 月，研究地太阳辐射月平均约为 0.22kw•m^{-2}，太阳辐射在季节尺度上变化较明显，夏季高，秋季低，即太阳辐射主要集中在植物生长期，给植物提供了充足的光照条件，有利于植物的生长。在整个生长季，风速随植被覆盖率的增加而降低，在 9 月份风速最小，为 1.52m/s，当植物生长期结束时，植被覆盖率降低，风速又开始显著增加。风速大小是沙尘暴爆发的重要因素之一，5 月风速最大，达 2.54m/s，而植被覆盖率较低，这是导致库布齐沙漠春季沙尘暴肆虐的重要原因(表 5-26)。

表 5-26 太阳辐射和风速月变化

	5 月	6 月	7 月	8 月	9 月	10 月	平均值
太阳辐射/(kw/m^2)	0.26	0.27	0.26	0.22	0.19	0.14	0.22
风速/(m/s)	2.54	2.20	1.79	1.66	1.52	1.60	1.89

(2)温度

2011 年，研究地在整个生长季月平均气温、0~10cm 土壤温度均呈单峰型，最高值出现在 7 月，大气温度为 23.19℃，0~10cm 土壤温度为 24.90℃(图 5-15)。5~10 月，0~10cm 土壤温度明显高于大气温度，说明沙土具有较强的吸热能力。

(3)湿度

2011 年，在整个生长季，研究地降雨量在时间上分配明显不均衡，主要集中在 8 月，达 38.35mm，是排在其后 7 月份(17.78mm)的 2 倍多，是最低月份 5 月(7.11mm)的 5 倍多。空气相对湿度总体上呈现递增的趋势，但空气相对湿度值较低，反映出沙地生态系统气候干燥的特点。其中，从植物开始进入返青期的 5 月到最大生物量的 8 月，空气湿度几乎呈直线上升。10 月，空气相对湿度最高，达 55.19%(图 5-16)。

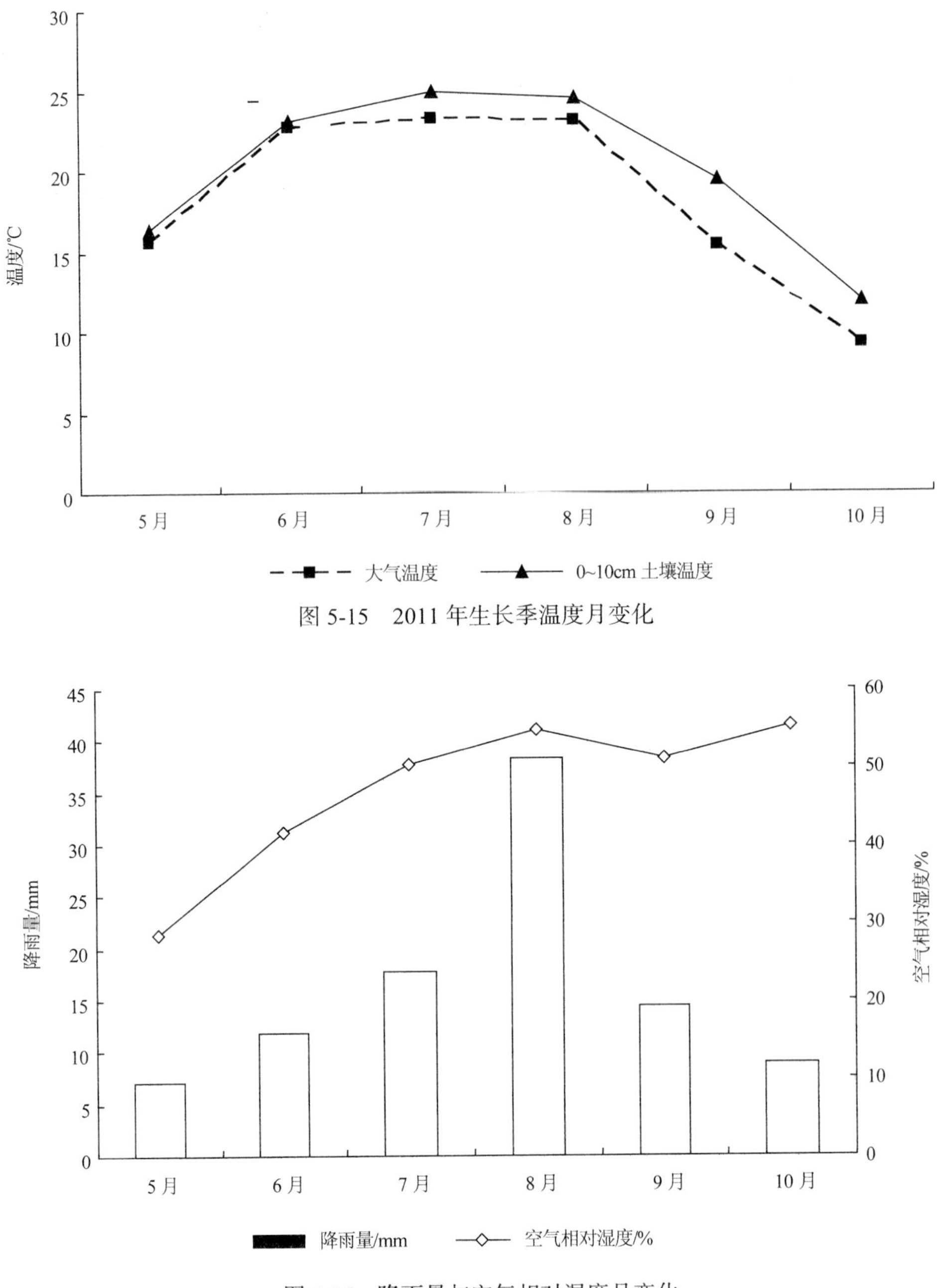

图 5-15　2011 年生长季温度月变化

图 5-16　降雨量与空气相对湿度月变化

图 5-17 表示的是 2011 年围封保护样地、自由放牧样地在整个生长季 0~70cm 土层的平均土壤质量含水量。从图中可以明显看出，5~10 月，两个样地的土壤质量含水量变化趋势一致，相同月份的土壤质量含水量值比较接近，说明放牧对土壤含水量没有显著的影响。在整个生长季，受冬雪、低温的影响，5 月土壤质量含水量最高，高于 10%。随着季节的推移，进入夏季，受高温少雨的影响，土壤含水量迅速降低，7 月达最低。

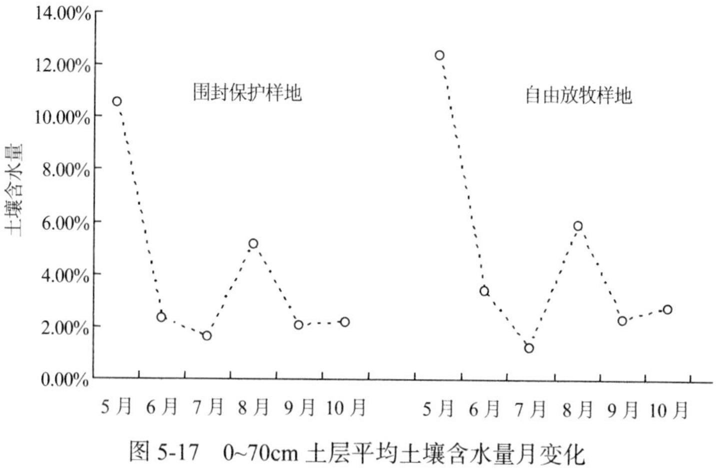

图 5-17　0~70cm 土层平均土壤含水量月变化

2. 生长季尺度上环境影响因子对土壤碳通量的调控作用

(1) 土壤碳通量与环境影响因子的相关性

通过对围封保护样地和自由放牧样地 24h 内土壤碳通量与大气温度、0~10cm 温度、0~5cm 土壤体积含水量、空气相对湿度等进行相关性检验，结果表明，在整个生长季，两个样地土壤碳通量均与大气温度、0~10cm 土壤温度、0~5cm 土壤体积含水量存在正相关关系，且达到了极显著水平，而与空气相对湿度无显著相关性(表 5-27)。围封保护样地与大气温度的相关性最高，相关性系数为 0.644，其次为 0~5cm 土壤体积含水量，相关性系数为 0.523。自由放牧样地与大气温度、0~5cm 土壤体积含水量的相关性系数较接近，分别为 0.575 和 0.573。因此，在整个生长季，围封保护样地的主调控因子是大气温度，其次是 0~5cm 土壤体积含水量；自由放牧样地的主调控因子是大气温度和 0~5cm 土壤体积含水量。

表 5-27　生长季尺度上土壤碳通量与环境影响因子的相关性

	大气温度/℃	0~10cm 土壤温度/℃	0~5cm 土壤体积含水量/%	空气相对湿度/%	太阳辐射/(kw/m^2)	风速/(m/s)	降水量/mm
围封保护样地	0.644**	0.439**	0.523**	−0.214	0.501	0.117	0.709
自由放牧样地	0.575**	0.450**	0.573**	0.096	0.392	0.135	0.691

*表示 0.05 水平上相关显著，**表示 0.01 水平上相关极显著。

(2) 土壤碳通量与调控因子的回归分析

两个样地土壤碳通量与调控因子的回归分析结果表明(表 5-28)，在生长季尺度上，围封保护样地和自由放牧样地土壤碳通量与大气温度具有极显著地回归关系。其中，围封保护样地土壤碳通量与大气温度的回归方程符合指数方程模型，回归方程分别为 $Y=0.179e^{0.064\,Ta}$ (R^2=0.535，P<0.001) 和 Y=0.418$e^{0.044\,Ta}$ (R^2=0.225，P<0.001)，Q_{10} 值分别为 1.896、1.553。由于自由放牧样地土壤碳通量在 9 月、10 月出现负值，因此，在整个生长季，自由放牧样地土壤碳通量与大气温度的回归关系不能用指数方程模型来描述，其回归关系符合一元二次方程模型 ($Y=aT^2+bT+c$)，回归方程为 $Y=-0.369+0.074Ta-$

0.001 $(Ta)^2$ (R^2=0.338，P<0.001)。

表 5-28 生长季尺度上土壤碳通量与调控因子的回归分析

样地	调控因子	回归方程	n	R^2	P	Q_{10}
围封保护样地	大气温度	$Y = 0.179e^{0.064\,Ta}$	432	0.535	0.000	1.896
	0~10cm 土壤温度	$Y = 0.220e^{0.044\,Ts}$	432	0.282	0.000	1.553
	0~5cm 土壤含水量	$Y = -0.554+0.198W$	432	0.369	0.000	
自由放牧样地	大气温度	$Y = -0.369+0.074\,Ta-0.001\,(Ta)^2$	432	0.338	0.000	
	0~10cm 土壤温度	$Y = -0.714+0.114\,Ts-0.001\,(Ts)^2$	432	0.317	0.000	
	0~5cm 土壤含水量	$Y = -2.650+0.468W$	432	0.329	0.000	

注：Y 为土壤碳通量，Ta 为大气温度，Ts 为 0~10cm 土壤温度，W 为 0~5cm 土壤含水量。

在生长季尺度上，两个样地土壤碳通量与0~10cm土壤温度同样具有极显著的回归关系，回归方程模型同两个样地土壤碳通量与大气温度的回归方程模型相同。围封保护样地和自由放牧样地土壤碳通量与 0~10cm 土壤温度的回归方程依次为 Y=0.220$e^{0.044Ts}$ (R^2=0.282，P<0.001，Q_{10}=1.553)、Y = −0.714+0.114Ts−0.001 $(Ts)^2$ (R^2=0.317，P＜0.001)。

在生长季尺度上，不同样地土壤碳通量与 0~5cm 土壤含水量均符合一元线性回归模型，回归关系较好，达到了极显著水平(P<0.01)。围封保护样地和自由放牧样地与 0~5cm 土壤含水量的回归方程依次为 Y = −0.554+0.198W (R^2=0.369，P<0.001)、Y = −2.650+0.468W (R^2=0.329，P<0.001)。

(3) 土壤碳通量与不同调控因子协同作用的回归分析

受自然和人为因素的影响，环境影响因子常常同时改变，可能对土壤碳通量产生复杂的交互作用。几个变量复杂的交互作用一般不能从单因子影响的方向和大小进行预测，因此有必要进行多因子的协同作用与土壤碳通量的回归分析。

从不同样地土壤碳通量与调控因子协同作用的回归分析中可以看出，在生长季尺度上，围封保护样地和自由放牧样地土壤碳通量与温度和水分协同作用的回归方程均符合二元一次方程模型(Y=a+bT+cW)，温度和水分可以解释 60%以上的土壤碳通量变化(表 5-29)。从复相关系数 R^2 的大小可以明显看出，无论是围封保护样地，还是自由放牧样地，温度和土壤含水量的协同作用对土壤碳通量的调控作用比单因子大。

表 5-29 生长季尺度上土壤碳通量与不同调控因子协同作用的回归分析

样地	协同因子	回归方程	n	R^2	P
围封保护样地	大气温度和 0~5cm 土壤含水量	$Y = -3.307+5.647Ta+3.505W$	432	0.709	0.000
	0~10cm 土壤温度和 0~5cm 土壤含水量	$Y = -3.841+3.152Ts+4.325W$	432	0.604	0.000
自由放牧样地	大气温度和 0~5cm 土壤含水量	$Y = -4.895+4.754Ta+4.734W$	432	0.703	0.000
	0~10cm 土壤温度和 0~5cm 土壤含水量	$Y = -5.050+3.510Ts+5.257W$	432	0.656	0.000

注：Y 为土壤碳通量，Ta 为大气温度，Ts 为 0~10cm 土壤温度，W 为 0~5cm 土壤含水量。

在围封保护样地和自由放牧样地，大气温度和 0~5cm 土壤体积含水量的协同作用比 0~10cm 土壤温度和 0~5cm 土壤体积含水量的协同作用对土壤碳通量的调控作用大。通过比较得出，不同样地在生长季尺度上土壤碳通量与调控因子交互作用的最优方程依次为：围封保护样地 $Y=-3.307+5.647Ta+3.505W$（$R^2=0.709$，$P<0.001$），自由放牧样地 $Y=-4.895+4.754Ta+4.734W$（$R^2=0.703$，$P<0.001$）。

3. 日变化尺度上环境影响因子对土壤碳通量的调控作用

(1) 土壤碳通量与环境影响因子的相关性

在日变化尺度上，对围封保护样地和自由放牧样地 24h 土壤碳通量与大气温度、0~10cm 土壤温度、0~5cm 土壤体积含水量进行相关性分析，结果显示(表 5-30)，在日变化尺度上，不同样地土壤碳通量与大气温度、0~10cm 土壤温度、0~5cm 土壤体积含水量均存在一定的相关性，但在不同月份表现出的相关性大小不同。

5 月，围封保护样地土壤碳通量与大气温度、0~10cm 土壤温度、0~5cm 土壤体积含水量表现出显著性负相关（$P<0.05$），相关系数分别为−0.687、−0.613、−0.648。自由放牧样地土壤碳通量与大气温度、0~10cm 土壤温度、0~5cm 土壤体积含水量无显著的相关性。

6 月，围封保护样地和自由放牧样地土壤碳通量与大气温度、0~10cm 土壤温度、0~5cm 土壤体积含水量呈现出显著性或极显著性正相关。其中，围封保护样地土壤碳通量与 0~5cm 土壤体积含水量存在极显著正相关关系，与大气温度存在显著正相关关系，而与 0~10cm 土壤温度无显著相关关系。自由放牧样地土壤碳通量只与 0~10cm 土壤温度呈显著正相关，与大气温度和 0~5cm 土壤体积含水量相关性均不显著。

7 月，围封保护样地土壤碳通量与大气温度、0~10cm 土壤温度和 0~5cm 土壤体积含水量相关均不显著。自由放牧样地土壤碳通量与 0~5cm 土壤体积含水量呈显著正相关，说明温度过高抑制了土壤呼吸，土壤水分成为了土壤碳通量的关键调节因子。

8 月，两个样地土壤碳通量与大气温度、0~10cm 土壤温度、0~5cm 土壤体积含水量均存在一定的正相关关系，部分已达到显著或极显著的相关性水平。两个样地土壤碳通量与 0~5cm 土壤体积含水量的相关性最大，其次是大气温度。

9 月，两个样地土壤碳通量与大气温度、0~10cm 土壤温度的相关性减弱，仅围封保护样地与大气温度呈显著正相关。土壤碳通量与 0~5cm 土壤体积含水量的相关性增强，均表现出显著或极显著正相关关系。

10 月，两个样地土壤碳通量与大气温度、0~10cm 土壤温度、0~5cm 土壤体积含水量均具有不同程度的相关性，且相关性有所增强。

表 5-30 日变化尺度上土壤碳通量与环境影响因子的相关性

样地	月份	大气温度/℃	0~10cm 土壤温度/℃	0~5cm 土壤体积含水量/%
围封保护样地	5 月	-0.687*	-0.613*	-0.648*
	6 月	0.699*	0.525	0.863**
	7 月	-0.396	-0.344	0.002
	8 月	0.685*	0.528	0.882**
	9 月	0.629*	0.256	0.676*
	10 月	0.816**	0.815**	0.460
自由放牧样地	5 月	0.088	-0.200	0.504
	6 月	0.402	0.684*	-0.470
	7 月	0.146	-0.039	0.694*
	8 月	0.604*	0.583*	0.660*
	9 月	0.122	0.018	0.669*
	10 月	0.742**	0.720**	0.700*

*表示显著性水平 0.05，**表示显著性水平 0.01。

(2) 土壤碳通量与不同调控因子协同作用的回归分析

1) 土壤碳通量与大气温度的回归分析

温度和呼吸作用的生物化学过程之间的关系通常用指数方程来描述。利用指数方程模型($Y=\alpha e^{\beta T}$)对不同月份两个样地土壤碳通量与大气温度日变化进行回归分析，结果见表 5-31。除 7 月外，指数方程模型能较好的描述围封保护样地土壤碳通量与大气温度的回归关系。从 5 月到 10 月，Q_{10}值变化较大，总体上呈递增的趋势。5 月，植物刚进入返青期，土壤呼吸较低，Q_{10}值较低，小于 1.0。7 月，研究地高温，土壤呼吸受到抑制，Q_{10}值被迫下降，低于 1.0。10 月，温度较低，土壤碳通量与温度的相关性增强，Q_{10}值较大，达 5.930，为生长季最高值。

在 5 月、6 月、7 月、8 月，自由放牧样地土壤碳通量与大气温度日变化的回归关系符合指数方程模型，从 5 月到 8 月，Q_{10}值逐渐增加，集中在 1.0~2.0。在 9 月、10 月土壤碳通量存在负值，不能用指数方程模型进行回归分析，通过一元非线性回归分析比较得出：9 月、10 月符合一元二次方程模型。但从 R^2 和 P 值的大小可以看出，从 5 月至 9 月，自由放牧样地土壤碳通量与大气温度日变化的回归方程效果不好，仅在 10 月的回归方程效果较好。

表 5-31 土壤碳通量日变化与大气温度的回归分析

样地	月份	回归方程	n	R^2	P	Q_{10}
围封保护样地	5 月	$Y=1.471e^{-0.041\,Ta}$	72	0.480	0.013	0.664
	6 月	$Y=0.720e^{0.024\,Ta}$	72	0.489	0.011	1.272
	7 月	$Y=0.782e^{-0.021\,Ta}$	72	0.181	0.167	0.811
	8 月	$Y=0.390e^{0.053\,Ta}$	72	0.452	0.017	1.700
	9 月	$Y=0.161e^{0.055\,Ta}$	72	0.481	0.012	1.733
	10 月	$Y=0.090e^{0.178\,Ta}$	72	0.778	0.000	5.930

续表

样地	月份	回归方程	n	R^2	P	Q_{10}
自由放牧样地	5 月	Y=0.395e$^{0.014\ Ta}$	72	0.040	0.530	1.150
	6 月	Y=0.747e$^{0.020\ Ta}$	72	0.160	0.198	1.221
	7 月	Y=0.268e$^{0.019\ Ta}$	72	0.062	0.435	1.209
	8 月	Y=0.485e$^{0.048\ Ta}$	72	0.301	0.065	1.616
	9 月	$Y = 0.515-0.100\ Ta+0.009\ (Ta)^2$	72	0.050	0.933	
	10 月	$Y = -0.321+0.035\ Ta-0.001\ (Ta)^2$	72	0.579	0.027	

注：Y 为土壤碳通量，Ta 为大气温度。

2) 土壤碳通量与 0~10cm 土壤温度的回归分析

不同月份两个样地土壤碳通量与 0~10cm 土壤温度的回归分析结果见表 5-32，其回归情况同不同月份两个样地土壤碳通量与大气温度的研究结果相似，但总体回归效果不好。围封保护样地(5~10 月)和自由放牧样地(5~8 月)土壤碳通量与 0~10cm 土壤温度符合指数方程模型。Q_{10} 值变化情况同不同月份两个样地土壤碳通量与大气温度的研究结果相似。自由放牧样地(9~10 月)土壤碳通量与土壤温度符合一元二次方程模型。

比较发现，围封保护样地仅在 10 月土壤碳通量与 0~10cm 土壤温度的回归效果较好(R^2=0.740，P<0.01)，Q_{10} 值为 4.527。自由放牧样地在 6 月、10 月土壤碳通量与 0~10cm 土壤温度的回归效果较好，而在 5 月、7 月、9 月土壤碳通量与 0~10cm 土壤温度基本不存在回归关系(R^2<0.01)。

表 5-32　土壤碳通量日变化与 0~10cm 土壤温度的回归分析

样地	月份	回归方程	n	R^2	P	Q_{10}
围封保护样地	5 月	Y=1.442e$^{-0.040\ Ts}$	72	0.310	0.060	0.670
	6 月	Y=0.704e$^{0.024\ Ts}$	72	0.282	0.076	1.272
	7 月	Y=0.661e$^{-0.010\ Ts}$	72	0.139	0.232	0.905
	8 月	Y=0.483e$^{0.037\ Ts}$	72	0.262	0.089	1.448
	9 月	Y=0.153e$^{0.038\ Ts}$	72	0.130	0.249	1.462
	10 月	Y=0.073e$^{0.151\ Ts}$	72	0.740	0.000	4.527
自由放牧样地	5 月	Y–0.632e$^{-0.009\ Ts}$	72	0.004	0.847	0.914
	6 月	Y=0.619e$^{0.021\ Ts}$	72	0.339	0.047	1.234
	7 月	Y=0.372e$^{0.005\ Ts}$	72	0.006	0.811	1.051
	8 月	Y=0.431e$^{0.051\ Ts}$	72	0.266	0.086	1.665
	9 月	$Y = -0.017+0.032\ Ts-0.001\ (Ts)^2$	72	0.009	0.961	
	10 月	$Y = -0.280+0.033\ Ts-0.001\ (Ts)^2$	72	0.521	0.036	

注：Y 为土壤碳通量，Ts 为 0~10cm 土壤温度。

3) 土壤碳通量与 0~5cm 土壤体积含水量回归分析

不同生长月份两个样地土壤碳通量与 0~5cm 土壤含水量的回归分析结果见表 5-33。结果显示，从 5 月到 10 月，两个样地土壤碳通量与 0~5cm 土壤含水量均符合一元一次方程模型，但方程的回归效果因月份而异。5 月和 6 月，土壤碳通量与 0~5cm 土壤含水量的回归方程效果围封保护样地好于自由放牧样地。7 月，围封保护样地土壤碳通量与 0~5cm 土壤含水量回归方程的 R^2 值为 0.000，说明高温少雨抑制了土壤呼吸，0~5cm 土壤含水量对土壤碳通量的调控作用几乎为零。自由放牧样地土壤碳通量与 0~5cm 土壤含水量的回归关系较好 ($P<0.05$)。

表 5-33 土壤碳通量日变化与 0~5cm 土壤体积含水量的回归分析

样地	月份	回归方程	n	R^2	P
围封保护样地	5 月	$Y=6.541-0.837W$	72	0.420	0.023
	6 月	$Y=-7.787+1.243W$	72	0.745	0.000
	7 月	$Y=0.474+0.003W$	72	0.000	0.995
	8 月	$Y=-18.862+2.690W$	72	0.777	0.000
	9 月	$Y=-6.331+0.974W$	72	0.457	0.016
	10 月	$Y=-0.252+0.086W$	72	0.211	0.133
自由放牧样地	5 月	$Y=-7.713+1.188W$	72	0.254	0.095
	6 月	$Y=7.364-0.859W$	72	0.221	0.123
	7 月	$Y=-11.906+1.823W$	72	0.482	0.012
	8 月	$Y=-11.615+1.626W$	72	0.435	0.020
	9 月	$Y=-10.204+1.545W$	72	0.448	0.017
	10 月	$Y=-1.391+0.212W$	72	0.489	0.011

注：Y 为土壤碳通量，W 为 0~5cm 土壤含水量。

8 月和 9 月，围封保护样地和自由放牧样地土壤碳通量与 0~5cm 土壤含水量的回归关系较好，达到了显著或极显著水平。10 月，植物生长季结束，自由放牧样地土壤碳通量与 0~5cm 土壤含水量的回归方程效果较好，$P<0.05$；围封保护样地土壤碳通量与 0~5cm 土壤含水量的回归关系不显著。

4) 土壤碳通量与温度、土壤含水量协同作用的回归分析

温度和土壤水分作为土壤碳通量的影响因子，均对土壤碳通量具有重要的调控作用。然而两者并不是孤立的，而是相互制约、相互影响的，土壤水分的变化伴随温度变化，温度的变化影响土壤水分的垂直分布，任何一个因子过高或过低均会对土壤碳通量产生重要的影响。

表 5-34 是对围封保护样地土壤碳通量 24h 日动态与温度、土壤含水量协同作用的回归分析结果。结果表明，同生长季尺度相比，在日变化尺度上，围封保护样地土壤碳通量与温度、水分协同作用的回归关系更好，温度和水分协同作用对土壤碳通量的

调控作用更大。通过 R^2 比较发现，围封保护样地土壤碳通量与 0~10cm 土壤温度、0~5cm 土壤含水量协同作用的回归关系比与大气温度、0~5cm 土壤含水量协同作用的回归关系要好，这个结果与围封保护样地在生长季尺度上的研究结果正好相反，说明在日变化尺度上，0~10cm 土壤温度和 0~5cm 土壤含水量的协同作用对土壤碳通量的调控作用更大。

表 5-34　围封保护样地土壤碳通量与温度、土壤含水量协同作用的回归分析

月份	协同因子	回归方程	n	R^2	P
5 月	大气温度和 0~5cm 土壤含水量	$Y = 2.246-0.022Ta-0.162W$	72	0.688	0.056
	0~10cm 土壤温度和 0~5cm 土壤含水量	$Y = 4.968-0.017Ts-0.567W$	72	0.708	0.044
6 月	大气温度和 0~5cm 土壤含水量	$Y = -6.476+0.019Ta+0.997W$	72	0.940	0.000
	0~10cm 土壤温度和 0~5cm 土壤含水量	$Y = -7.511+0.021Ts+1.128W$	72	0.925	0.000
7 月	大气温度和 0~5cm 土壤含水量	$Y = -3.849-0.021Ta+0.703W$	72	0.558	0.186
	0~10cm 土壤温度和 0~5cm 土壤含水量	$Y = -5.597-0.014Ts+0.950W$	72	0.569	0.172
8 月	大气温度和 0~5cm 土壤含水量	$Y = -15.974+0.026Ta+2.227W$	72	0.907	0.000
	0~10cm 土壤温度和 0~5cm 土壤含水量	$Y = -17.525+0.026Ts+2.423W$	72	0.920	0.000
9 月	大气温度和 0~5cm 土壤含水量	$Y = -5.062+0.004Ta+0.782W$	72	0.680	0.061
	0~10cm 土壤温度和 0~5cm 土壤含水量	$Y = -9.498-0.017Ts+1.483W$	72	0.755	0.022
10 月	大气温度和 0~5cm 土壤含水量	$Y = -0.145+0.052Ta+0.024W$	72	0.824	0.006
	0~10cm 土壤温度和 0~5cm 土壤含水量	$Y = -0.236+0.044Ts+0.028W$	72	0.826	0.006

注：Y 为土壤碳通量，Ta 为大气温度，Ts 为 0~10cm 土壤温度，W 为 0~5cm 土壤含水量。

在不同月份，围封保护样地土壤碳通量与温度、土壤含水量协同作用的回归方程效果不同。5 月、9 月温度较低，土壤水分较高，温度与土壤含水量的协同作用对土壤碳通量具有一定的调控作用，但土壤碳通量与大气温度、0~5cm 土壤含水量协同作用的回归关系不显著，而土壤碳通量与 0~10cm 土壤温度、0~5cm 土壤含水量协同作用的回归关系显著。7 月，温度过高、土壤水分供应不足，温度与土壤含水量的协同作用对土壤碳通量的调控作用较弱，仅有 55%左右，回归方程的效果不显著。6 月、8 月、10 月，温度、土壤水分适宜，土壤碳通量与温度、土壤含水量协同作用的回归关系极显著，温度与土壤含水量的协同作用能解释 80%以上的土壤碳通量变化。

表 5-35 是对自由放牧样地土壤碳通量 24h 日动态与温度、土壤含水量协同作用的回归分析结果。结果表明，同生长季尺度相比，在日变化尺度上，自由放牧样地土壤碳通量与温度、水分协同作用的回归关系更好，温度和水分协同作用对土壤碳通量的调控作用更大。通过 R^2 比较发现，自由放牧样地土壤碳通量与 0~10cm 土壤温度、0~5cm 土壤含水量协同作用的回归关系比与大气温度、0~5cm 土壤含水量协同作用的回归关系要好，这个结果与自由放牧样地在生长季尺度上的研究结果正好相反，说明在日变化尺度上，0~10cm 土壤温度和 0~5cm 土壤含水量的协同作用对土壤碳通量的调控作用更大，与围

封保护样地的研究结果相同。

从 5 月到 10 月，自由放牧样地土壤碳通量与温度、土壤含水量协同作用的回归方程效果较好。但在 6 月，大气温度、0~5cm 土壤含水量协同作用对土壤碳通量的调控作用较小，R^2=0.470，P>0.05，未达到显著性水平。

表 5-35 自由放牧样地土壤碳通量与温度、土壤含水量协同作用的回归分析

月份	协同因子	回归方程	n	R^2	P
5 月	大气温度和 0~5cm 土壤含水量	$Y=-18.228-0.032Ta+2.792W$	72	0.722	0.036
	0~10cm 土壤温度和 0~5cm 土壤含水量	$Y=-13.115-0.055Ts+2.131W$	72	0.773	0.017
6 月	大气温度和 0~5cm 土壤含水量	$Y=7.115+0.001Ta-0.828W$	72	0.470	0.325
	0~10cm 土壤温度和 0~5cm 土壤含水量	$Y=-8.282+0.099Ts-0.973W$	72	0.731	0.032
7 月	大气温度和 0~5cm 土壤含水量	$Y=-20.153-0.027Ta+3.134W$	72	0.852	0.003
	0~10cm 土壤温度和 0~5cm 土壤含水量	$Y=-18.902-0.021Ts+2.951W$	72	0.899	0.001
8 月	大气温度和 0~5cm 土壤含水量	$Y=-9.928+0.056Ta+1.256W$	72	0.769	0.018
	0~10cm 土壤温度和 0~5cm 土壤含水量	$Y=-10.783+0.065Ts+1.329W$	72	0.780	0.015
9 月	大气温度和 0~5cm 土壤含水量	$Y=-13.548-0.014Ta+2.068W$	72	0.742	0.027
	0~10cm 土壤温度和 0~5cm 土壤含水量	$Y=-14.703-0.021Ts+2.264W$	72	0.804	0.009
10 月	大气温度和 0~5cm 土壤含水量	$Y=-0.589+0.046Ta+0.040W$	72	0.744	0.027
	0~10cm 土壤温度和 0~5cm 土壤含水量	$Y=-0.568+0.038Ts+0.045W$	72	0.722	0.036

注：Y 为土壤碳通量，Ta 为大气温度，Ts 为 0~10cm 土壤温度，W 为 0~5cm 土壤含水量。

4. 不同保护利用方式对土壤碳通量的影响

土壤呼吸释放的 CO_2 中有相当一部分是来自植物光合作用新固定的碳，因此，土壤呼吸对放牧所引起的碳供应的变化十分敏感(Wan and Luo，2003；Craine *et al.*，1999)。一般来说，放牧会降低土壤碳通量以及影响土壤的微气候(Davidson *et al.*，2000；Bremer *et al.*，1998)。但也有研究表明，放牧会增大土壤碳通量(Frank *et al.*，2002)。此外，在内蒙古锡林河流域羊草草原的研究得出，放牧对土壤碳通量影响不大(李凌浩等，2000)。

目前，国内关于放牧对土壤碳通量的研究主要集中在草地生态系统(徐海红等，2011；马涛等，2009；贾丙瑞等，2005)，尚无沙地油蒿群落方面的研究。本研究得出，与围封保护相比[0.1~1.79μmol/(m^2•s)]，自由放牧后[−0.33~2.54μmol/(m^2•s)]，无论在季节尺度上还是在日变化尺度上，土壤碳通量波动变大，说明放牧增加了土壤碳通量的波动幅度。但从土壤碳通量的数值比较来看，在整个生长季，围封保护样地与自由放牧样地土壤碳通量 24h 日动态值比较接近，除 8 月份外，自由放牧样地土壤碳通量低于围封保护样地，但差异不显著。自由放牧样地土壤碳通量 12h 平均日动态值与在 6 月、8 月显著大于围封保护样地，但季节平均值不存在显著差异。而且，在植物生长末期 10 月，放牧样地夜间(18:00~6:00)土壤碳通量为负值。

土壤碳通量包括多个化学、物理和生物过程，受温度、湿度等多种环境因子的影响。目前研究得出，温度、水分是干旱区、半干旱区生态系统中土壤碳通量的主要驱动因子，但两者的相对重要性仍存在争议(Dong *et al.*，2005；Lou *et al.*，2003；Frank *et al.*，2002；Conant *et al.*，2000)。本项研究表明，影响围封保护和自由放牧样地土壤碳通量的影响因子是大气温度、土壤温度和土壤体积含水量，在生长季不同月份大气温度、土壤温度和土壤体积含水量对两个样地的影响是不同的，温度和土壤含水量的协同作用能更好的解释土壤碳通量的变化。总体来说，在日尺度上，土壤碳通量与0~10cm土壤温度与0~5cm土壤含水量协同作用更大，在生长季尺度上，大气温度与0~5cm土壤含水量协同作用的对土壤碳通量的调控作用更大。

所以在鄂尔多斯高原地区，作为冬春牧场的油蒿草场，自由放牧对其土壤碳通量的影响不大，只是会增大土壤碳通量的日变化幅度。

四、不同围封演替阶段油蒿草场土壤碳通量

(一)不同围封演替阶段油蒿草场土壤碳通量日变化

由图5-18可以看出，在生长季初期(5月)，固定沙地、半固定沙地、流动沙地的土壤碳通量日动态都呈现出多峰曲线。固定沙地和半固定沙地日动态特征基本一致，最大值均出现在10:00[固定沙地0.95μmol/(m^2•s)，半固定沙地0.99μmol/(m^2•s)]，最小值出现在18:00[固定沙地0.23μmol/(m^2•s)，半固定沙地0.21μmol/(m^2•s)]，流动沙地白天(6:00~18:00)土壤碳通量动态与固定沙地和半固定沙地类似，夜间土壤碳通量变化与固定沙地和半固定沙地正好相反，即固定沙地和半固定沙地土壤碳通量升高时，流动沙地土壤碳通量反而降低。流动沙地最大值和最小值分别出现在10:00[0.77μmol/(m^2•s)]和20:00[0.17μmol/(m^2•s)]。固定沙地土壤碳通量速率的日平均值为0.58μmol/(m^2•s)、半固定沙地为0.49μmol/(m^2•s)、流动沙地为0.42μmol/(m^2•s)。固定沙地和半固定沙地差异不显著(P>0.05)，半固定沙地和流动沙地差异不显著(P>0.05)，固定沙地和流动沙地差异显著(P<0.05)。

7月份，土壤温度(图5-19)和土壤含水量(图5-20a)开始上升，地下生物量(图5-20b)也大幅增加，三个样地的土壤碳通量速率都有较大的升高，特别是半固定沙地上升幅度达到119%，日平均值为1.07μmol/(m^2•s)，虽然固定沙地没有半固定沙地上升幅度(96%)大，但呼吸速率的日平均值仍然是最高的，为1.15μmol/(m^2•s)，流动沙地的日平均值为0.90μmol/(m^2•s)。固定沙地和半固定沙地差异不显著(P>0.05)，半固定沙地和流动沙地差异显著(P<0.05)，固定沙地和流动沙地差异极显著(P<0.01)。固定沙地、半固定沙地、流动沙地土壤碳通量最大值出现分别出现在0:00[1.57μmol/(m^2•s)]、12:00[1.50μmol/(m^2•s)]、16:00[1.13μmol/(m^2•s)]，最小值分别出现在18:00[0.87μmol/(m^2•s)]、20:00[0.84μmol/(m^2•s)]、2:00[0.53μmol/(m^2•s)]。

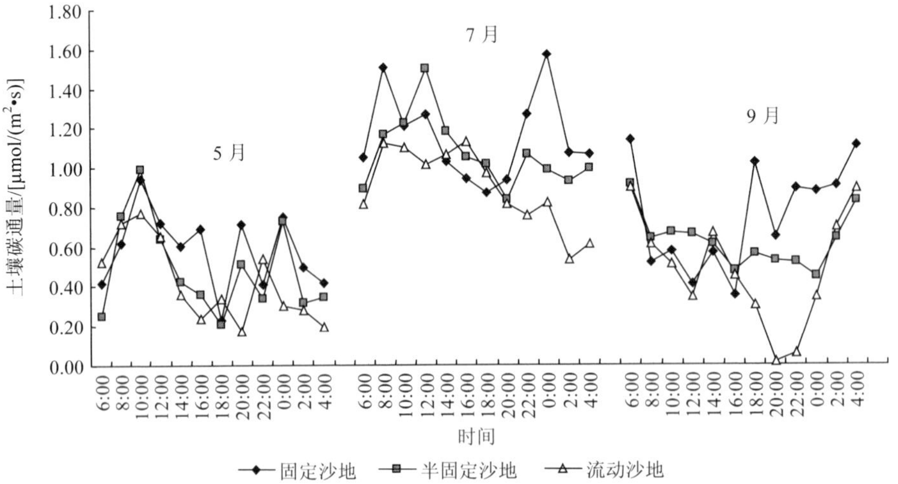

图 5-18　不同围封演替阶段油蒿草场土壤碳通量日动态

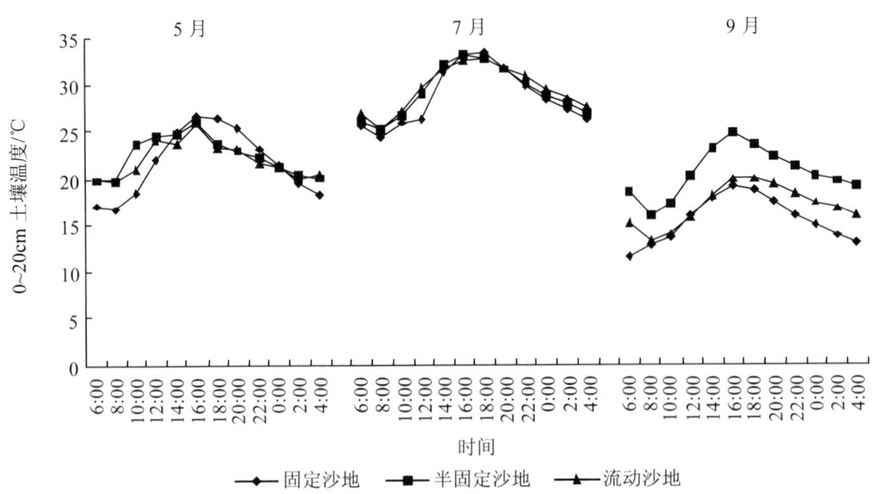

图 5-19　不同围封演替阶段油蒿草场土壤温度(0~20cm)日变化

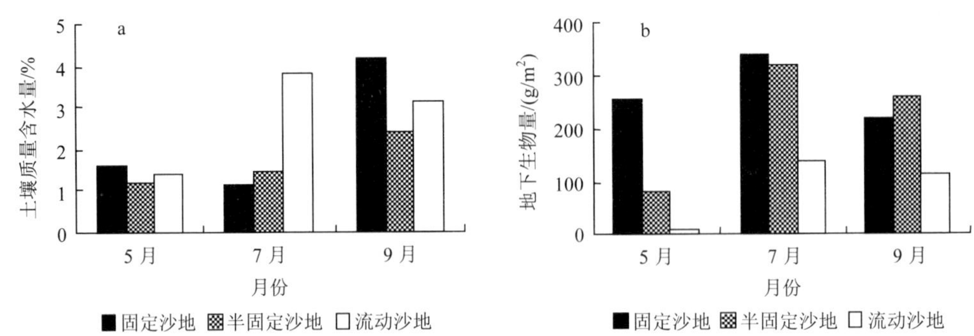

图 5-20　不同围封演替阶段油蒿草场 0~20cm 土壤质量含水量(a)和地下生物量季节变化(b)

9 月份，土壤温度大幅下降，三个样地土壤碳通量的整体水平与 7 月份相比明显下降，固定沙地土壤碳通量的日平均值下降到 0.75μmol/(m^2•s)、半固定沙地为 0.62μmol/(m^2•s)、流动沙地为 0.48μmol/(m^2•s)。固定沙地和半固定沙地差异不显著(P>0.05)，半固定沙地和流动沙地差异不显著(P>0.05)，固定沙地和流动沙地差异显著(P<0.05)。三个样地土壤碳通量最大值都出现在早晨 6:00[固定沙地 1.14μmol/(m^2•s)、半固定沙地 0.91μmol/(m^2•s)、流动沙地 0.90μmol/(m^2•s)]；固定沙地土壤碳通量的最小值出现在午后 16:00[μmol/(m^2•s)]，半固定沙地和流动沙地最小值分别出现在夜间 0:00[0.44μmol/(m^2•s)]和 20:00[0.02μmol/(m^2•s)](如图 5-12)。固定沙地和流动沙地的土壤碳通量变化较大，相比之下半固定沙地土壤碳通量的变化较为平缓。

(二)不同围封演替阶段土壤碳通量季节变化

固定沙地、半固定沙地、流动沙地土壤碳通量季节动态呈现出夏季高，春季和秋季低的特点(图 5-12)，对三个样地土壤碳通量速率进行方差分析，得出固定沙地、半固定沙地和流动沙地季节变化均极显著(P<0.01)。三个样地土壤碳通量季节动态与土壤温度和地下生物量季节动态一致(图 5-13 和图 5-14b)。在相同季节，土壤碳通量的日平均值均表现为：固定沙地>半固定沙地>流动沙地。随着植被覆盖度降低，土壤碳通量也在下降。

(三)不同围封演替阶段土壤碳通量的影响因子

一些研究认为干旱、半干旱地区土壤碳通量与土壤温度、土壤含水量在一定范围内具有相关性(李玉强等，2006；王淼等，2003；刘绍辉和方精云，1997)。土壤碳通量的主要参与者是植物的根系(韩广轩和周广胜，2009)，本研究相关分析表明(表 5-36)，土壤温度与土壤碳通量显著相关，土壤含水量与土壤碳通量不相关，地下生物量与土壤碳通量显著相关。5 月份土壤碳通量普遍较低，主要因为该月土壤温度、含水量和地下生物量均处于很低水平。本研究中三个样地 7 月的土壤碳通量速率最大，因为此时进入生长季，植物地上部分和地下部分长势加强，地下生物量增加，从表 5-36 也可以看到，本月热量条件很好，根系呼吸作用会相应的提高。特别是固定沙地，地下生物量高，土壤碳通量也明显高于另外两个样地。9 月，三个样地土壤碳通量相对于 7 月份都要弱得多，但却高于 5 月份，此时进入生长末期，植物生长发育远不如 7 月旺盛，所以根系呼吸不强烈。三个样地地下生物量均低于 7 月份，温度也有大幅度降低，只有含水量有所升高(固定沙地和半固定沙地)，由于影响土壤碳通量的因子之间是相互作用的(Luo and Zhou，2007)，含水量的提高在一定程度上也会使土壤温度降低，所以影响了土壤碳通量。

表 5-36　土壤碳通量与影响因子的相关性

		根系生物量/(g/m^2)	土壤温度/℃	土壤含水量/%
土壤碳通量	Pearson 相关性系数	0.753*	−0.334*	−0.398
	显著性(双侧)	0.019	0.047	0.289
	N	9	9	9

*表示显著性水平 0.05，**表示显著性水平 0.01。

五、鄂尔多斯沙地油蒿草场碳储量与固碳潜力

目前，鄂尔多斯高原有固定沙地 14 675km^2，半固定沙地 15 621km^2，流动沙地 13 971km^2(吴正，2009；王玉华等，2008；杨俊平，2006)。本研究中围封保护油蒿草场和自由放牧油蒿草场碳密度无显著差异(表 5-6)，所以将围封保护油蒿草场和自由放牧油蒿草场均纳入固定沙地中。由不同围封演替阶段油蒿草场植物-土壤碳密度(表 5-22)可以计算得出不同围封演替阶段油蒿草场碳储量为固定沙地 37.86Tg、半固定沙地 26.55Tg C、流动沙地 15.79Tg C，鄂尔多斯高原沙地油蒿草场碳储量为 80.20Tg(表 5-37)。

表 5-37　不同围封演替阶段油蒿草场碳储量(单位：Tg C)

	固定沙地	半固定沙地	流动沙地	油蒿草场总计
碳储量	37.86	26.55	15.79	80.20

已有研究表明，适度的放牧是保持沙地油蒿群落稳定的关键，即一方面要限制过度放牧的情况发生，另一方面也不能完全封闭保护，使固定沙地油蒿群落向下一个演替阶段发展，导致油蒿群落的衰败(郭柯，2000)。所以，无论是从可持续利用角度还是碳固持方面来看，轻度放牧是固定沙地油蒿草场最佳利用方式。对于半固定沙地和流动沙地应采取围封禁牧措施，经过几年到十几年的恢复，最终演替为固定沙地，将会固定 76Tg。

六、不同保护利用方式和植被类型土壤呼吸研究

(一)不同保护利用方式土壤呼吸日动态变化研究

由图 5-21 可看出 7 月份各样地土壤呼吸速率最大值都出现在 12:00，且土壤呼吸速率曲线的变化趋势是一致的，从上午 10:00 时开始升高，12:00 时达到最大值，之后土壤呼吸速率随时间变化逐渐降低；对照样地各个时段的土壤呼吸速率都要高于其他三个放牧样地；从该图还可看出轻度、中度样地的日变化曲线非常相似，而重度样地的曲线变化的幅度不大，相对其他样地而言要平稳很多，其土壤呼吸的日变化不大，最大最小之间的差值为 0.95μmol/(m^2•s)，而轻度、中度、对照样地的土壤呼吸日最大最小间差值分别为 2.15μmol/(m^2•s)、2.17μmol/(m^2•s)和 1.98μmol/(m^2•s)，明显的高于重度样地。

由图 5-22 可看出，10 月 22 日各样地的土壤呼吸速率日变化也都很明显，其中轻度样地土壤呼吸日变化曲线的起伏最为明显突出，并且与重度样地的变化趋势一样。早上 10:00 以后土壤呼吸速率迅速上升，至 12:00 达到最大，之后随时间变化，呼吸速率值下降较快；对照和中度样地的变化趋势一致，自早上 10:00 后土壤呼吸速率值迅速上升，12:00 后继续缓慢上升，至 14:00 达到最大，之后开始明显下降。

从图 5-23 可看出，各个样地在 7 月份日均土壤呼吸速率均大于该样地在 10 月份的值，且差异极显著($P<0.01$)；7 月份各样地日均土壤呼吸速率随放牧梯度的增大而逐渐减小，分别为对照样地[3.77μmol/(m^2•s)]>轻度样地[2.63μmol/(m^2•s)]>中度样地[2.15μmol/(m^2•s)]>重度样地[2.03μmol/(m^2•s)]，并且对照样地日均呼吸速率都显著高于其他三个放牧样地($P<0.05$)，而放牧样地之间比较并无显著差异($P>0.05$)；10 月份各

个样地的日均土壤呼吸速率都小于 1，并且相互间无显著差异(P>0.05)。

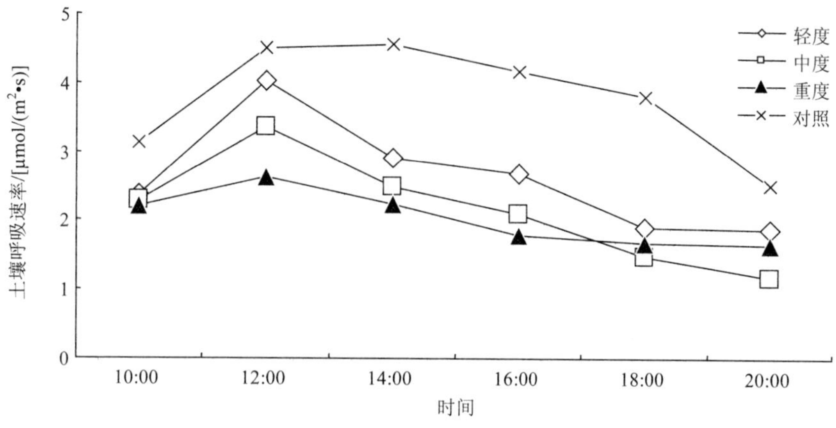

图 5-21　7 月份土壤呼吸随时间变化动态

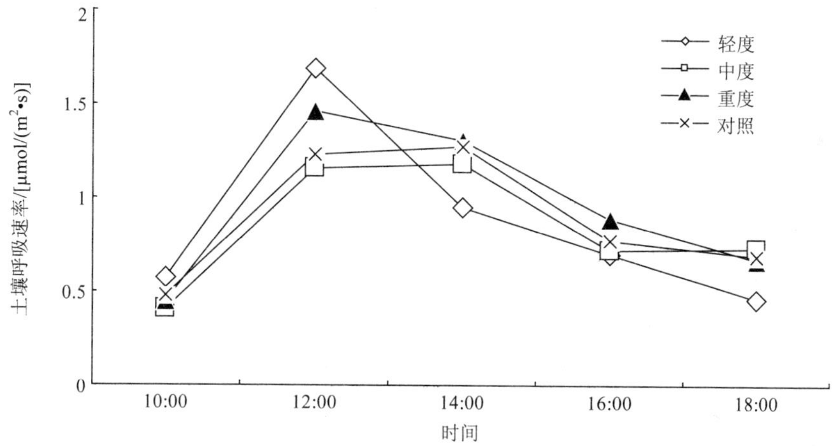

图 5-22　10 月份土壤呼吸随时间变化动态

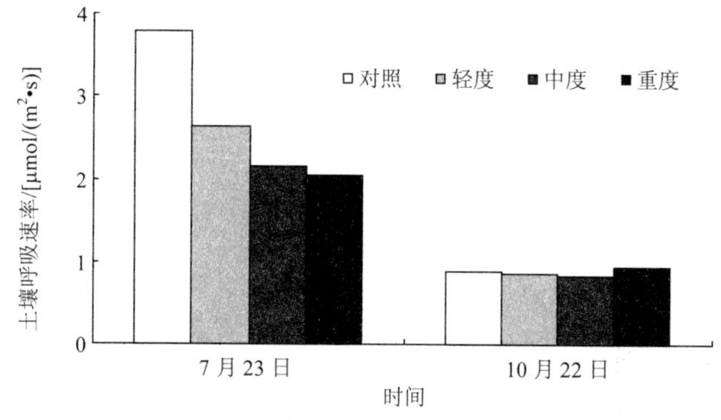

图 5-23　7 月与 10 月日均土壤呼吸对比图

(二)不同保护利用方式土壤呼吸与土壤温度、土壤含水量的关系研究

图 5-24 中 a、b、c、d 分别为 7 月份轻度样地、中牧样地、重牧样地、对照样地土

壤呼吸与土壤温度的关系；图 5-25 中 a、b、c、d 分别为 7 月份轻度样地、中牧样地、重牧样地、对照样地土壤呼吸与土壤含水量的关系。

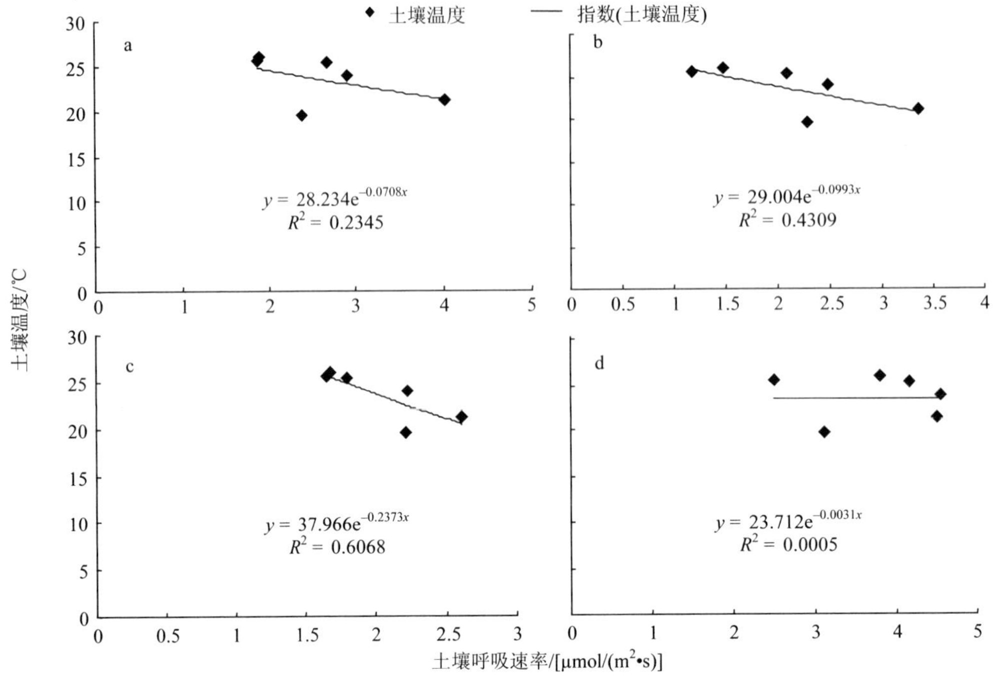

图 5-24　7 月份土壤温度与土壤呼吸速率的关系

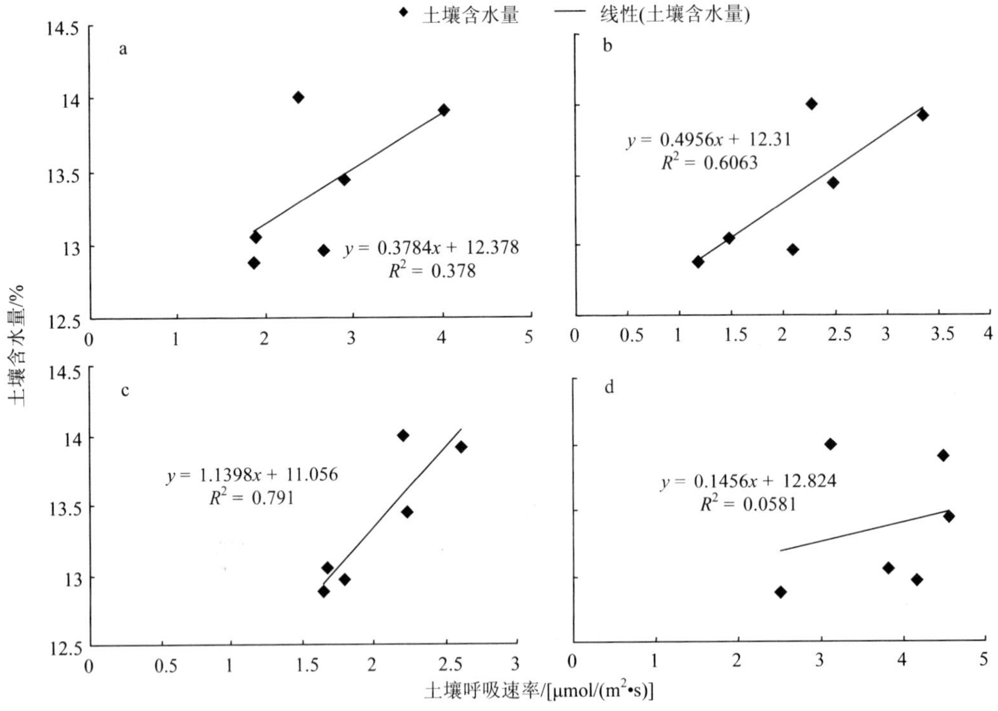

图 5-25　7 月份土壤含水量与土壤呼吸速率的关系

由图 5-18 中可看出在 7 月份，只有重牧样地(图 5-18c)的土壤呼吸与土壤温度的指数关系比较明显，中牧样地、重牧样地(图 5-19b、c)的土壤呼吸与土壤含水量的线性关系比较明显，而其他样地土壤呼吸变化与土壤温度及含水量并无明显的关系。由图 5-26 和图 5-27 可看出，在 10 月份，只有中牧样地的土壤呼吸与土壤温度和土壤含水量关系较为明显，其余样地均不明显。这一结果，与其他很多学者的相关研究并不一致，这或许与所测土壤呼吸的时间点相对较少，在分析数据时不能形成较为有规律的曲线趋势有很大关系。

图 5-26 中 a、b、c、d 分别为 10 月份轻度样地、中牧样地、重牧样地、对照样地土壤呼吸与土壤温度的关系；图 5-27 中 a、b、c、d 分别为 10 月份轻度样地、中牧样地、重牧样地、对照样地土壤呼吸与土壤含水量的关系。

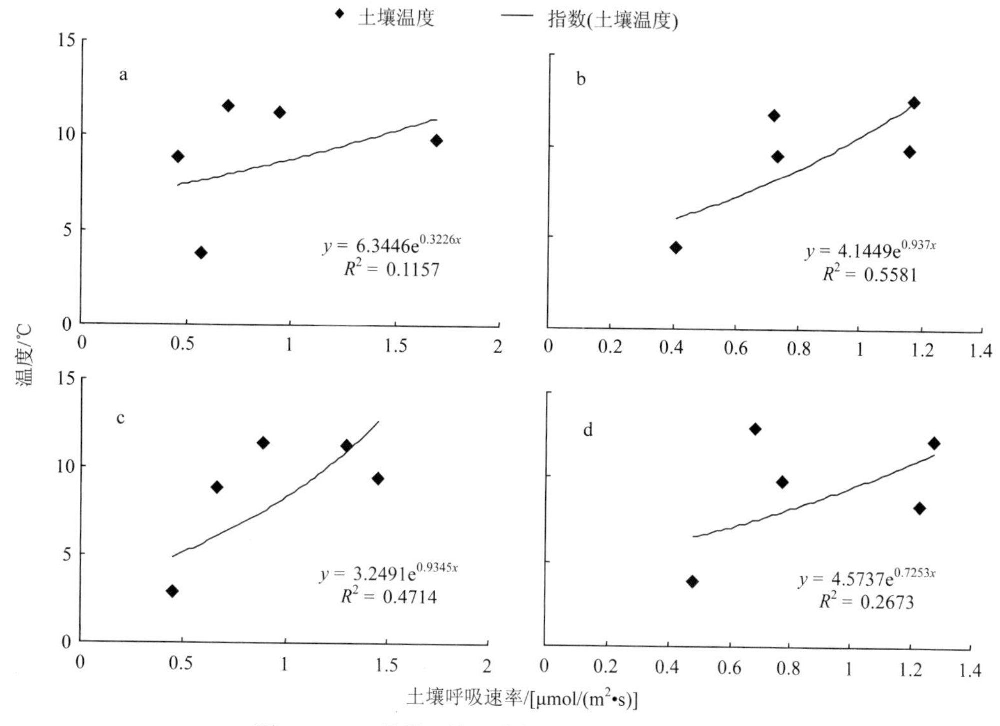

图 5-26　10 月份土壤温度与土壤呼吸速率的关系

根据 2012 年测得的土壤有机质含量及土壤容重的数据，计算得到不同样地的土壤碳密度分别为轻度($0.95kg/m^2$)、中度($0.72kg/m^2$)、重度($0.85kg/m^2$)、对照($0.64kg/m^2$)。出现这样的结果应该于 1 年的放牧试验关系不大，应该是如下原因所致。由于放牧试验样地为围封禁牧 20 多年、并经过人工补播草种改良过的沙地草场，在生长季节其植被覆盖度平均达到 50%以上，除了当地原有物种外，还有中坚锦鸡儿、尖叶胡枝子、沙打旺等人工播种的植物。但除了建群种油蒿以外，其他植物种的分布很不均匀，空间异质性很大，在生长旺季，植物密集区域的覆盖度可高达 80%以上，而稀疏的区域覆盖度仅 30%左右，这就导致了土壤容重的差异，经测量轻度和重度放牧样地 0~30cm 的土壤容重平均值为 1.51，对照和中度放牧样地的平均值为 1.44，同时在轻度和重度放牧样地的周边还种有杨树，经过 20 多年枯枝落叶的不断堆积，使得这两个样地的土壤有机质要高于对照和中度放牧样地，因此表现出了以上的计算结果。

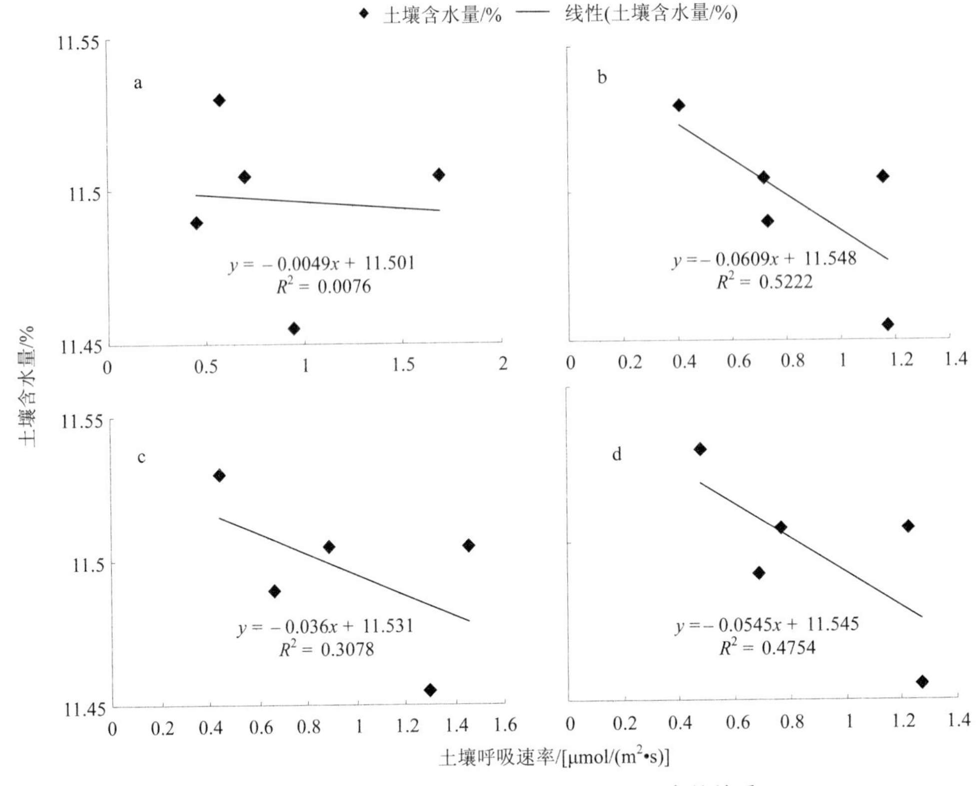

图 5-27　10 月份土壤含水量与土壤呼吸速率的关系

七、不同植被类型土壤有机碳储量、土壤呼吸及微生物量碳

（一）不同植被类型土壤有机碳的分布特征

0~40cm 土层，土壤有机碳含量分布为固定沙地油蒿群落>苜蓿草地>中间锦鸡儿群落>半固定沙地油蒿群落，固定沙地油蒿群落与苜蓿草地间无显著差异，两者土壤有机质含量显著高于中间锦鸡儿群落、半固定沙地油蒿群落，中间锦鸡儿群落与半固定沙地油蒿群落之间无显著差异。固定沙地油蒿群落、苜蓿草地、中间锦鸡儿群落分别比半固定沙地油蒿群落增加了 164.38%、143.84%、57.53%。相同植被类型下不同土层间土壤微生物量碳含量差异显著，主要集中在表层，随土层深度的增加而减少（图 5-28）。

由表 5-38 可以看出，四种植被类型生长季均值存在差异，其中苜蓿草地土壤呼吸均值最大，达到 2.58μmol/(m^2•s)，是中间锦鸡儿群落、固定、半固定沙地油蒿群落的 1.05、1.07、1.43 倍，且与三者差异均达到显著（$P<0.05$），中间锦鸡儿群落与固定沙地油蒿群落土壤呼吸速率均值较为接近，分别为 2.45μmol/(m^2•s)、2.42μmol/(m^2•s)，两者差异不显著，半固定沙地油蒿群落最低，为 1.81μmol/(m^2•s)。

四种植被类型之间，生长季平均土壤含水量差异显著(P<0.05)，土壤温度在固定沙地油蒿群落与其他样地之间差异显著。其中，平均土壤温度和含水量最大值分别出现在中间锦鸡儿群落(24.38℃)和固定沙地油蒿群落(6.84%)，最小值分别出现在固定沙地油蒿群落(23.30℃)和半固定沙地油蒿群落(4.12%)。

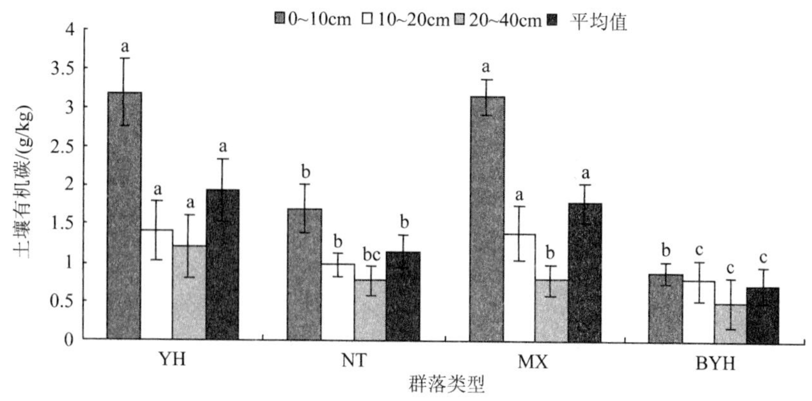

图 5-28 不同植被类型对土壤有机碳的影响

YH 代表固定沙地油蒿群落，BYH 代表半固定沙地油蒿群落，NT 代表中间锦鸡儿群落，MX 代表苜蓿草地

表 5-38 土壤呼吸速率(RS)、土壤温度(T)和含水量(W)平均值多重比较

样地	土壤呼吸速率/[μmol/(m²•s)]	土壤温度/℃	土壤含水量/%
YH	2.42±0.10b	23.30±0.25b	6.84±0.63a
BYH	1.81±0.47c	24.23±0.45a	4.12±0.24d
NT	2.45±0.35b	24.38±0.55a	5.10±0.41c
MX	2.58±0.20a	24.15±0.42a	5.90±0.53b

注：YH 代表固定沙地油蒿群落，BYH 代表半固定沙地油蒿群落，NT 代表中间锦鸡儿群落，MX 代表苜蓿草地。

(二)不同植被类型土壤呼吸与水热因子的关系

四种植被类型土壤呼吸的空间变异与土壤因子之间存在着相互影响。应用逐个选入显著自变数的回归方法，对土壤呼吸速率进行逐步回归分析，得到回归方程：Y=1.1344−0.0617×X_2+0.2419×X_3+0.0448×X_4−0.0020×X_{11}。(Y：土壤呼吸速率；X_1：土壤温度；X_2：土壤水分；X_3：土壤有机碳；X_4：土壤微生物量碳；X_5：pH 值；X_6：全氮；X_7：全磷；X_8：全钾；X_9：速效氮；X_{10}：速效磷；X_{11}：速效钾)。从被引入回归方程的变量来看，土壤呼吸速率与土壤水分、速效钾呈负相关关系，与土壤有机碳、土壤微生物量碳呈正相关关系。

为进一步确定影响土壤呼吸速率空间分布的主要土壤因子，对进入回归分析步骤的土壤因子分别进行了通径分析(表 5-39)。结果表明，影响土壤呼吸速率空间分布的土壤因子直接通径系数大小表现为 X_4>X_{11}>X_2>X_3，通过间接通径系数可以看出，X_2、X_3 和 X_{11} 主要是通过 X_4 的间接作用对土壤呼吸速率产生影响。因此，土壤微生物量碳是影响土壤呼吸速率空间分布的主要因子，即土壤呼吸速率随土壤微生物量碳含量的增加而升高。

表 5-39 土壤因子对土壤呼吸速率的通径分析

因子	直接通径	间接通径			
		X_2	X_3	X_4	X_{11}
X_2	−0.2141		0.0910	0.9594	−0.0895
X_3	0.0961	−0.2028		0.9992	−0.0933
X_4	1.2031	−0.1707	0.0798		−0.1637
X_{11}	−0.2221	−0.0863	0.0404	0.8869	

(三) 不同植被类型土壤呼吸的昼夜变化

在四种植被类型生长季旺期，土壤呼吸速率具有明显的昼夜变化。从图 5-29 可以看出，固定沙地、半固定沙地的油蒿群落土壤呼吸速率昼夜变化总体表现为单峰曲线，峰值出现在 12:00~16:00，最低值出现在 3:00~6:00；中间锦鸡儿群落与苜蓿草地土壤呼吸速率的昼夜变化均呈双峰曲线趋势，最高峰总体出现在 12:00~16:00，次峰值分别出现在 9:00 和 18:00，两者土壤呼吸最低值均出现在 6:00。从峰值出现的先后顺序来看，半固定沙地油蒿群落、苜蓿草地的最高峰值出现在正午 12:00 左右，而固定沙地油蒿群落和中间锦鸡儿群落的最高峰值先后出现在 14:00~16:00。

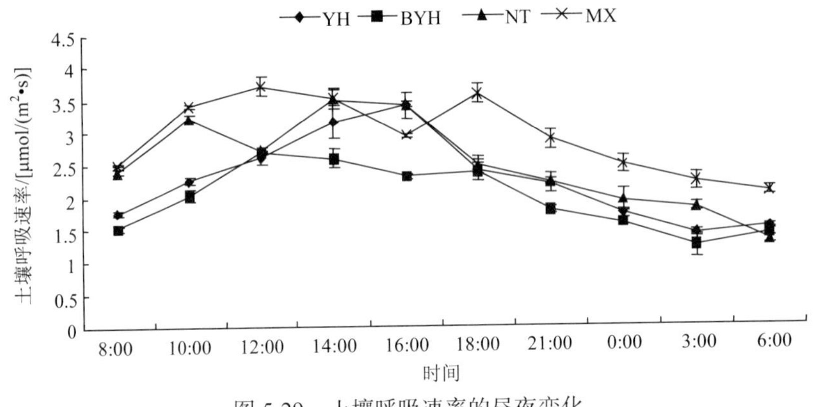

图 5-29 土壤呼吸速率的昼夜变化

YH 代表固定沙地油蒿群落，BYH 代表半固定沙地油蒿群落，NT 代表中间锦鸡儿群落，MX 代表苜蓿草地

对昼间与夜间土壤呼吸的比较发现，四种植被类型昼间土壤呼吸的平均值比夜间高 37.63%，两者间具有极显著差异($P<0.01$)。其中，中间锦鸡儿群落昼、夜间土壤呼吸差异最显著，昼间比夜间高 57.20%，而苜蓿草地昼、夜间土壤呼吸差异最小，昼间仅比夜间高 22.17%。

(四) 不同植被类型土壤微生物量碳的分布特征

0~40cm 土层，不同植被类型下土壤微生物量碳均值差异显著($P<0.05$)(图 5-30)。苜蓿草地土壤微生物量碳显著高于其他样地，依次为苜蓿草地>固定沙地油蒿群落>中间锦鸡儿群落>半固定沙地油蒿群落，苜蓿草地、固定沙地油蒿群落、中间锦鸡儿群落分别比半固定沙地油蒿群落增加了70.28%、60.98%、30.85%。其中，0~10cm土层微生物量碳最高值为苜蓿草地，固定沙地油蒿群落次之，四种植被类型间差异显著。在10~20cm土层苜蓿草地与固定沙地油蒿群落无显著差异，20~30cm土层微生物量碳最高值为固定沙地油蒿群落，其次为中间锦鸡儿群落，苜蓿草地与半固定沙地油蒿群落间无显著差异。相同植被类型下不同土层间土壤微生物量碳含量差异显著，主要集中在表层，随土层深度的增加而减少。

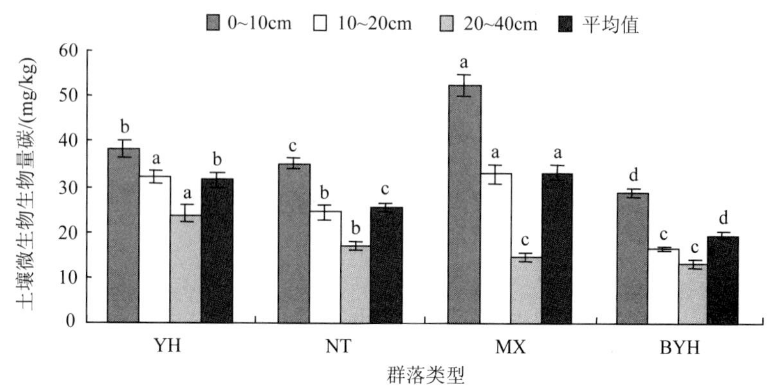

图5-30　不同植被类型对土壤微生物量碳的影响

YH代表固定沙地油蒿群落，BYH代表半固定沙地油蒿群落，NT代表中间锦鸡儿群落，MX代表苜蓿草地

(五)不同植被类型土壤微生物量碳与土壤因子的关系

对四种植被类型土壤微生物量碳与土壤因子进行了相关分析，从表5-40可以看出，土壤微生物量碳与土壤呼吸速率、有机碳、含水量之间具有极显著正相关关系($P<0.01$)，与土壤全磷、速效氮含量之间具有显著正相关关系($P<0.05$)。

表5-40　土壤微生物生物量碳与土壤因子的相关关系

因子	土壤呼吸速率	土壤微生物生物量碳	土壤有机碳	全氮	全磷	速效氮	速效磷	速效钾	PH	土壤含水量
土壤微生物生物量碳	0.9489**	—	0.8901**	0.4314	0.5997*	0.5956*	0.2225	0.4802	−0.3262	0.8432*

注：$r_{0.05}$=0.5760，$r_{0.01}$=0.7079；*表示一般相关，**表示密切相关。

八、不同固沙方式植物根际与非根际土壤性质研究

(一)土壤有机碳含量的差异比较

土壤有机碳是土壤营养元素及土壤微生物生长的重要来源，具有保肥力、疏松和改善土壤的作用，可作为土壤养分的重要指标。不同的植被类型对土壤有机碳的输入、输出不同，因而对有机碳的积累影响各异。

由表5-41可以看出，油蒿、中间锦鸡儿根际土壤有机碳含量均高于非根际土壤，分

别是非根际的 1.67 倍、1.19 倍。这是由于植物根系分泌物、根产物及脱落物不断为土壤供给养分，促进了植物根际土壤有机碳的沉积。根际与非根际有机碳含量的方差分析显示，油蒿表现出显著性差异(P<0.05)，中间锦鸡儿差异不明显。表明油蒿对根际有机碳具有较强的富集作用，中间锦鸡儿虽然表现出根际大于非根际的趋势，但根产物较少，对根际土壤有机碳的富集作用不明显。产生差异的原因可能是植物光合作用强度不同以及根系环境所致。

比较两种固沙植物土壤有机碳含量的差异，发现油蒿根际土壤有机碳含量显著高于中间锦鸡儿(P<0.05)，与流沙对照相比，油蒿根际、非根际土壤有机碳含量提高了 303.58%、142.86%，中间锦鸡儿提高了 121.43%、85.72%。结果表明两种植物对土壤有机碳均有一定的提高，油蒿群落对根际土壤有机碳的影响和改变能力高于中间锦鸡儿群落，但在非根际土壤区域两植被群落对土壤有机碳的改善作用差异不明显。

表 5-41　两种植物根际与非根际土壤有机碳的分布特征(单位：g/kg)

样地	0~10cm	10~20cm	20~30cm	30~40cm
YH(R)	3.07±0.07a	1.68±0.06a	0.99±0.03a	0.81±0.03a
YH(S)	1.62±0.04b	1.04±0.03b	0.64±0.03a	0.64±0.04a
ZJ(R)	2.09±0.08b	0.70±0.05b	0.46±0.04b	0.35±0.03b
ZJ(S)	1.74±0.07b	0.58±0.02b	0.35±0.03b	0.35±0.03b
LS	0.93±0.04c	0.29±0.02c	0.17±0.02b	0.23±0.01b

注：R=rhizospheric，S=non-rhizospheric；YH 代表固定沙地油蒿群落，ZJ 代表中间锦鸡儿群落，LS 代表流沙对照；同一列中不同字母表示有显著性差异(P<0.05)。

(二)土壤 pH 的差异比较

土壤 pH 直接影响土壤肥力、植物发育与微生物活动，是重要的土壤化学指标。从表 5-42 可以看出，试验区沙地土壤 pH 总体呈弱碱性。油蒿根际土壤 pH 低于非根际土壤，中间锦鸡儿根际与非根际土壤 pH 之间无显著差异。据分析油蒿根系在生长过程中通过呼吸作用释放 CO_2，向根际分泌酸类物质，且微生物不断分解植物残体产生多种腐殖酸(崔燕等，2004)，使其根际土壤 pH 低于非根际土壤。

比较两种固沙植物根际、非根际土壤 pH 的差异，发现油蒿土壤 pH 总体低于中间锦鸡儿土壤，且两者在根际 0~20cm 土层差异显著(P＜0.05)。与流沙对照相比，两种植物根际、非根际土壤 pH 均有不同程度的升高。Nyc(1986)认为植物吸收离子造成的不平衡是土壤 pH 变化的主要原因，与植被类型自身生理代谢的功能强弱有关。

表 5-42　两种植物根际与非根际土壤 pH 的分布特征

样地	0~10cm	10~20cm	20~30cm	30~40cm
YH(R)	7.35±0.08b	7.58±0.05b	7.65±0.13a	7.66±0.18a
YH(S)	7.72±0.04a	7.74±0.04a	7.77±0.05a	7.79±0.05a
ZJ(R)	7.67±0.05a	7.78±0.06a	7.82±0.03a	7.85±0.04a
ZJ(S)	7.77±0.07a	7.78±0.04a	7.79±0.07a	7.8±0.04a
LS	7.06±0.06c	7.15±0.05c	7.11±0.02b	7.10±0.03b

注：R= rhizospheric，S= non-rhizospheric;同一列中不同字母表示有显著性差异(P＜0.05)。

(三)土壤全量养分的差异比较

全量养分不能被植物直接吸收，但它的多少可体现土壤潜在供养能力。从表 5-43、表 5-44 可以看出，油蒿、中间锦鸡儿根际土壤全氮含量均高于非根际土壤，幅度达 45%和 28%，且在土壤表层差异显著($P<0.05$)；全磷含量在根际与非根际土壤中的分布较不规律，总体表现为两种植物根际土壤低于非根际土壤。两种植物根系对氮素的聚集作用体现在土壤表层，主要与生物量积累和有机质分解有关(王百群等，1999)，油蒿、中间锦鸡儿根际土壤出现磷的亏缺现象，刘建军等(1998)和张婷(2012)的研究也发现了根际土壤有全磷含量亏缺现象。

比较两种固沙植物土壤全氮、全磷含量的差异，发现油蒿根际与非根际全氮含量显著高于中间锦鸡儿($P<0.05$)，全磷含量的分布则为中间锦鸡儿显著高于油蒿($P<0.05$)。与流沙对照相比，油蒿根际、非根际土壤全氮含量分别提高了 273.88%和 158.62%，中间锦鸡儿提高了 67.35%和 30.27%；油蒿根际和非根际土壤全磷含量提高了 87.27%和 97.41%，中间锦鸡儿提高了 143.60%和 140.42%。土壤中全氮、全磷含量的提高表明两种植被类型均对土壤营养元素有正向积累和促进作用，其中油蒿群落对土壤全氮含量的促进较为明显，而在全磷含量的积累上中间锦鸡儿群落占有优势。

表 5-43　两种植物根际与非根际土壤全氮的分布特征(单位：mg/100g)

样地	0~10cm	10~20cm	20~30cm	30~40cm
YH(R)	36.99±4.81a	19.85±3.03a	18.37±4.33a	14.22±2.32a
YH(S)	22.62±1.73b	17.77±1.31a	12.92±1.22a	8.55±0.68b
ZJ(R)	21.10±4.44b	7.79±2.43b	5.05±1.71b	6.09±1.11b
ZJ(S)	16.78±1.19c	5.25±0.52b	5.54±0.77b	3.59±0.60c
LS	11.02±1.30d	5.06±0.49b	4.97±0.61b	2.88±0.19c

注：R=rhizospheric，S=non-rhizospheric；YH 代表固定沙地油蒿群落，ZJ 代表中间锦鸡儿群落，LS 代表流沙对照；同一列中不同字母表示有显著性差异($P<0.05$)。

表 5-44　两种植物根际与非根际土壤全磷的分布特征(单位：mg/100g)

样地	0~10cm	10~20cm	20~30cm	30~40cm
YH(R)	27.34±1.22a	19.84±3.30b	19.10±1.04c	18.29±1.17c
YH(S)	23.73±2.32b	21.46±2.17b	22.14±1.39b	21.82±1.77b
ZJ(R)	29.13±2.31a	28.51±4.02a	26.22±1.57a	26.15±2.64a
ZJ(S)	29.58±2.59a	25.34±1.20a	27.49±2.39a	26.16±1.36a
LS	12.29±3.02c	12.50±1.45c	10.79±1.88d	9.57±1.62d

注：R=rhizospheric，S=non-rhizospheric；YH 代表固定沙地油蒿群落，ZJ 代表中间锦鸡儿群落，LS 代表流沙对照；同一列中不同字母表示有显著性差异($P<0.05$)。

(四)土壤速效养分的差异比较

从表 5-45~表 5-47 可以看出，油蒿根际速效氮含量高于非根际土壤，幅度达 26.03%，且在 0~10cm 土层差异显著($P<0.05$)，中间锦鸡儿根际速效氮含量低于非根际土壤，幅度为 77.15%；油蒿、中间锦鸡儿速效磷含量分布表现为非根际高于根际土壤约 358.24%

和 232.11%；根际与非根际土壤中速效钾含量的分布较无规律。速效养分是植物可直接利用的养分，在土壤中的变化周期较快，受植被、土壤环境等多种因素影响，因此在根际、非根际的含量分布较不规律。其中，速效氮是土壤肥力的主要指标之一，油蒿根际环境促进了土壤肥力的正向积累，而中间锦鸡儿根际表现为速效氮养分亏缺，表征出中间锦鸡儿土壤质量出现一定的退化趋势。

比较两种固沙植物土壤速效氮、磷、钾含量的差异，发现油蒿根际、非根际速效氮含量显著高于中间锦鸡儿(P<0.05)；而速效磷含量则为中间锦鸡儿根际显著高于油蒿(P<0.05)；速效钾含量在两植物土壤间差异不显著。与流沙对照相比，油蒿根际、非根际土壤速效氮含量提高了 501.99%和 379.37%，中间锦鸡儿提高了 11.12%和 96.43%；油蒿根际、非根际土壤速效钾含量提高了 36.92%和 37.08%，中间锦鸡儿提高了 32.99%和 32.79%。结果表明植被的生长恢复对于土壤有效养分的积累具有促进作用，由于植物根系分泌物产生有机物质的不同，以及植物自身的生理代谢导致了两种植物对土壤有效养分的聚集具有选择性。

表 5-45 两种植物根际与非根际土壤速效氮的分布特征(单位：mg/100g)

样地	0~10cm	10~20cm	20~30cm	30~40cm
YH(R)	4.83±0.24a	3.43±0.43a	4.15±0.20a	2.76±0.17a
YH(S)	3.11±0.28b	3.10±0.28a	3.11±0.33b	2.76±0.22a
ZJ(R)	1.13±0.30c	0.22±0.09c	0.80±0.21c	0.65±0.19c
ZJ(S)	1.11±0.09c	1.12±0.22b	1.15±0.15c	1.57±0.10b
LS	1.08±0.20c	0.22±0.10c	0.60±0.13c	0.63±0.13c

注：R=rhizospheric，S=non-rhizospheric；YH 代表固定沙地油蒿群落，ZJ 代表中间锦鸡儿群落，LS 代表流沙对照；同一列中不同字母表示有显著性差异(P<0.05)。

表 5-46 两种植物根际与非根际土壤速效磷的分布特征(单位：mg/kg)

样地	0~10cm	10~20cm	20~30cm	30~40cm
YH(R)	1.02±0.26a	未检出	未检出	未检出
YH(S)	1.03±0.26a	8.25±1.45a	2.91±0.18b	6.48±0.73a
ZJ(R)	未检出	0.47±0.14b	1.63±0.36c	5.68±0.24b
ZJ(S)	未检出	6.49±1.58a	6.08±1.33a	5.51±0.46b
LS	1.02±0.29a	0.05±0.06c	0.07±0.12d	0.08±0.08c

注：R=rhizospheric，S=non-rhizospheric；YH 代表固定沙地油蒿群落，ZJ 代表中间锦鸡儿群落，LS 代表流沙对照；同一列中不同字母表示有显著性差异(P<0.05)。

表 5-47 两种植物根际与非根际土壤速效钾的分布特征(单位：mg/100g)

样地	0~10cm	10~20cm	20~30cm	30~40cm
YH(R)	19.25±1.89a	8.55±0.54a	6.75±0.21b	6.25±0.08b
YH(S)	14.00±2.49c	9.85±1.86a	9.40±0.83a	7.60±0.75a
ZJ(R)	16.38±1.84b	9.00±1.07a	6.75±0.61b	7.50±0.42a
ZJ(S)	20.00±3.16a	7.63±0.76b	5.75±0.65c	6.19±0.29b
LS	6.90±0.47d	6.45±0.47b	8.80±0.71a	7.65±0.34a

注：R=rhizospheric，S=non-rhizospheric；YH 代表固定沙地油蒿群落，ZJ 代表中间锦鸡儿群落，LS 代表流沙对照；同一列中不同字母表示有显著性差异(P<0.05)。

（五）不同固沙方式植物根际与非根际土壤微生物性质研究

1. 微生物数量的差异比较

（1）微生物总数

由图 5-31 可知，油蒿根际、非根际土壤微生物总数均高于中间锦鸡儿，两者在根际 0~20cm 土壤中差异显著（$P<0.05$）。与流沙对照相比，油蒿根际、非根际土壤微生物总数提高了 9.23 倍和 5.73 倍，中间锦鸡儿提高了 6.49 倍和 4.20 倍。结果表明两种植物无论在根际界面还是非根际界面，均对土壤微生物生长起到促进作用，土壤微生物条件比流动沙地有不同程度的改善。其中，天然恢复的油蒿群落根际土壤环境更能促进微生物繁殖与生长，根际聚集效应在 0~20cm 土层尤为明显，这与杨玉盛等（1998）对格氏栲天然林与人工林的研究报道一致。

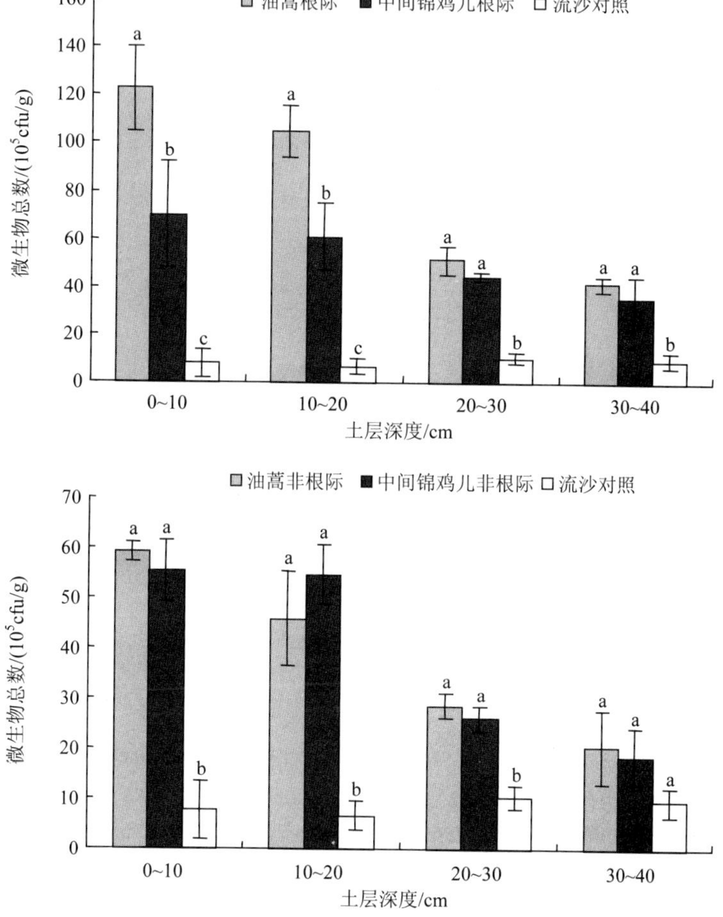

图 5-31　两种植物根际与非根际土壤中微生物总数分布

（2）细菌数量

由图 5-32 可知，油蒿根际、非根际土壤细菌数量均高于中间锦鸡儿，两者在根际 0~30cm 土壤中差异显著（$P<0.05$）。与流沙对照相比，油蒿根际、非根际土壤细菌数量提

高了 8.16 倍、3.34 倍，中间锦鸡儿提高了 3.84 倍、2.66 倍。一般认为细菌在养分较高的土壤中数量较多，养分充足的土壤供给植物根系所需营养，植物根系生长旺盛，根部较快的新陈代谢刺激了细菌活性，从而促进了细菌的生长繁殖(郭正刚等，2004)，因此，细菌可敏感地反映土壤肥力状况。本研究中，两种植物土壤细菌数量显著高于流沙对照，在一定程度上反映出两种植物对土壤养分具有一定的改善作用。其中，油蒿群落根际土壤环境更有利于细菌繁殖生长。

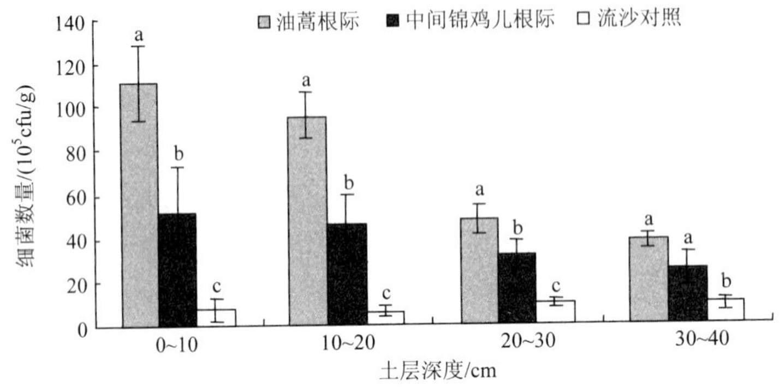

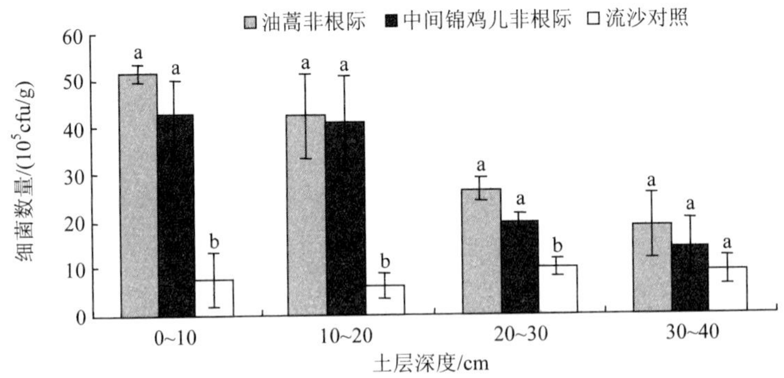

图 5-32　两种植物根际与非根际土壤中细菌数量分布

(3) 真菌数量

由图 5-33 可知，中间锦鸡儿根际土壤真菌数量显著高于油蒿($P<0.05$)，两者在非根际土壤中差异不显著。与流沙对照相比，油蒿、中间锦鸡儿根际土壤真菌数量分别提高了 3.91 倍、11.47 倍，非根际土壤中除表层(0~10cm)显著高于流沙外，三者间差异不显著。油蒿、中间锦鸡儿表层真菌数量分别比流沙提高了 3.91 倍、3.55 倍。结果表明两种植物在根际界面对土壤真菌具有一定的促进作用，尤其以中间锦鸡儿群落最为明显，这可能与中间锦鸡儿根系分泌物刺激真菌生长繁殖有关。

(4) 放线菌数量

由图 5-34 可知，中间锦鸡儿根际、非根际土壤放线菌数量均显著高于油蒿($P<0.05$)。与流沙对照相比，油蒿根际、非根际土壤放线菌数量分别提高了 11.14 倍、5.77 倍，中间锦鸡儿根际、非根际土壤放线菌数量分别提高了 23.57 倍、15.83 倍。结果显示，两种植物土壤放线菌数量显著高于流沙对照。其中，中间锦鸡儿群落对放线菌的选择富集作用高于油蒿群落。

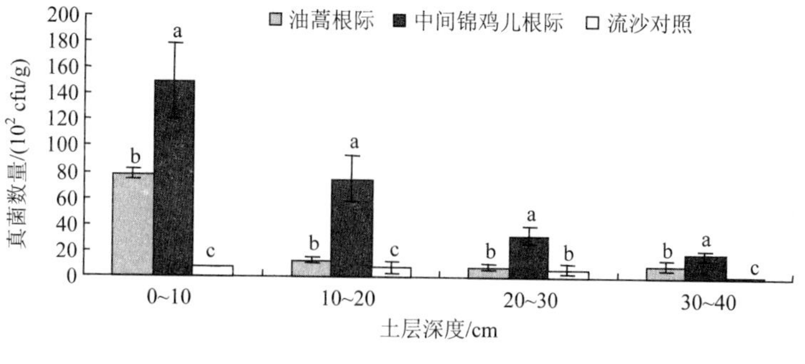

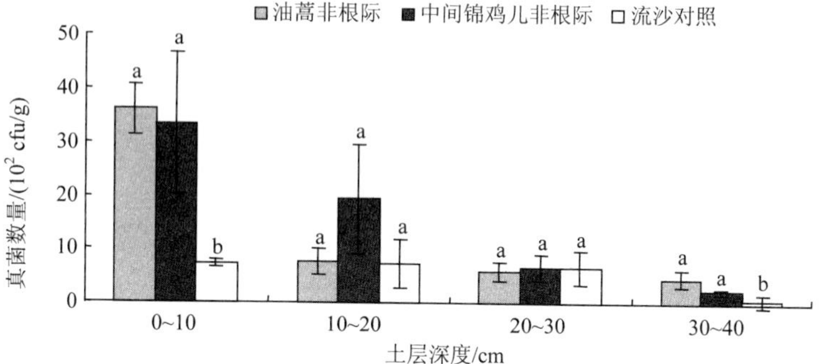

图 5-33 两种植物根际与非根际土壤中真菌数量分布

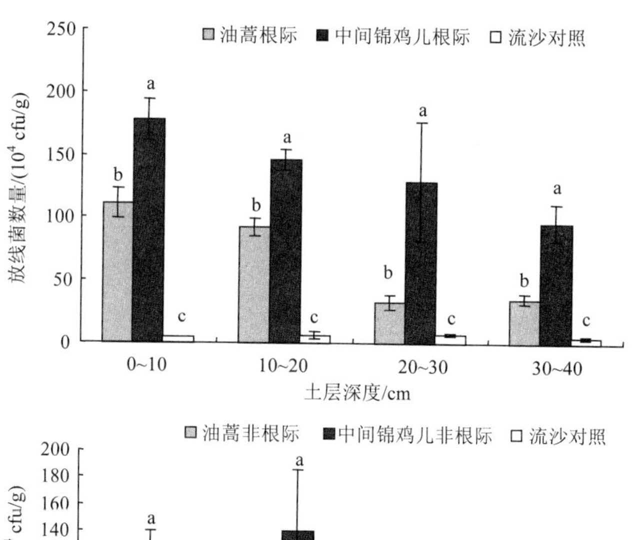

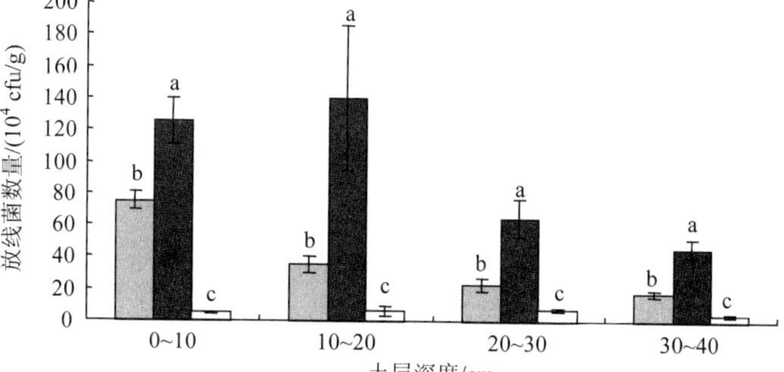

图 5-34 两种植物根际与非根际土壤中放线菌数量分布

2. 根际效应

根际分泌物通过改变土壤微区域理化性质和生物学特性而使其区别于原土体，从而促进根系周围微生物繁殖和生长，对根际有直接影响。本实验中，两种植物根际微生物总数、细菌、真菌、放线菌数量均高于非根际土壤，R/S 值介于 1.32~4.45(表 5-48)，均大于 1，表明两种植被类型根际微生物均受根系及分泌物影响较大，与非根际土壤相比形成了微生物的聚集效应。

两种植被类型土壤微生物总数的根际效应总体表现为油蒿>中间锦鸡儿。不同的植物根系分泌物影响着根际微生物的种群结构和数量，并对根际微生物代谢繁殖有一定的影响，表现出不同的选择和聚集效应。油蒿灌丛下细菌 R/S 值在三类微生物中最高，为 2.11，真菌和放线菌的 R/S 均值较为接近，分别为 1.99、1.79；中间锦鸡儿灌丛下土壤真菌 R/S 值最高，为 4.45，放线菌的根际效应次之，R/S 为 1.46，细菌根际效应最小，R/S 值仅为 1.32。

表 5-48 两种植物根际微生物组成比例与根际效应

样地		细菌		真菌		放线菌		微生物总数	
		数量/(10^5 cfu/g)	R/S	数量/(10^2 cfu/g)	R/S	数量/(10^4 cfu/g)	R/S	数量/(10^5 cfu/g)	R/S
YH	R	73.25±9.52a	2.11	27.00±3.25a	1.99	67.75±7.24a	1.79	80.05±9.51a	2.08
	S	34.75±5.15b		13.58±2.54b		37.75±4.47b		38.54±5.26b	
ZJ	R	38.75±12.21a	1.32	68.58±14.37a	4.45	137.08±21.57a	1.46	52.53±11.97a	1.36
	S	29.25±6.31a		15.42±6.60b		93.92±19.51b		38.66±5.02a	

注：R=rhizospheric，S=non-rhizospheric；同一植物同一列中不同字母表示有显著性差异($P<0.05$)。

3. 微生物组成比例的差异比较

微生物种群结构及比例是表征土壤微生物活性及养分状况的重要指标之一。表 5-49 为油蒿与中间锦鸡儿根际、非根际土壤细菌、真菌、放线菌的组成比例。在两种植物根际与非根际土壤中，微生物组成比例无明显变化，均以细菌数量最高，放线菌次之，真菌最低，细菌数量比放线菌、真菌高 1、3 个数量级。这与前人研究结果相符(罗明等，2002)，表明两种固沙灌木根际土壤中细菌是主要微生物类群。

不同植被类型根际土壤微生物群落组成各不相同。油蒿根际细菌、真菌、放线菌数量分别占微生物总数的百分比为 91.51%、0.04%和 8.47%，中间锦鸡儿根际细菌、真菌、放线菌比例为 73.77%、0.13%和 26.10%，可以看出油蒿根际土壤细菌比例高于中间锦鸡儿约 17%，真菌、放线菌比例低于中间锦鸡儿约 0.10%、17%。细菌在养分较高的土壤中数量较大，而在土壤养分低的环境下数量减少，放线菌菌丝体产生的孢子使其种群能够在严酷条件下保存下来，因此在严酷环境中更有生存优势(李阜棣等，1996；Beatriz *et al.*，2003)认为土壤真菌和放线菌数量的升高是土壤质量退化的标志。本研究中油蒿根际细菌比例较大，说明油蒿根际土壤具有较好的养分条件，中间锦鸡儿主根发达、须根较少，根围环境较为严酷，真菌和放线菌比例的升高，在一定程度上反映出中间锦鸡儿土壤有退化趋势。

表 5-49　两种植物根际微生物组成比例

样地		细菌		真菌		放线菌		微生物总数
		数量/(10^5 cfu/g)	比例/%	数量/(10^2 cfu/g)	比例/%	数量/(10^4 cfu/g)	比例/%	数量/(10^5 cfu/g)
YH	R	73.25±9.52a	91.51	27.00±3.25a	0.04	67.75±7.24a	8.47	80.05±9.51a
	S	34.75±5.15b	90.17	13.58±2.54b	0.04	37.75±4.47b	9.80	38.54±5.26b
ZJ	R	38.75±12.21a	73.77	68.58±14.37a	0.13	137.08±21.57a	26.10	52.53±11.97a
	S	29.25±6.31a	75.66	15.42±6.60b	0.04	93.92±19.51b	24.30	38.66±5.02a

注：R=rhizospheric，S=non-rhizospheric；同一植物同一列中不同字母表示有显著性差异(P<0.05)。

4. 微生物生物量碳的差异比较

土壤微生物量参与调节土壤矿化和物质能量流动过程(刘志恒，2008)，是土壤有机质的活性部分及速效养分的来源，比微生物数量更好的反映土壤养分状况(刘占峰等，2007)，可以用来反映土壤微生物功能活性(Rogers *et al.*，2001)。一般认为土壤营养元素的积累以及根周转速率是影响土壤微生物量的主要原因。

由图 5-35 可知，油蒿根际、非根际土壤微生物量碳含量总体显著高于中间锦鸡儿(P<0.05)，与流沙对照相比，油蒿根际、非根际土壤微生物量碳含量提高了 300.05%、

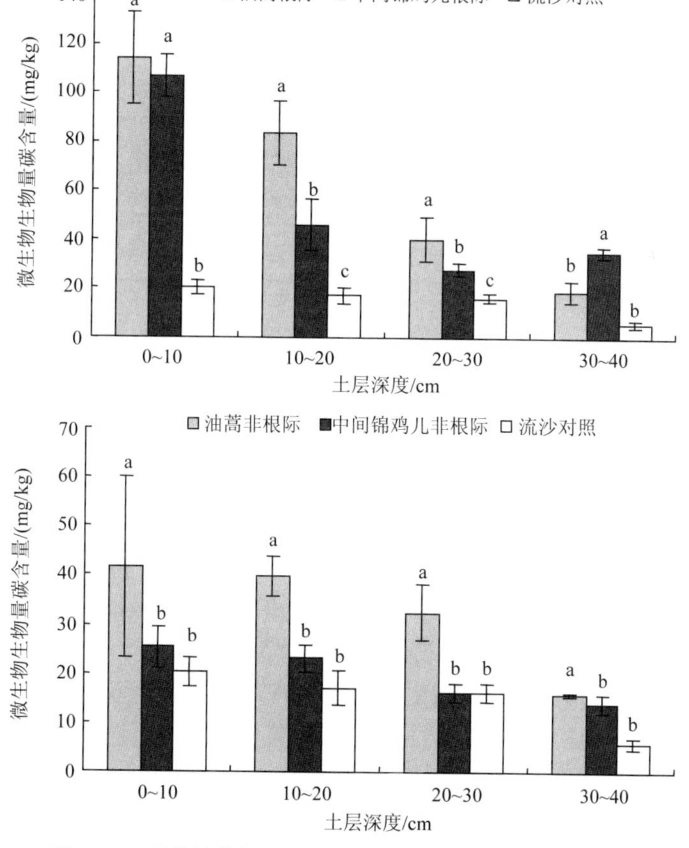

图 5-35　两种植物根际和非根际土壤微生物量碳含量分布

118.31%，中间锦鸡儿提高了 236.34%、32.08%。土壤微生物量碳对土壤养分循环起着重要作用，比有机碳更能反应土壤质量的变化(王珊等，2005)，结果表明两种植被类型对土壤微生物活性有不同程度的促进作用。其中，油蒿相对较高的土壤微生物量碳含量表明油蒿群落对于土壤有效养分和生物活性的促进作用强于中间锦鸡儿群落。

比较根际与非根际土壤微生物量碳含量的差异，发现油蒿、中间锦鸡儿根际与非根际之间差异显著(P<0.05)，根际含量分别比非根际提高了 96.95%和 174.22%。这是由于与非根际土壤相比，可溶性根系分泌物为微生物提供更多有益繁殖发育的有效性碳源，促进了土壤微生物活性及土壤矿化能力。

九、不同固沙方式土壤微生物与土壤化学性质的关系

(一)油蒿、中间锦鸡儿根际土壤有机碳与土壤微生物的关系

对油蒿、中间锦鸡儿根际土壤有机碳与土壤微生物学特征进行了相关分析，从表 5-50 可以看出，油蒿土壤有机碳与细菌、真菌、微生物总数、微生物生物量碳、微生物生物量氮之间具有极显著正相关关系(P<0.01)，与放线菌数量呈显著正相关关系(P<0.05)；中间锦鸡儿土壤有机碳与微生物生物量碳、微生物生物量氮含量之间呈极显著正相关关系(P<0.01)，与细菌、真菌、放线菌、微生物总数等因子之间没有显著相关关系。

表 5-50　土壤有机碳与土壤微生物学特征的相关关系

因子	细菌	真菌	放线菌	总数	微生物生物量碳	微生物生物量氮
油蒿土壤有机碳	0.8645**	0.9598**	0.8203*	0.9075**	0.9264**	0.9491**
中间锦鸡儿土壤有机碳	−0.1261	−0.3320	−0.1267	0.1260	0.8832**	0.9215**

注：$r_{0.05}$=0.7067，$r_{0.01}$=0.8343；*表示一般相关，**表示密切相关。

(二)油蒿根际土壤微生物与土壤化学性状的关系

为深入探讨油蒿根际土壤微生物与土壤化学性状的关系，采用逐步回归方法，对油蒿根际土壤微生物各指标(数量、生物量)进行回归分析，得到 6 个回归方程(表 5-51)。从被引入回归方程的变量来看，细菌数量与有机质、全氮、速效氮、pH 存在正相关性，与速效钾、含水量存在负相关性；真菌数量与有机质、全氮、pH、含水量呈正相关，与速效氮、速效磷呈负相关；放线菌数量与全磷、速效氮、速效磷、含水量呈正相关，与有机质、pH 呈负相关；微生物总数与有机质、全氮、速效氮、pH 存在正相关关系，与速效钾、含水量存在负相关关系；微生物生物量碳与有机质、全氮、速效氮、pH 呈正相关，与速效磷、含水量呈负相关；微生物生物量氮与有机质、速效钾、pH、含水量存在正相关性，与全磷、速效磷存在负相关性。

表 5-51 土壤因子与油蒿根际土壤微生物的回归关系

微生物	回归关系	复相关系数	决定系数 R^2	校正决定系数
细菌	Y=-1336.67+198.15**X1*+4.08**X2*+1.96**X4*-0.55**X6*+172.92**X7*-5.20**X8*	0.999	0.999	0.995
真菌	Y=-770.52+173.96**X1*+1.21**X2*-2.59**X4*-0.42**X5*+96.73**X7*+1.15**X8*	0.999	0.999	0.999
放线菌	Y=-1948.98-286.22**X1*+0.42**X3*+28.60**X4*+1.16**X5*-270.48**X7*+39.61**X8*	0.999	0.999	0.992
微生物总数	Y=-1126.83+165.17**X1*+3.96**X2*+5.08**X4*-0.48**X6*+144.82**X7*-2.06**X8*	0.999	0.999	0.999
微生物量碳	Y=-1451.41+186.55**X1*+2.75**X2*+4.56**X4*-0.96**X5*+183.52**X7*-13.95**X8*	0.999	0.998	0.990
微生物量氮	Y=-32.31+12.87**X1*-0.02**X3*-0.10**X5*+0.03**X6*+4.47**X7*+1.04**X8*	0.999	0.999	0.991

注：*X*1：有机质；*X*2：全氮；*X*3：全磷；*X*4：速效氮；*X*5：速效磷；*X*6：速效钾；*X*7：pH；*X*8：含水量。

通过逐步回归分析仍不能确定对油蒿根际土壤微生物影响最显著的土壤因子，因此进一步通过通径分析，比较直接通径和间接通径系数，得出影响根际土壤微生物的主要土壤因子。

表 5-52~表 5-56 是进入回归模型的土壤因子与油蒿土壤微生物各指标的通径分析。结果表明(表 5-52)，影响细菌数量的主要土壤因子是有机质、全氮和 pH，其直接通径系数均达到了极显著水平，通径系数排序为全氮>有机质>土壤 pH，虽然从相关系数可以看出速效氮含量与细菌显著相关，但其直接通径系数较小，主要是通过有机质、全氮含量对细菌数量产生影响。

从表 5-53 看出真菌数量与有机质的直接通径系数达到极显著水平，全氮、pH、含水量与真菌数量的相关系数虽然达到显著水平，但它们的直接通径系数很小，主要是通过有机质对真菌数量产生影响，因此影响真菌数量的主要土壤因子是有机质。

从表 5-54 看出放线菌与有机质、pH 的直接通径系数达到极显著水平，且系数大小为有机质>土壤 pH，虽然从相关系数看放线菌与全磷、速效氮、含水量具有显著相关性，但主要是由于土壤 pH 的间接作用产生的影响，因此影响放线菌数量的主要土壤因子是有机质和 pH。

表 5-52 土壤因子对油蒿根际土壤细菌数量的通径分析

土壤因子	相关系数	直接通径	间接通径					
			*X*1	*X*2	*X*4	*X*6	*X*7	*X*8
*X*1	0.8646**	1.3993**		1.6735	0.0545	-1.0495	-1.1038	-0.1094
*X*2	0.9052**	1.7259**	1.3568		0.0588	-1.0410	-1.0856	-0.1096
*X*4	0.7602*	0.0705	1.0823	1.4400		-0.7341	-1.0296	-0.0689
*X*6	0.6725	-1.1884	1.2357	1.5117	0.0435		-0.8022	-0.1278
*X*7	-0.7807*	1.2199**	-1.2661	-1.5359	-0.0595	0.7815		0.0794
*X*8	0.4865	-0.1537	0.9960	1.2309	0.0316	-0.9879	-0.6303	

*表示显著相关($P<0.05$)，**表示极显著相关($P<0.01$)。

表 5-53 土壤因子对油蒿根际土壤真菌数量的通径分析

土壤因子	相关系数	直接通径	间接通径					
			X1	X2	X4	X5	X7	X8
X1	0.9595**	1.0881**		0.4399	–0.0639	0.0208	–0.5468	0.0214
X2	0.9456**	0.4537	1.0550		–0.0689	0.0222	–0.5378	0.0215
X4	0.6643	–0.0826	0.8416	0.3785		0.0233	–0.5101	0.0135
X5	–0.2833	–0.0592	–0.3825	–0.1699	0.0326		0.3059	–0.0101
X7	–0.7597*	0.6043	–0.9845	–0.4038	0.0697	–0.0300		–0.0155
X8	0.7986*	0.0301	0.7745	0.3236	–0.0370	0.0198	–0.3123	

*表示显著相关(P<0.05)，**表示极显著相关(P<0.01)。

表 5-54 土壤因子对油蒿根际土壤放线菌数量的通径分析

土壤因子	相关系数	直接通径	间接通径					
			X1	X3	X4	X5	X7	X8
X1	0.8199*	–0.9668**		0.2124	0.3808	–0.0312	0.8258	0.3988
X3	0.7118*	0.2872	–0.7150		0.2531	0.0105	0.4475	0.4284
X4	0.8787**	0.4924	–0.7478	0.1477		–0.0350	0.7703	0.2512
X5	–0.3812	0.0887	0.3399	0.0339	–0.1942		–0.4619	–0.1876
X7	–0.8389**	–0.9126**	0.8748	–0.1409	–0.4156	0.0449		–0.2895
X8	0.7544*	0.5603	–0.6881	0.2197	0.2208	–0.0297	0.4716	

*表示显著相关(P<0.05)，**表示极显著相关(P<0.01)。

由表 5-55 可知，微生物总数与有机质、全氮、pH 的直径通径系数为极显著水平，系数排序为全氮>有机质>土壤 pH，虽然微生物总数与速效氮、速效钾显著相关，但主要是由于有机质、全氮的间接作用而对微生物总数产生影响，因此影响微生物总数的主要土壤因子是有机质、全氮和 pH。

从表 5-56 可得，土壤微生物量碳与有机质、全氮、pH 的直接通径系数达到极显著水平，且系数排序为有机质>土壤 pH>全氮含量，虽然土壤微生物量碳与速效氮显著相关，但主要是由于有机质、全氮含量的间接作用引起的，因此，影响土壤微生物量碳的主要土壤因子是有机质、全氮和 pH。

表 5-55 土壤因子对油蒿根际土壤微生物总数的通径分析

土壤因子	相关系数	直接通径	间接通径					
			X1	X2	X4	X6	X7	X8
X1	0.9075**	1.0206**		1.4217	0.1238	–0.8117	–0.8089	–0.0380
X2	0.9506**	1.4662**	0.9897		0.1336	–0.8051	–0.7956	–0.0381
X4	0.8267*	0.1601	0.7895	1.2233		–0.5677	–0.7545	–0.0239
X6	0.7331*	–0.9192	0.9013	1.2842	0.0989		–0.5879	–0.0444
X7	–0.8374**	0.8940**	–0.9235	–1.3048	–0.1351	0.6044		0.0276
X8	0.5646	–0.0534	0.7265	1.0457	0.0718	–0.7641	–0.4619	

*表示显著相关(P<0.05)，**表示极显著相关(P<0.01)。

表 5-56　土壤因子对油蒿根际土壤微生物量碳的通径分析

土壤因子	相关系数	直接通径	间接通径					
			X1	X2	X4	X5	X7	X8
X1	0.9259**	1.0523**		0.8993	0.1014	0.0431	−0.9358	−0.2345
X2	0.9478**	0.9274**	1.0204		0.1093	0.0459	−0.9203	−0.2350
X4	0.7467*	0.1311	0.8140	0.7738		0.0484	−0.8728	−0.1477
X5	−0.2580	−0.1227	−0.3700	−0.3474	−0.0517		0.5234	0.1103
X7	−0.7458*	1.0342**	−0.9522	−0.8253	−0.1106	−0.0621		0.1702
X8	0.6465	−0.3294	0.7490	0.6615	0.0588	0.0411	−0.5344	

*表示显著相关($P<0.05$),**表示极显著相关($P<0.01$)。

(三)中间锦鸡儿根际土壤微生物与土壤化学性状的关系

对中间锦鸡儿根际土壤微生物数量、生物量与土壤化学性状进行逐步回归分析，从回归方程(表 5-57)可以看出：细菌数量与有机质呈正相关，与速效氮、速效磷、pH 呈负相关；真菌数量与速效磷、速效钾存在正相关关系，与全氮、速效氮、pH、含水量存在负相关关系；放线菌数量与全磷、速效氮、速效磷、pH、含水量呈负相关；微生物总数与全氮存在正相关性，与全磷、速效氮、速效磷、含水量存在负相关性；微生物量碳与有机质呈正相关，与速效氮、速效磷、pH 呈负相关；微生物量氮与全氮存在正相关关系，与全磷、速效磷、pH、含水量存在负相关关系。

对中间锦鸡儿根际土壤微生物数量、生物量与土壤化学性状进行逐步回归分析，从回归方程(表 5-57)可以看出：细菌数量与有机质呈正相关，与速效氮、速效磷、pH 呈负相关；真菌数量与速效磷、速效钾存在正相关关系，与全氮、速效氮、pH、含水量存在负相关关系；放线菌数量与全磷、速效氮、速效磷、pH、含水量呈负相关；微生物总数与全氮存在正相关性，与全磷、速效氮、速效磷、含水量存在负相关性；微生物量碳与有机质呈正相关，与速效氮、速效磷、pH 呈负相关；微生物量氮与全氮存在正相关关系，与全磷、速效磷、pH、含水量存在负相关关系。

表 5-57　土壤因子与中间锦鸡儿根际土壤微生物数量、微生物量的回归关系

微生物	回归关系	复相关系数	决定系数 R^2	校正决定系数
细菌	Y=1725.14+107.55*X1−21.34*X4−1.33*X5−215.54*X7	0.996	0.992	0.982
真菌	Y=22043.43−25.99*X2−174.01*X4+4.55*X5+1.64*X6−2755.15*X7−76.12*X8	0.996	0.992	0.943
放线菌	Y=5295.47−5.214*X3−38.61*X4−7.01*X5−632.28*X7−17.69*X8	0.992	0.984	0.944
微生物总数	Y=256.15+2.97*X2−7.23*X3−17.32*X4−4.46*X5−2.46*X8	0.996	0.992	0.971
微生物量碳	Y=1725.14+107.55*X1−21.34*X4−1.33*X5−215.54*X7	0.996	0.992	0.982
微生物量氮	Y=500.69+0.97*X2−1.18*X3−0.69*X5−58.99*X7−1.4145*X8	0.999	0.999	0.997

注：X1：有机质；X2：全氮；X3：全磷；X4：速效氮；X5：速效磷；X6：速效钾；X7：pH；X8：含水量。

表 5-58~表 5-62 是进入回归分析的土壤因子与中间锦鸡儿土壤微生物的通径分析。由表 5-58 可知，细菌数量与土壤各因子的直接通径系数不显著，但经过比较直接通径系数，可知有机质对细菌数量的直接影响较大，虽然细菌数量与速效磷呈极显著相关关系，但主要是由于有机质间接产生影响，因此，影响根际细菌分布的主要土壤因子是有机质。

由表 5-59 可知，全氮、速效钾、pH 对根际真菌数量的直接通径系数达到极显著水平，且全氮>pH>速效钾。虽然真菌数量与土壤各因子间相关关系不显著，但通过直接通径系数可以看出全氮、pH 和速效钾是影响真菌数量分布的主要土壤因子。

由表 5-60 可知，放线菌数量与土壤 pH 的直接通径系数达到显著水平，虽然放线菌数量与全磷、速效磷具有显著相关性，但主要是由于 pH 的间接作用产生影响，因此，影响放线菌数量的主要土壤因子是 pH。

由表 5-61 可知，微生物总数与全氮的直接通径系数达到极显著水平，虽然微生物总数与速效磷显著相关，但主要是由于全氮含量的作用引起的，因此，影响微生物总数的主要土壤因子是全氮。

由表 5-62 可知，土壤微生物量碳与土壤各因子的直接通径系数不显著，但比较直接通径系数可得出，有机质对微生物量碳的直接作用较大，虽然土壤微生物量碳与速效磷、pH 具有显著相关性，但主要是通过有机质间接产生影响，因此，影响微生物量碳的主要土壤因子是有机质。

表 5-58　土壤因子对中间锦鸡儿根际土壤细菌数量的通径分析

土壤因子	相关系数	直接通径	间接通径			
			*X*1	*X*4	*X*5	*X*7
*X*1	0.8032*	0.4829		−0.0388	0.1098	0.3553
*X*4	−0.3861	−0.3275	0.0573		−0.0524	0.0986
*X*5	−0.8873**	−0.1485	−0.3569	−0.1154		−0.2245
*X*7	−0.5184	−0.4262	−0.4026	0.0757	−0.0783	

*表示显著相关(P<0.05)，**表示极显著相关(P<0.01)。

表 5-59　土壤因子对中间锦鸡儿根际土壤真菌数量的通径分析

土壤因子	相关系数	直接通径	间接通径					
			*X*2	*X*4	*X*5	*X*6	*X*7	*X*8
*X*2	0.5407	−4.1422**		−0.1063	−0.2420	2.0055	2.9163	0.1095
*X*4	−0.5387	−1.7558	−0.2508		0.1175	0.1599	0.8282	0.3623
*X*5	−0.7028	0.3334	3.0062	−0.6189		−1.5737	−1.8868	0.0370
*X*6	0.3358	2.1639**	−3.8389	−0.1298	−0.2425		2.2573	0.1258
*X*7	−0.6193	−3.5815**	3.3729	0.4060	0.1756	−1.3639		0.3714
*X*8	0.3247	−1.3079	0.3468	0.4864	−0.0094	−0.2081	1.0169	

*表示显著相关(P<0.05)，**表示极显著相关(P<0.01)。

表 5-60　土壤因子对中间锦鸡儿根际土壤放线菌数量的通径分析

土壤因子	相关系数	直接通径	间接通径				
			X3	X4	X5	X7	X8
X3	0.7428*	−0.1996		0.0575	0.3967	0.5055	−0.0174
X4	−0.2570	−0.3776	0.0304		−0.1756	0.1842	0.0816
X5	−0.8836**	−0.4981	0.1589	−0.1331		−0.4197	0.0083
X7	−0.7614*	−0.7966*	0.1266	0.0873	−0.2624		0.0836
X8	0.0386	−0.2945	−0.0118	0.1046	0.0141	0.2262	

*表示显著相关($P<0.05$),**表示极显著相关($P<0.01$)。

表 5-61　土壤因子对中间锦鸡儿根际土壤微生物总数的通径分析

土壤因子	相关系数	直接通径	间接通径				
			X2	X3	X4	X5	X8
X2	0.8334*	0.8438**		−0.4206	−0.0189	0.4227	0.0063
X3	0.6949	−0.5091	0.6971		0.0474	0.4640	−0.0044
X4	−0.3673	−0.3114	0.0511	0.0775		−0.2053	0.0208
X5	−0.8970**	−0.5825	−0.6124	0.4055	−0.1098		0.0021
X8	−0.0731	−0.0752	−0.0706	−0.0300	0.0863	0.0165	

*表示显著相关($P<0.05$),**表示极显著相关($P<0.01$)。

表 5-62　土壤因子对中间锦鸡儿根际土壤微生物量碳含量的通径分析

土壤因子	相关系数	直接通径	间接通径			
			X1	X4	X5	X7
X1	0.9092**	0.4829		−0.0388	0.1098	0.3553
X4	−0.2240	−0.3275	0.0573		−0.0524	0.0986
X5	−0.8454**	−0.1485	−0.3569	−0.1154		−0.2245
X7	−0.8313*	−0.4262	−0.4026	0.0757	−0.0783	

*表示显著相关($P<0.05$),**表示极显著相关($P<0.01$)。

第四节　结　　论

(一)碳密度分布

自由放牧不仅导致油蒿草场总生物量降低，也使得油蒿生物量占总生物量的比例减小。围封保护样地和自由放牧样地植物碳密度和土壤有机碳密度生长季平均值差异不显著($P>0.05$)，围封保护样地和自由放牧样地油蒿草场植物-土壤系统碳密度分别为2.30kg/m^{2}和2.68kg/m^2。

不同围封演替阶段油蒿草场90%以上的碳储存于土壤中。随着演替阶段的推进，植物-土壤系统碳密度增大，流动沙地、半固定沙地和固定沙地植物-土壤系统碳密度分别为 1.13kg/m^2、1.70kg/m^2 和 2.58kg/m^2。

不同植被类型土壤有机碳含量存在一定的差异，土壤有机碳含量分布为固定沙地油蒿群落>苜蓿草地>中间锦鸡儿群落>半固定沙地油蒿群落。其中，固定沙地油蒿群落与苜蓿草地间无显著差异，两者土壤有机质含量显著高于中间锦鸡儿群落、半固定沙地油蒿群落。

（二）土壤呼吸

在整个生长季，与围封保护相比，自由放牧后，无论在季节尺度上还是在日变化尺度上，土壤碳通量波动变大，说明放牧增加了土壤碳通量的波动幅度。作为冬春牧场的油蒿草场，轻度放牧对其土壤碳通量的影响不大，只是会增大土壤碳通量的日变化幅度。

不同围封演替阶段油蒿草场土壤碳通量呈现出多峰曲线。三个样地土壤碳通量季节动态与根系生物量和土壤温度季节动态一致。在相同季节，土壤碳通量的日平均值均表现为：固定沙地>半固定沙地>流动沙地。随着演替阶段的推进，土壤碳通量也在升高。本研究相关分析表明，土壤温度与土壤碳通量显著相关，土壤含水量与土壤碳通量不相关，地下生物量与土壤碳通量显著相关。

（三）区域碳储量估算

不同围封演替阶段油蒿草场碳储量为固定沙地 37.86Tg C、半固定沙地 26.55Tg C、流动沙地 15.79Tg C，鄂尔多斯高原沙地油蒿草场碳储量为：80.20Tg C。鄂尔多斯高原沙地油蒿草场固碳潜力为 76Tg C。轻度自由放牧对固定沙地油蒿草场碳密度维持和提高有一定作用，所以无论是从可持续利用角度还是碳固持方面来看，轻度放牧是固定沙地油蒿草场最佳利用方式。

（四）土壤微生物量碳含量分布

从微生物角度来看，不同植被类型下土壤微生物量碳均值差异显著，苜蓿草地土壤微生物量碳显著高于其他样地，依次为苜蓿草地>固定沙地油蒿群落>中间锦鸡儿群落>半固定沙地油蒿群落。土壤微生物量碳与土壤呼吸、含水量、有机碳含量之间具有极显著相关关系。综合分析得出，自然恢复状态下的固定沙地油蒿群落比人工草地和中间锦鸡儿群落更有利于土壤微生物生长、土壤有机碳积累以及减少 CO_2 释放量，是库布齐沙地生态恢复的适合途径之一。

（五）土壤微生物分布

通过对沙地草原自然恢复 16 年的油蒿群落、人工种植 16 年的中间锦鸡儿群落根际土壤微生物数量、微生物生物量和土壤养分进行比较研究，得出油蒿根际、非根际土壤微生物总数、微生物生物量碳、氮含量均高于中间锦鸡儿，土壤微生物总数的根际效应表现为油蒿>中间锦鸡儿，油蒿根际土壤有机质、全氮、速效氮含量显著高于中间锦鸡儿，结果表明与人工种植的中间锦鸡儿群落相比，自然恢复的油蒿群落根际土壤环境更能促进微生物繁殖与生长，对土壤有效碳、氮的利用和转化能力更高，对土壤微生物和土壤养分的聚集作用更显著，其生态功能优于中间锦鸡儿群落，因此自然修复更有利于系统碳蓄积，即自然修复有利于系统恢复。

主要参考文献

巴音. 2008. 不同退化程度克氏针茅草原群落地下生物量的比较研究. 呼和浩特: 内蒙古农业大学.

白永飞, 许志信, 李德新. 1994. 羊草草原群落生物量季节动态研究. 中国草地, 3: 1-5.

鲍士旦. 2002. 土壤农化分析. 北京: 中国农业出版社.

曹樱子, 王小丹. 2012. 藏北高寒草原样带土壤有机碳分布及其影响因素. 生态环境学报, 21(2): 213-219.

陈广生, 田汉勤. 2007. 土地利用/覆盖变化对陆地生态系统碳循环的影响. 植物生态学报, 31(2): 189-204.

陈泮勤, 王效科, 王礼茂, 等. 2008. 中国陆地生态系统碳收支与增汇对策. 北京: 科学出版社.

陈庆强, 沈承德, 易惟熙. 1998. 土壤碳循环研究进展. 地球科学进展, 13(6): 555-563.

陈世璜. 1993. 内蒙古克氏针茅草原群落及其特性的研究. 内蒙古草业, 3: 1-4.

陈佐忠, 汪诗平. 2000. 中国典型草原生态系统. 北京: 科学技术出版社.

程励励, 文启孝, 林心雄. 1994. 内蒙古自治区土壤中有机碳、全氮和固定态铵的储量. 土壤, 5: 248-252.

崔骁勇, 陈佐忠, 陈四清. 2001. 草地土壤呼吸研究进展. 生态学报, 21(2): 315-325.

董鸣. 1996. 陆地生物群落调查观测与分析. 北京: 中国标准出版社.

方华军, 杨学明, 张晓平. 2003. 农田土壤有机碳动态研究进展. 土壤通报, 34(6): 562-568.

方精云, 刘国华, 徐嵩龄. 1996. 中国陆地生态系统的碳库. 见: 王庚辰, 温玉璞主编. 温室气体浓度和排放监测及相关过程. 北京: 中国环境科学出版社.

方精云, 刘国华, 徐嵩龄. 1996. 中国陆地生态系统碳库. 见: 王如松, 方精云, 高林, 等主编. 现代生态学的热点问题研究. 北京: 中国科学技术出版社.

方精云, 唐艳鸿, SON Yowhan. 2010. 碳循环研究: 东亚生态系统为什么重要. 中国科学: 生命科学, 40(7): 561-565.

方精云, 杨元合, 马文红, 等. 2010. 中国草地生态系统碳库及其变化. 中国科学: 生命科学, 40(7): 566-576.

方精云. 2000. 北半球中高纬度的森林碳库可能远小于目前的估算. 植物生态学报, 24 (5): 635-638.

冯丽, 张景光, 张志山, 等. 2009. 腾格里沙漠人工固沙植被中油蒿的生长及生物量分配动态. 植物生态学报, 33(6): 1132-1139.

冯秀, 仝川, 张鲁, 等. 2006. 内蒙古白音锡勒牧场区域尺度草地退化现状评价. 自然资源学报, 21(4): 575-583.

冯雨峰. 1990. 内蒙古灌丛化石生针茅荒漠草原地下生物量与周转值的测定. 内蒙古草业, 3: 27-31.

高安社, 郑淑华, 赵萌莉, 等. 2005. 不同草原类型土壤有机碳和全氮的差异. 中国草地, 27(6): 44-48, 63.

高雪峰, 韩国栋, 张功, 等. 2007. 荒漠草原不同放牧强度下土壤酶活性及养分含量的动态研究. 草业科学, 24(2): 10-13.

高雪峰, 韩国栋. 2011. 利用强度对荒漠草原土壤氮循环系统的影响. 干旱区资源与环境, 25(11): 165-168.

高英志, 韩兴国, 汪诗平. 2004. 放牧对草原土壤的影响. 生态学报, 24(4): 790-797.

耿浩林, 王玉辉, 王风玉. 2008. 恢复状态下羊草草原植被根冠比动态及影响因子. 生态学报, 28(10): 4629-4634.

耿浩林. 2006. 克氏针茅群落地上/地下生物量分配及其对水热因子响应研究. 北京: 中国科学院研究生院.

耿元波, 董云社, 齐玉春. 2004. 草地生态系统碳循环研究评述. 地理科学进展, 23(3): 74-81.

郭柯. 2000. 毛乌素沙地油蒿群落的循环演替. 植物生态学报, 24(2): 243-247.

郭然, 王效科, 逯非, 等. 2008. 中国草地土壤生态系统固碳现状和潜力. 生态学报, 28(2): 862-867.
郭正刚, 王根绪, 沈禹颖. 2004. 青藏高原北部多年冻土区草地植物多样性. 生态学报, 24(1): 149-155.
国家环境保护总局. 2007. 中国环境状况公报. http://www.zhb.gov.cn/gkml/hbb/qt/200910/t20091013_180760.htm.
韩广轩, 周广胜. 2009. 土壤呼吸作用时空动态变化及其影响机制研究与展望. 植物生态学报, 33(1): 197-205.
韩士杰, 董云社, 蔡祖聪, 等. 2008. 中国陆地生态系统碳循环的生物地球化学过程. 北京: 科学出版社.
郝文芳, 陈存根, 梁宗锁, 等. 2008. 植被生物量的研究进展. 西北农林科技大学学报, 36(2): 175-182.
洪燕. 2006. 生态移民项目的评估研究——以苏尼特右旗都呼木生态移民村为例. 北京: 中央民族大学.
侯扶江, 杨中艺. 2006. 放牧对草地的作用. 生态学报, 26(1): 244-264.
侯向阳, 徐海红. 2011. 不同放牧制度下短花针茅荒漠草原碳平衡研究. 中国农业科学, 44(14): 3007-3015.
胡兵辉, 廖允成. 2010. 毛乌素沙地农业生态系统耦合研究. 北京: 科学出版社.
胡中民, 樊江文, 钟华平. 2005. 中国草地地下生物量研究进展. 生态学杂志, 24(9): 1095-1101.
黄德青, 于兰, 张耀生, 等. 2011. 祁连山北坡天然草地地下生物量及其与环境因子的关系. 草业学报, 20(5): 1-9.
黄玫, 季劲钧, 曹明奎, 等. 2006. 中国区域植被地上与地下生物量模拟. 生态学报, 26(12): 4156-4163.
黄耀, 孙文娟, 张稳, 等. 2010. 中国陆地生态系统土壤有机碳变化研究进展. 中国科学: 生命科学, 40(7): 577-586.
贾丙瑞, 周广胜, 王风玉, 等. 2005. 放牧与围栏羊草草原土壤呼吸作用及其影响因子. 环境科学, 26(6): 1-7.
姜恕. 1985. 中国科学院内蒙古草原生态系统定位研究站的建立和研究工作概述. 见: 中国科学院内蒙古草原生态系统定位研究站编. 草原生态系统研究. 北京: 科学出版社.
解宪丽, 孙波, 周慧珍, 等. 2004. 不同植被下中国土壤有机碳的储量与影响因子. 土壤学报, 41(5): 687-699.
金峰, 杨浩, 蔡祖聪, 等. 2001. 土壤有机碳密度及储量的统计研究. 土壤学报, 38(4): 522-528.
靳虎甲, 王继和, 李毅, 等. 2009. 油蒿生态学研究综述. 西北林学院学报, 24(4): 62-66.
李博, 桂荣, 王国贤, 等. 1995. 鄂尔多斯高原沙质灌木草地绒山羊试验区研究成果汇编. 呼和浩特: 内蒙古教育出版社.
李博, 雍世鹏, 李瑶, 等. 1990. 中国的草原. 北京: 科学出版社.
李博, 雍世鹏, 曾泗弟, 等. 1987. 内蒙古草场资源遥感应用研究(第三卷, 内蒙古草场资源遥感分析). 呼和浩特: 内蒙古大学出版社.
李博. 1990. 内蒙古鄂尔多斯高原自然资源与环境研究(第八章). 北京: 科学出版社.
李博. 1997. 中国北方草地退化及其防治对策. 中国农业科学, 30(6): 1-9.
李春俭, 马玮, 张福锁, 等. 2008. 根际对话及其对植物生长的影响. 植物营养与肥料学报, 14(1): 178-183.
李春莉, 赵萌莉, 韩国栋, 等. 2008. 不同放牧压力下荒漠草原土壤有机碳特征及其与植被之间关系的研究. 干旱区资源与环境, 22(5): 134-138.
李迪秦, 秦建权, 张运波, 等. 2009. 品种与播期对齐穗期水稻群体光能截获量和干物质垂直分布的影响. 核农学报, 23(5): 858-863.
李阜棣, 喻子牛, 何绍江. 1996. 农业微生物学实验技术. 北京: 中国农业出版社.
李刚, 王丽娟, 李玉洁, 等. 2013. 呼伦贝尔沙地不同植被恢复模式对土壤固氮微生物多样性的影响. 应用生态学报, 24(6): 1639-1646.
李红梅. 2009. 诺尔盖湿地景观格局演变与土壤有机碳储量研究. 雅安: 四川农业大学.

李家永, 袁小华. 2001. 红壤丘陵区不同土地利用方式下有机碳储量的比较研究. 资源科学, 23(5): 73-76.

李娟, 张世熔, 孙波, 等. 2004. 激水河流域生态修复过程中土壤速效钾的时空变异. 水土保持学报, 18(6): 88-92.

李凯辉, 王万林, 胡玉昆, 等. 2008. 不同海拔梯度高寒草地地下生物量与环境因子的关系. 应用生态学报, 19(11): 2364-2368.

李克让, 王绍强, 曹明奎. 2003. 中国植被和土壤碳储量. 中国科学: 地球科学, 33(1): 73-80.

李凌浩, 陈佐忠. 1998. 草地生态系统碳循环及其对全球变化的响应: I 碳循环的分室模型、碳输入与贮存. 植物学通报, 15(2): l4-22.

李凌浩, 韩兴国, 王其兵, 等. 2002. 锡林河流域一个放牧草原群落中根系呼吸占土壤总呼吸比例的初步估计. 植物生态学报, 6(1): 29-32.

李凌浩, 李鑫, 白文明, 等. 2004. 锡林河流域一个放牧羊草群落中碳素平衡的初步估计. 植物生态学报, 28(3): 312-317.

李凌浩, 刘先华, 陈佐忠. 1998. 内蒙古锡林河流域羊草草原生态系统碳素循环研究. 植物学报, 40(10): 955-961.

李凌浩, 王其兵, 白永飞, 等. 2000. 锡林河流域羊草草原群落土壤呼吸及其影响因子的研究. 植物生态学报, 24(6): 680-686.

李凌浩. 1998. 土地利用变化对草原生态系统土壤碳贮量的影响. 植物生态学报, 22(4): 300-302.

李明峰, 董云社, 齐玉春, 等. 2005. 温带草原土地利用变化对土壤碳氮含量的影响. 中国草地, 27(1): 1-6.

李甜甜, 李宏兵, 孙媛媛, 等. 2007. 我国土壤有机碳储量及影响因素研究进展. 首都师范大学学报(自然科学版), 28(1): 93-97.

李香真, 陈佐忠. 1998. 不同放牧率对草原植物与土壤 C、N、P 含量的影响. 草地学报, 6(2): 90-98.

李怡. 2011. 放牧对大针茅草原碳储量的影响. 呼和浩特: 内蒙古农业大学.

李英年. 1998. 高寒草甸植物地下生物量与气象条件的关系及周转值分析. 中国农业气象, 19(1): 36-39.

李玉强, 赵哈林, 赵学勇, 等. 2001. 沙漠化过程对植物凋落物分解的影响. 水土保持学报, 21(5): 64-67.

李玉强, 赵哈林, 赵学勇, 等. 2006. 土壤温度和水分对不同类型沙丘土壤呼吸的影响. 干旱区资源与环境, 20(3): 154-158.

李裕元, 邵明安, 郑纪勇. 2007. 黄土高原北部草地的恢复与重建对土壤有机碳的影响. 生态学报, 27(6): 2279-2287.

李志刚, 侯扶江. 2009. 管理方式与地形对黄土高原丘陵沟壑区草地土壤呼吸的影响. 土壤通报, 40(4): 721-724.

李忠佩. 2004. 低丘红壤有机碳库的密度及变异. 土壤, 36(3): 292-297.

林同保, 曲奕威, 张同香, 等. 2008. 玉米冠层内不同层次对光能利用的差异性. 生态学杂志, 27(4): 551-556.

刘建军, 陈海滨, 田呈明, 等. 1998. 秦岭火地塘林区主要树种根际微生态系统土壤性状研究. 土壤侵蚀与水土保持学报, 4(3) : 52-56.

刘立新, 董云社, 齐玉春. 2004. 草地生态系统土壤呼吸研究进展. 地理科学进展, 23(4): 35-42.

刘留辉, 邢世和, 高承芳. 2007. 土壤碳储量研究方法及其影响因素. 武夷科学, 23(12): 219-226.

刘楠, 张英俊. 2010. 放牧对典型草原土壤有机碳及全氮的影响. 草业科学, 27(4): 11-14.

刘绍辉, 方精云. 1997. 土壤呼吸的影响因素及全球尺度下温度的影响. 生态学报, 17(5): 469-476.

刘钟龄, 王炜. 1997. 内蒙古草地退化的现状及演替规律. 见: 陈敏主编. 改良退化草地与建立人工草地研究. 呼和浩特: 内蒙古人民出版社.

刘子刚, 张坤民. 2002. 湿地生态系统碳储存功能及其价值研究. 环境保护, 9: 31-33.

陆雅海, 张福锁. 2006. 根际微生物研究进展. 土壤, 38(2): 113-121.
吕超群, 孙书存. 2004. 陆地生态系统碳密度格局研究概述. 植物生态学报, 28(5): 692-703.
罗华, 杨洪. 1999. 浅谈对碱解氮的认识. 石河子科技, 2: 42-44.
罗明, 单娜娜, 文启凯, 等. 2002. 几种固沙植物根际土壤微生物特性研究. 应用与环境生物学报, 8(6): 618-622.
骆亦其, 周旭辉. 2007. 土壤呼吸与环境. 北京: 高等教育出版社.
马涛, 董云社, 齐玉春, 等. 2009. 放牧对内蒙古羊草群落土壤呼吸的影响. 地理研究, 28(4): 1040-1046.
马文红, 方精云. 2006. 内蒙古温带草原的根冠比及其影响因素. 北京大学学报(自然科学版), 42(6): 774-778.
马文红, 韩梅, 林鑫, 等. 2006. 内蒙古温带草地植被的碳储量. 干旱区资源与环境, 20(3): 192-195.
孟蕾, 程积民, 杨晓梅, 等. 2010. 黄土高原子午岭人工油松林碳储量与碳密度研究. 水土保持通报, 4, 30(2): 133-137.
牛西午, 丁玉川, 张强, 等. 2003. 柠条根系发育特征及有关生理特性研究. 西北植物学报, 23(5): 860-865.
潘根兴. 1999. 中国土壤有机碳和无机碳库量的研究. 科技通报, 15(5): 330-332.
裴海昆. 2004. 不同放牧强度对土壤养分及质地的影响. 青海大学学报(自然科学版), 22(4): 29-31.
蒲继延, 李英年, 赵亮. 2005. 矮蒿草草甸生物量季节动态及其与气候因子的关系. 草地学报, 13(3): 238-241.
朴世龙, 方精云, 贺金生, 等. 2004. 中国草地植被生物量及其空间分布格局. 植物生态学报, 28(4): 491-498.
秦月. 2010. 基于可行能力视角下的生态移民福利变动分析——以内蒙古苏尼特右旗为例. 呼和浩特: 内蒙古农业大学.
任安芝, 高玉葆, 王金龙. 2001. 不同沙地生境下黄柳(*Salix gordejevii*)的根系分布和冠层结构特征. 生态学报, 21(3): 399-404.
戎郁萍, 韩建国, 王培, 等. 2001. 放牧强度对草地土壤理化性质的影响. 中国草地, 23(4): 41-47.
萨茹拉, 侯向阳, 李金祥, 等. 2013. 不同放牧退化程度典型草原植被-土壤系统的有机碳储量. 草业学报, 5(22): 18-26.
盛学斌, 赵玉萍. 1997. 草场生物量对土壤有机质的影响. 土壤通报, 28(6): 244-245.
苏永中, 赵哈林. 2002. 土壤有机碳储量、影响因素及其环境效应的研究进展. 中国沙漠, 22(3): 220-228.
隋艳娜. 2010. 草原生态移民贫困风险及规避研究——以内蒙古苏尼特右旗为例. 呼和浩特: 内蒙古农业大学.
孙刚, 房岩, 韩国军. 2009. 稻-鱼复合生态系统对水田土壤理化性状的影响. 中国土壤与肥料, 4: 21-24.
孙晓芳, 岳天祥, 范泽孟, 等. 2013. 全球植被碳储量的时空格局动态. 资源科学, 35(4): 782-791.
陶波, 葛全胜, 李克让, 等. 2001. 陆地生态系统碳循环研究进展. 地理研究, 20(15): 564-575.
田呈明, 刘建军, 梁英梅, 等. 1999. 秦岭火地塘林区森林根际微生物及其土壤生化特性研究. 水土保持通报, 19(2): 19-22.
王百群, 刘国彬. 1999. 黄土丘陵区地形对坡面土壤养分流失的影响. 水土保持学报, 5(2): 18-22.
王春权, 孟宪民, 张晓光, 等. 2009. 陆地生态系统碳收支/碳平衡研究进展. 资源开发与市场, 25(2): 165-171.
王棣, 佘雕, 张帆, 等. 2014. 森林生态系统碳储量研究进展. 西北林学院学报, 29(2): 85-91.
王淼, 姬兰柱, 李秋荣, 等. 2003. 土壤温度和水分对长白山不同森林类型土壤呼吸的影响. 应用生态学报, 14(8): 1234-1238.

王明君，韩国栋，崔国文，等. 2010. 放牧强度对草甸草原生产力和多样性的影响. 生态学杂志, 29(5): 862-868.

王明君，韩国栋，赵萌莉，等. 2007. 草甸草原不同放牧强度对土壤有机碳含量的影响. 草业科学, 24(10): 6-10.

王庆锁，陈仲新，史振英. 1995. 油蒿草场的保护与改良. 生态学杂志, 14(4): 54-57.

王珊，李廷杆，张锡洲，等. 2005. 设施土壤中微生物数量及其生物量碳的变化研究. 中国农学通报, 21(4): 198-201.

王绍强，刘纪远，于贵瑞. 2003. 中国陆地土壤有机碳蓄积量估算误差分析. 应用生态学报, 14(5): 797-802.

王绍强，刘纪远. 2002. 土壤蓄积量变化的影响因素研究现状. 地球科学进展, 17(4): 528-534.

王绍强，周成虎，李克让，等. 2000. 中国土壤有机碳库及空间分布特征分析. 地理学报, 55(5): 533-544.

王绍强，周成虎，罗承文. 1999. 中国陆地自然植被碳量空间分布特征探讨. 地理科学进展, 18(3): 238-244.

王绍强，周成虎. 1999. 中国陆地土壤有机碳库的估算. 地理研究, 18(4): 349-356.

王淑平，周广胜，吕育财. 2002. 中国东北样带(NECT)土壤碳、氮、磷的梯度分布及其与气候因子的关系. 植物生态学报, 26(5): 513-517.

王文颖，王启基，王刚. 2007. 高寒草甸土地退化及其恢复重建对植被碳、氮含量的影响. 植物生态学报, 31(6): 1073-1078.

王鑫，胡玉昆，热合木都拉，等. 2008. 天山南坡草地土壤因子与地下生物量的梯度变化研究. 中国草地学报, 30(6): 67-73.

王岩，杨振明，沈其荣. 2000. 土壤不同粒级中 C、N、P、K 的分配及 N 的有效性研究. 土壤学报, 37(1): 85-94.

王艳芬，陈佐忠，Tieszen L T. 1998. 人类活动对锡林郭勒地区主要草原土壤有机碳分布的影响. 植物生态学报, 22(6): 545-551.

王玉华，杨景荣，丁勇，等. 2008. 近年来毛乌素沙地土地覆被变化特征. 水土保持通报, 28(6): 53-57.

卫智军，乌日图，达布希拉图，等. 2005. 荒漠草原不同放牧制度对土壤理化性质的影响. 草地学报, 27(5): 6-10.

温明章. 1996. 草地资源开发在我国生态农业中的地位及前景. 农业环境与发展, 13(2): 14-18.

吴正. 2009. 中国沙漠及其治理. 北京：科学出版社.

熊毅，李庆逵. 1987. 中国土壤(第二版). 北京：科学出版社.

徐海红，侯向阳，那日苏. 2011. 不同放牧制度下短花针茅荒漠草原土壤呼吸动态研究. 草业学报, 20(2): 219-226.

徐霞，张智才，张勇，等. 2010. 不同土地利用方式下的生物量季节动态研究. 安徽农业科学, 38(35): 20277-20279.

徐小锋，田汉勤，万师强. 2007. 气候变暖对陆地生态系统碳循环的影响. 植物生态学报, 31(2): 175-188.

许泉，芮雯奕，何航，等. 2006. 不同利用方式下中国农田土壤有机碳密度特征及区域差异. 中国农业科学, 39(12): 2505-2510.

许信旺. 2008. 不同尺度区域农田土壤有机碳分布与变化. 南京：南京农业大学.

许中旗，李文华，许晴，等. 2009. 人为干扰对典型草原土壤有机碳密度及生态系统碳贮量的影响. 自然资源学报, 24(4): 621-629.

闫峰，吴波，王艳姣. 2013. 2000—2011 年毛乌素沙地植被生长状况时空变化特征. 地理科学, 33(5): 602-608.

杨俊平. 2006. 库布齐地区土地沙漠化及其防治研究. 北京: 北京林业大学.
杨玉盛, 何宗明, 邹双全, 等. 1998. 格氏栲天然林与人工林根际土壤微生物及其生化特性的研究. 生态学报, 18(2): 198-202.
于贵瑞, 方华军, 伏玉玲, 等. 2011. 区域尺度陆地生态系统碳收支及其循环过程研究进展. 生态学报, 31(19): 5449-5459.
于贵瑞, 李海涛, 王绍强. 2003. 全球变化与陆地生态系统碳循环和碳蓄积. 北京: 气象出版社.
于贵瑞, 温发全, 王秋凤, 等. 2003. 全球气候变化与陆地生态系统碳循环. 北京: 气象出版社.
於琍, 朴世龙. 2014. IPCC 第五次评估报告对碳循环及其他生物地球化学循环的最新认识. 气候变化研究进展, 10(1): 33-36.
宇万太, 于永强. 2001. 植物地下生物量研究进展. 应用生态学报, 12(6): 927-932.
遇蕾, 任国玉. 2007. 过去陆地生态系统碳储量估算研究. 地理科学进展, 26(3): 68-79.
岳曼, 常庆瑞, 王飞, 等. 2008. 土壤有机碳储量研究进展. 土壤通报, 39(5): 1173-1178.
曾永年, 冯兆东, 曹广超, 等. 2004. 黄河源区高寒草地土壤有机碳储量及分布特征. 地理学报, 59(4): 497-502
曾掌权, 张灿明, 李姣, 等. 2013. 湿地生态系统碳储量与碳循环研究. 中国农学通报, 29(26): 88-92.
张凡, 祈彪, 温飞, 等. 2011. 不同利用程度高寒干旱草地碳储量的变化特征分析. 草业学报, 20(4): 11-18.
张峰, 上官铁梁, 李素珍. 1993. 关于灌木生物量建模方法的改进. 生态学报, 12(6): 67-69.
张卿. 2010. 内蒙古苏尼特右旗生态移民经济社会效益评价研究. 北京: 北京林业大学.
张婷. 2012. 几种作物根际与非根际土壤养分含量差异探析. 重庆: 西南大学.
张英俊, 杨高文, 刘楠, 等. 2013. 草原碳汇管理对策. 草业学报, 22(2): 290-299.
章力建, 刘帅. 2010. 保护草原增强草原碳汇功能. 中国草地学报, 32(4): 1-5.
中华人民共和国中央人民政府网站. 2013. 气候专家解读 IPCC 第五次评估报告第一工作组报告. http://www. gov. cn/fwxx/kp/2013-10/08/content_2501790. htm.
钟德才. 1999. 中国现代沙漠动态变化及其发展趋势. 地球科学进展, 14(3): 229-234.
钟华平, 樊江文, 于贵瑞, 等. 2005. 草地生态系统碳循环研究进展. 草地学报, 13(增刊): 67-73.
周广胜, 王玉辉. 1999. 全球变化与气候植被分类研究和展望. 科学通报, 44(24): 2587-2593.
周勋波, 杨国敏, 孙淑娟, 等. 2010. 不同株行距配置对夏大豆群体结构及光截获的影响. 生态学报, 30(3): 691-697.
朱宝文, 周华坤, 徐有绪, 等. 2008. 青海湖北岸草甸草原牧草生物量季节动态研究. 草业科学, 25(12): 62-65.
朱桂林, 韦文珊, 张淑敏, 等. 2008. 植物地下生物量测定方法概述及新技术介绍. 中国草地学报, 30(3): 94-99.
Ben H J, De Jong, Susana Ochoa-Gaona, 等. 2000. 墨西哥 Selva Lacandona 地区碳通量和土地利用/土地覆被变化格局. AMBIO-人类环境杂志, 8: 504-511.
Ajtay G L, Ketner P, Duvigneaud P. 1979. Terrestrial primary production and phytomass, In: Bolin B, Degens E T, Kempe S. The global carbon cycle. Chichester: John Wiley and Sons.
Bai Y F, Han X G, Wu J G. 2004. Ecosystem stability and compensatory effects in the Inner Mongolia grassland. Nature, 431: 181-184.
Bai Y, Wu J, Clark C, *et al*. 2010. Tradeoffs and thresholds in the effects of nitrogen addition on biodiversity and ecosystem functioning: evidence from Inner Mongolia grasslands. Global Change Biology, 16(1): 358-372.
Batjes N H. 1996. Total carbon and nitrogen in the soils of the world. European Journal of Soils Science, 47: 151-163.
Beatriz R, Jose A, Lucas G. 2003. Influence of an indigenous European alder (*Alnus glutinosa* L. Gaertn)

rhizobacterium (*Bacillus pumilus*) on the growth of alder and its rhizosphere microbial community structure in two soils. New Forests, 25 (2): 149-159.

Bottomley P A, Rogers H H, Foster T H. 1986. NMR imaging shows water distribution and transport in plant root systems in situ. Proceeding of the National Academy of Sciences, 83: 87-89.

Bremer D J, Ham J M, Owensby C E, *et al.* 1998. Responses of soil respiration to clipping and grazing in a tallgrass prairie. Journal of Environmental Quality, 27: 1539-1548.

Brown S L, Schroeder P, Kern J S. 1999. Spatial distribution of biomass in forests of the eastern USA. Forest Ecology and Management, 123: 81-90.

Canadell J G. 2002. Land use effects on terrestrial carbon sources and sinks. Science in China (Life Sciences), 45(Suppl.): 1-9.

Cao M K, Woodward F I. 1998. Net primary and ecosystem production and carbon stocks of terrestrial ecosystems and their responses to climate change. Global Change Biology, 4(2): 185-198.

Cerri C C, Volkoff B, Andreux F. 1991. Nature and behavior of organic matter in soils under natural forest, and after deforestation, burning and cultivation, near manaus. Forest Ecology and Management, 38(3-4): 247-257.

Christensen B T. 1985. Carbon and nitrogen in particle size fractions isolated from Danish arable soils by ultrasonic dispersion and gravity-sedimentation. Acta Agriculturae Scandinavica, 35 : 175-1871.

Ciais P, Sabine C, Bala G, *et al.* 2013. Carbon and other biogeochemical cycles. Climate change 2013: the physical science basis. Cambridge: Cambridge University Press.

Clements F E. 1916. Plant succession: an analysis of the development of vegetation. Washington: Carnegie Institution of Washington.

Coffin D P, Laycock W A, Lauenroth W K. 1998. Disturbance intensity and above- and below-ground herbivory effects on long-term (14 years) recovery of a semiarid grassland. Plant Ecology, 139: 221-233.

Conant R T, Klopatek J M, Klopatek C C. 2000. Environmental factors controlling soil respiration in three semiarid ecosystems. Soil Science Society of America Journal, 64: 383-390.

Craine F M, Wedin D A, Chapin III F S. 1999. Predominance of ecophysiological controls on soil CO_2 flux in a Minnesota grassland. Plant and Soil, 207: 77-86.

Cramer W, Kicklighter D W, Bondeau A, *et al.* 1999. Comparing global models of terrestrial net primary productivity (NPP): overview and key results. Global Change Biology, 5: 1-15.

Davidson E A, Verchot L V, Cattanio J H, *et al.* 2000. Effects of soil water content on soil respiration in forests and cattle pastures of eastern Amazonia. Biogeochemistry, 48: 53-69.

Derner J D, Briske D D, Boutton T W. 1997. Does grazing mediate soil carbon and nitrogen accumulation beneath C4 perennial grasses along an environmental gradient? Plant Soil, 191: 147-156.

Detwiler R P. 1999. Land use change and the global carbon cycle: the role of the tropical soils. Biogeochemistry, 2(1): 67-93.

Dixon R K, Brown S, Houghton R A, *et al.* 1994. Carbon pools and flux of global forest ecosystems. Science, 263: 185-190.

Dong J, Kaufmann R K, Myneni R B, *et al.* 2003. Remote sensing estimates of boreal and temperate forest woody biomass: carbon pools, sources and sinks. Remote Sensing of Environment, 84: 393-410.

Dong Y S, Qi Y C, Liu J Y, *et al.* 2005. Variation characteristics of soil respiration fluxes in four types of grassland communities under different precipitation intensity. Chinese Science Bulletin, 50(5): 473-480.

Eden M J, Furley P A, McGregor D F M, *et al.* 2005. Effect of forest clearance and burning on soil properties in northern Roraima, Brazil. Forest Ecology and Management, 38: 283-290.

Eswaran H, VanderBerg E, Reich P. 1993. Organic carbon in soils of the world. Soil Science Society of

America Journal, 57: 192-194.

Evans S E, Burke I C, Lauenroth W K. 2011. Controls on soil organic carbon and nitrogen in Inner Mongolia, China: a cross-continental comparison of temperate grasslands. Global Biogeochemical Cycles, 25(3): GB3006.

Falkowski P, Scholes R J, Boyle E, *et al.* 2000. The global carbon cycle: a test of our knowledge of earth as a system. Science, 290: 291-296.

Fang J Y, Guo Z D, Piao S L. 2007. Terrestrial vegetation carbon sinks in China, 1981~2000. Science in China(Earth Science), 50: 1341-1350.

Fitter A H, Graves J D, Self G K, *et al.* 1998. Root production turnover and respiration under two grassland types along an altitudinal gradient: influence of temperature and solar radiation. Oecologia, 114: 20-30.

Foley J A, DeFries R, Asner G P. 2005. Global consequences of land use. Science, 309(5734): 570-574.

Foley J A, Prentice I C, Ramankutty N, *et al.* 1996. An integrated biosphere model of land surface processes, terrestrial carbon balance and vegetation dynamics. Global Biogeochemical Cycles, 10(4): 603-628.

Fontaine S, Barot S, Barre P, *et al.* 2007. Stability of organic carbon in deep soil layers controlled by fresh carbon supply. Nature, 450: 277-280.

Frank A B. 2002. Carbon dioxide fluxes over a grazed prairie and seeded pasture in the northern Great Plains. Environmental Pollution, 116: 397-403.

Frank A B, Liebig M A, Hanson J D. 2002. Soil carbon dioxide fluxes in northern semiarid grasslands. Soil Biology and Biochemistry, 34: 1235-1241.

Greene R S B, Kinnell P I A, Wood J T. 1994. Role of plant cover and stock trampling on runoff and soil erosion from semiarid wooded rangelands. Australian Journal of Soil Research, 32(5): 953-973.

Guo L B, Gifford R M. 2002. Soil carbon stocks and land use change: a meta analysis. Global Change Biology, 8: 345-360.

Henderson D C. 2000. Carbon storage in grazed prairie grasslands of Alberta. Edmonton: University of Alberta.

Hese S, Lucht W, Schmullius C. 2005. Global biomass mapping for an improved understanding of the CO_2 balance the earth observation mission carbon. Remote Sensing of Environment, 94: 94-104.

Hontoria C, Rodriguez-Murillo J C, Saa A. 1999. Relationships between soil organic carbon and site characteristics in Peninsular Spain. Soil Science Society of America Journal, 63: 614-621.

Houghton R A, Goodale C L. 2004. Effects of land-use change on the carbon balance of terrestrial ecosystems. In: DeFries R S, Asner G P, Houghton R A, *et al.* Ecosystems and Land Use Change. Washington: American Geophysical Union.

Houghton R A, Hacker J L, Lawrence K T. 1999. The US carbon budget: contributions from land-use change. Science, 285: 574 -578.

Houghton R A. 1995. Changes in the storage of terrestrial carbon since 1850. In: Lal R, *et al*(eds.). Soils and Global Change. Florida: CRC press, Inc. BoCa Raton, 45-65.

Ingram K T, Leers G A. 2001. Software for measuring root characters from digital images. Agronomy Journal, 93: 918-922.

IPCC(Intergovernmental Panel on Climate Change). 2001. The scientific basis. Cambridge: Cambridge University Press.

IPCC. 2000. Land use, land-use change, and forestry-a special report of the IPCC. New York: Cambridge University Press.

IPCC. 2007. Climate change 2007 summary for policymakers. Cambridge: Cambridge University Press.

IPCC. 2007. Climate change 2007: contribution of working groups I, II and III to the fourth assessment report of the Intergovernmental Panel on Climate Change. Geneva: Switzerland.

Ji J J, Huang M, Li K R. 2008. Prediction of carbon exchanges between China terrestrial ecosystem and atmosphere in 21st century. Science in China (Earth Sciences), 51 (6) : 885-898.

Jobbágy E G, Jackson R B. 2000. The vertical distribution of soil organic carbon and its relation to climate and vegetation. Ecological Applications, 10: 423-436.

Johnston A, Dormaar J F, Smoliak S. 1971. Long-term grazing effects on fescue grassland soils. Range Manage, 24: 185-188.

Keller A A, Goldstein R A. 1998. Impact of carbon storage through restoration of drylands on the global carbon cycle. Environmental Management, 22 (5) : 757-766.

Keyser A R, Kimball J S, Nemani R R, *et al.* 2000. Simulating the effects of climate change on the carbon balance of North American high-latitude forests. Global Change Biology, 6 (S1) : 185-195.

King A W, Emanuel W R, Wullschleger S D, *et al.* 1995. In search of the missing carbon sink: a model of terrestrial biospheric response to land use change and atmospheric CO_2. Tellus Series B-Chemical and Physical Meteorology, 47 (4) : 501-509.

Krinner G, Viovy N, de Noblet-Ducoudre N, *et al.* 2005. A dynamic global vegetation model for studies of the coupled atmosphere-biosphere system. Global Biogeochemical Cycles, 19, GB1015, doi: 10. 1029/2003 GB002199.

Kucharik C J, Foley J A, Delire C, *et al.* 2000. Testing the performance of a dynamic global ecosystem model: water balance, carbon balance, and vegetation structure. Global Biogeochemical Cycles, 14 (3) : 795-825.

Ladd B, Laffan S W, Amelung W, *et al.* 2013. Estimates of soil carbon concentration in tropical and temperate forest and woodland from available GIS data on three continents. Global Ecology and Biogeography, 22: 461-469.

Lal R. 1999. World soils and the greenhouse effect. Global Change News Letter, 37: 4-5.

Lal R. 2004. Soil carbon sequestration impacts on global climate change and food security. Science, 304 (5677) : 1623-1627.

Lappalainen E. 1996. Global peat resources. Finland: International Peat Society of Finland.

Lauenroth W K. 2000. Methods of estimating belowground net primary production. In: Sala O E, *et al.* Methods in Ecosystem Science. New York: Springer-Verlag.

Levy P E, Friend A D, White A, *et al.* 2004. The influence of land use change on global-scale fluxes of carbon from terrestrial ecosystems. Climatic Change, 67: 185-209.

Li J, Lin S, Taube F, *et al.* 2011. Above and belowground net primary productivity of grassland influenced by supplemental water and nitrogen in Inner Mongolia. Plant Soil, 340: 253-264.

Lou Y S, Li Z P, Zhang T L. 2003. Carbon dioxide flux in a subtropical agricultural soil of China. Water, Air, and Soil Pollution, 149: 281-293.

Lynch J M, Whipps J M. 1990. Substrate flow in the rhizosphere. Plant Soil, 129: 1-10.

Maurice H F. 1979. Cycling of mineral nutrients in agricultural ecosystems. Journal of Environmental Quality, 8 (2) : 268-279.

Milchunas D G, Laurenroth W K, Burke L C. 1998. Livestock grazing: animal and plant biodiversity of shortgrass steppe and the relationship to ecosystem functioning. Oikos, 83 (1) : 65-74.

Milchunas D G, Laurenroth W K, Chapman P L. 1992. Plant competition, abiotic, long-and short-term effects of large herbivores on demography of opportunistic species in semiarid grassland. Oecologia, 92: 520-531.

Milchunas D G, Laurenroth W K. 1993. Quantitative effects of grazing on vegetation and soils over a global range of environments. Ecological Monographs, 63 (4) : 327-366.

Mitra S, Wassmann R, Vlek P L G. 2005. An appraisal of global wetland area and its organic carbon stock.

Current Science, 88: 25-35.

Mokany K, Raison R J, Prokushkin A S. 2005. Critical analysis of root: Shoot ratios in terrestrial biomes. Global Change Biology, 11: 1-3.

Myneni R B, Dong J, Tucker C J. 2001. A large carbon sink in the woody biomass of northern forests. National Acad Sciences, 98(26): 14784-14789.

Nepstad D C, Uhl C, Serrao E A S. 1991. Recuperation of a degraded Amazonian landscape: forest recovery and agricultural restoration. Ambio, 20: 248-255.

Ni J. 2001. Carbon storage in terrestrial ecosystem of China: estimates at different spatial resolutions and their responses to climate change. Climatic Change, 49 : 339-358.

Odum E P. 1971. Base of ecology. Beijing: People Education Press.

Olson R K. 1983. Resources, environment and population. The Global Tomorrow Coalition Conference. Mazingira, 7(3): 45-53.

Osama K, Onoe M, Yamada H. 1985. NMR imaging for measuring root system and soil water content. Environment Control in Biology, 23: 99-102.

Pachauri R K, Reisinger A. 2007. Contribution of working groups I, II and III to the fourth assessment report of the Intergovernmental Panel on Climate Change. Geneva: Intergovernmental Panel on Climate Change(IPCC). Cambridge: Cambridge University Press.

Page S E, Rieley J O, Banks C J. 2011. Global and regional importance of the tropical peatland carbon pool. Global Change Biology, 17: 798-818.

Peng C H, Apps M J. 1997. Contribution of China to the global carbon cycle since the last glacial maximum. Tellus Series B-Chemical and Physical meteorology, 49: 393-408.

Piao S L, Fang J Y, Ciais P. 2009. The carbon balance of terrestrial ecosystems in China. Nature, 458: 1009-1013.

Post W M, Emanuel W R, Zinke P J, *et al.* 1982. Soil carbon pools and life zones. Nature, 298: 156-159.

Post W M, Izaurralde R C, Mann L K, *et al.* 2001. Monitoring and verifying changes of organic carbon in soil. Climatic Change, 51: 73-99.

Post W M, Pastor J, Zinke P J, *et al.* 1985. Global patterns of soil nitrogen storage. Nature, 298 : 156-159.

Potter C S. 1999. Terrestrial biomass and the effects of deforestation on the global carbon cycle-results from a model of primary production using satellite observations. Bioscience, 49(10): 769-778.

Pouyat R, Groffman P, Yesilonis I, *et al.* 2002. Soil carbon pool and fluxes in urban ecosystems. Environmental Pollution, 116(l): 107-118.

Povirk K. 1999. Carbon and nitrogen dynamics of an alpine grassland: effects of grazing history and experimental warming on CO_2 flux and soil properties. Laramie: University of Wyoming.

Prentice I C, Heimann M, Sitch S. 2000. The carbon balance of the terrestrial biosphere: ecosystem models and atmospheric observation. Ecological applications, 10(16): 1553-1573.

Prentice I C, Sykes M T, Lautenschlager M, *et al.* 1993. Modeling global vegetation patterns and terrestrial carbon storage at the last glacial maximum. Global Ecology and Biogeography Letters, 3(3): 67-76.

Robin W, Murray S, Rohweder M. 2000. Pilot analysis of global ecosystem: grassland ecosystems. Washington D C: World Resource Institute.

Rodriguez-Murillo J C. 2001. Organic carbon content under different types of land use and soil in peninsular Spain. Biology and Fertility of Soils, 33: 53-61.

Scharlemann J P W, Tanner E V J, Hiederer R, *et al.* 2014. Global soil carbon: understanding and managing the largest terrestrial carbon pool. Carbon Management, 5(1): 81-91.

Schlesinger W H, Andrews J A. 2000. Soil respiration and the global carbon cycle. Biogeochemistry, 48: 7-20.

Schlesinger W H. 1990. Evidence from chronose quence studies for a low carbon-storage potential of soil. Nature, 348: 232-234.

Schuman G E, Janzen H H, Herrick J E. 2002. Soil carbon dynamics and potential carbon sequestration by rangelands. Environmental Pollution, 116: 391-396.

Schuman G E, Reeder J D, Manley J T, *et al*. 1999. Impact of grazing management on the carbon and nitrogen balance of a mixed-grass rangeland. Ecological Applications, 9 (1) : 65-71.

Schwartz D, Namri M. 2002. Mapping the total organic carbon in the soils of the Congo. Global and Planetary Change, 33: 77-93.

Styles D, Coxon C. 2007. Meteorological and management influences on seasonal variation in phosphorus fractions extracted from soils in western Ireland. Geoderma, 142: 152-164.

Tarnocai C, Canadell J G, Schuur E A G, *et al*. 2009. Soil organic carbon pools in the northern circumpolar permafrost region. Global Biogeochemical Cycles, 23 (2) : GB2023: doi: 2010. 1029/2008GB003327.

Todd-Brown K E O, Randerson J T, Post W M, *et al*. 2013. Causes of variation in soil carbon simulations from CMIP5 earth system models and comparison with observations. Biogeosciences, 10: 1717-1736.

Valentini R. 2000. Respiration as the main determination of carbon balance in European forest. Nature, 401: 861-864.

Wan S Q, Luo Y Q. 2003. Substrate regulation of soil respiration in a tallgrass prairie, results of a clipping and shading esperiment. Global Biogeochemical Cycles, 17: 1054.

Wang L, Niu K C, Yang Y H. 2010. Patterns of above-and belowground biomass allocation in China's grasslands: evidence from individual-level observations. Science China (Life Sciences) , 53 (7) : 851-857.

Watson R T, Noble I R, Bolin B, *et al*. 2000. Land use, land use change, and forestry. Cambridge: Cambridge University Press.

Watson R T, Verardo D J. 2000. Land-use change and forestry. Cambridge: Cambridge University Press.

Whittaker R H, Likens G E. 1975. Biosphere and man. In: Lieth H. Primary productivity of the biosphere. New York: Springer-Verlag.

Woodward F I, Lomas M R. 2004. Vegetation dynamics-simulating responses to climatic change. Biological Reviews, 79 (3) : 643-670.

Yang Y H, Fang J Y, Ma W H, *et al*. 2010. Soil carbon stock and its changes in northern China's grasslands from 1980s to 2000s. Global Change Biology, 16 (11) : 3036-3047.

Yang Y H, Fang J Y, Smith P, *et al*. 2009. Changes in topsoil carbon stock in the Tibetan grasslands between the 1980s and 2004. Global Change Biology, 15: 2723-2729.

Yang Y H, Fang J Y, Tang Y H, *et al*. 2008. Storage, patterns and controls of soil organic carbon in the Tibetan grasslands. Global Change Biology, 14: 1592-1599.

Yang Y H, Pin L, Jin Z D, *et al*. 2014. Increased topsoil carbon stock across China's forests. Global Change Biology, 20 (8) : 2687-2696.

Yu G R, Li X R, Wang Q F, *et al*. 2010. Carbon storage and its spatial pattern of terrestrial ecosystem in China. Journal of Resources and Ecology, 1 (2) : 97-109.

Zheng D, Rademacher J, Chen J. 2004. Estimating aboveground biomass using Landsat 7 ETM+data across a managed landscape in northern Wisconsin, USA. Remote Sensing of Environment, 93: 402-411.

彩　图

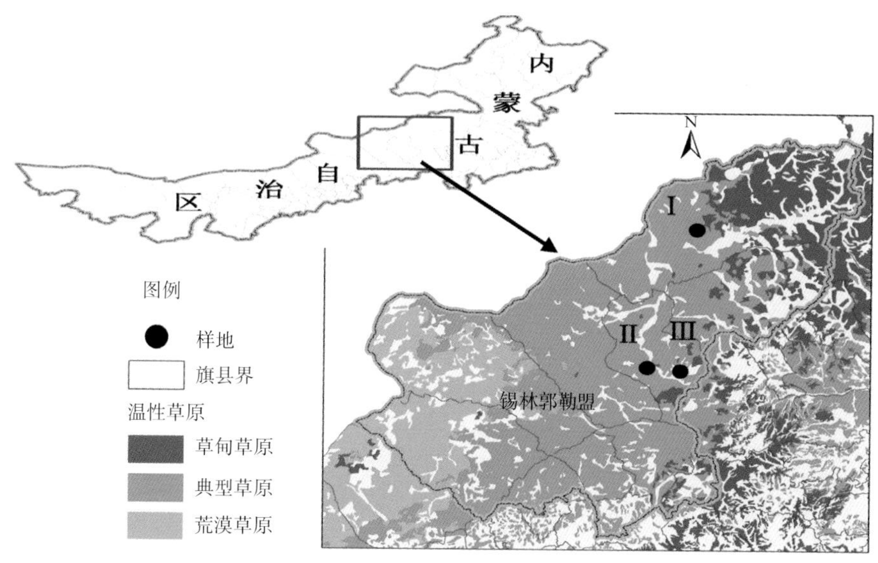

图 2-1　研究区域分布图

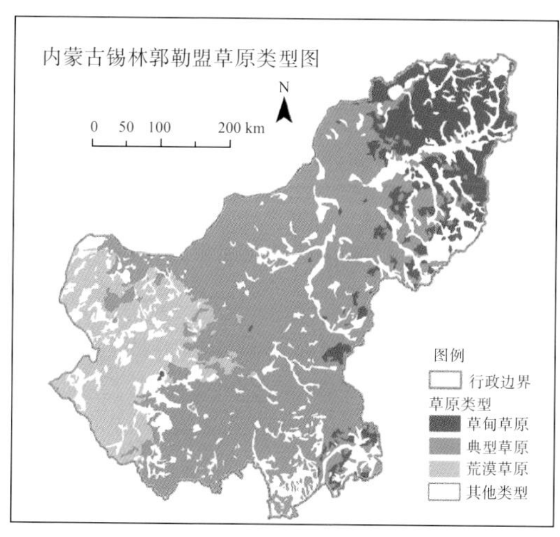

图 2-23　草原类型分布图

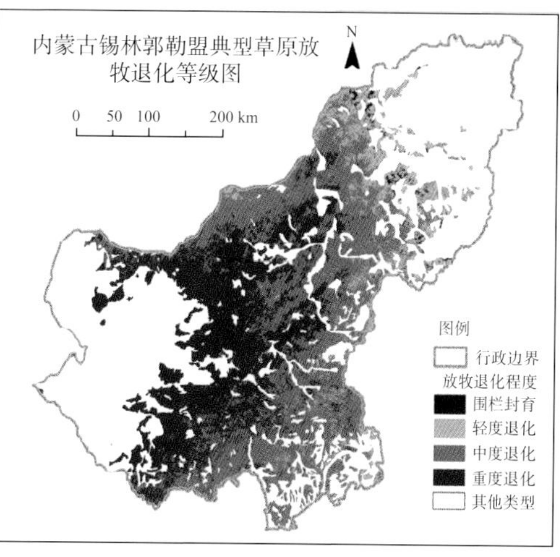

图 2-24　草原退化等级图

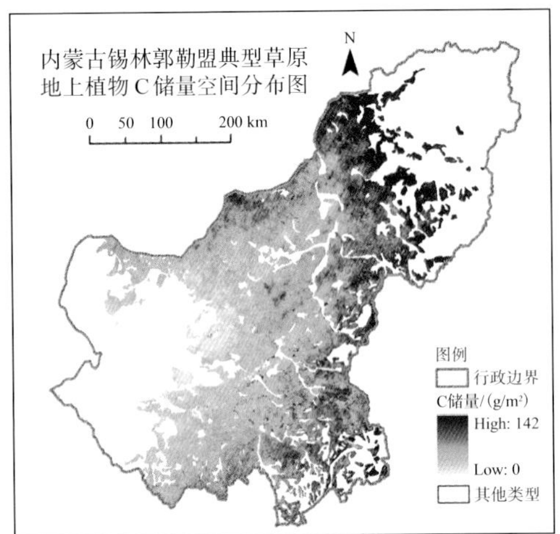

图 2-25　地上活体植物碳储量分布图

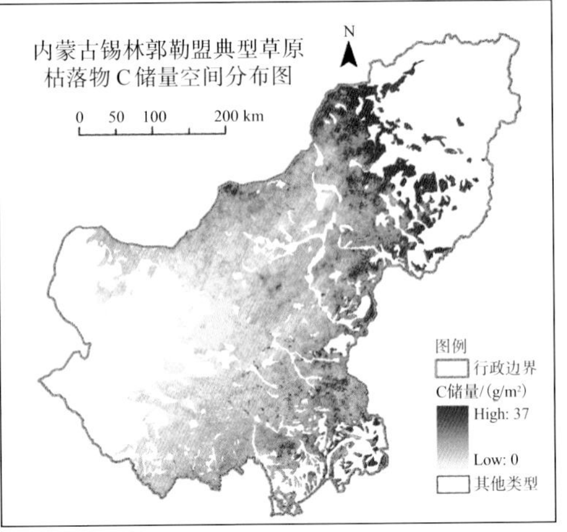

图 2-26　枯落物碳储量分布图

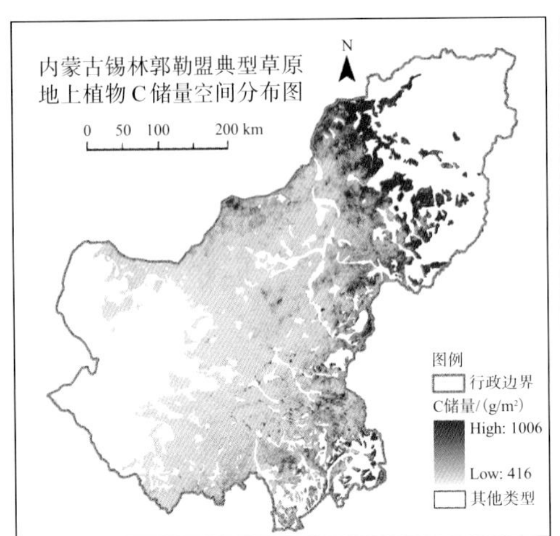

图 2-27　地下植物碳储量分布图

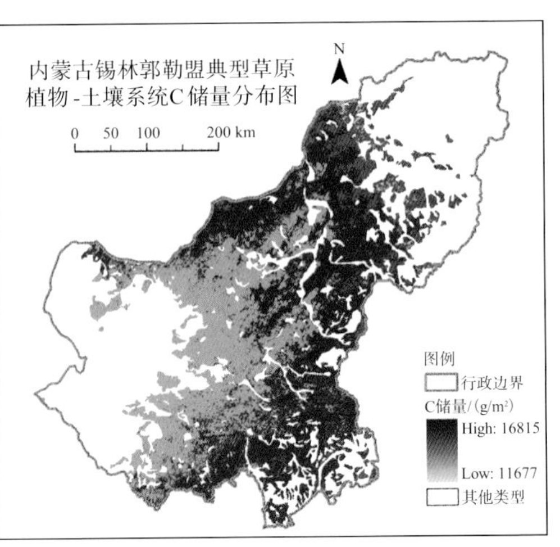

图 2-28　地下植物碳储量分布图

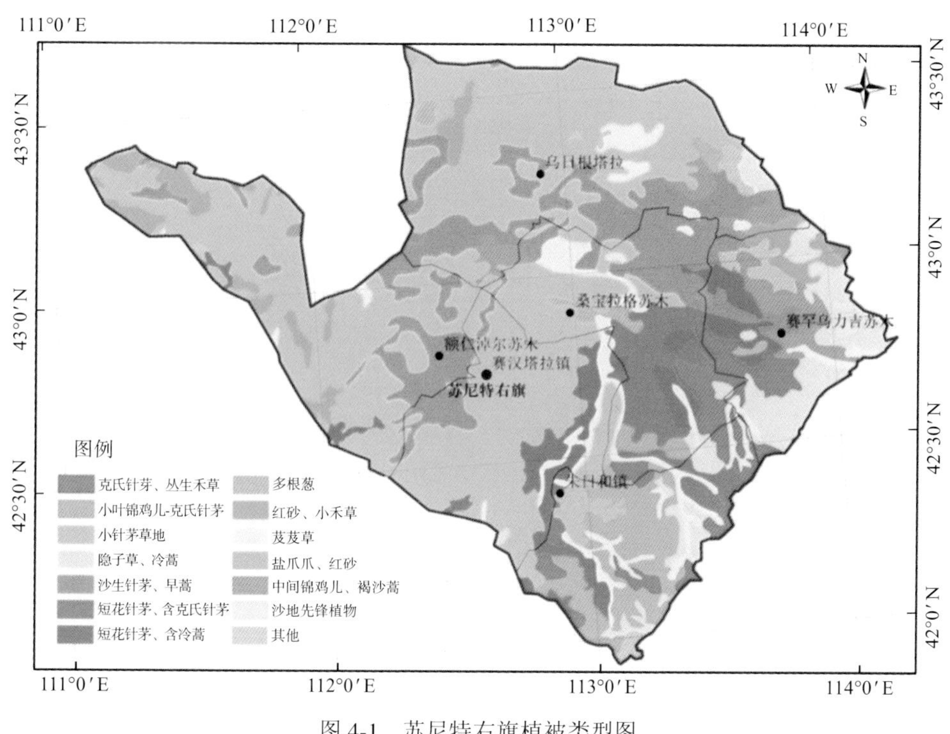

图 4-1　苏尼特右旗植被类型图

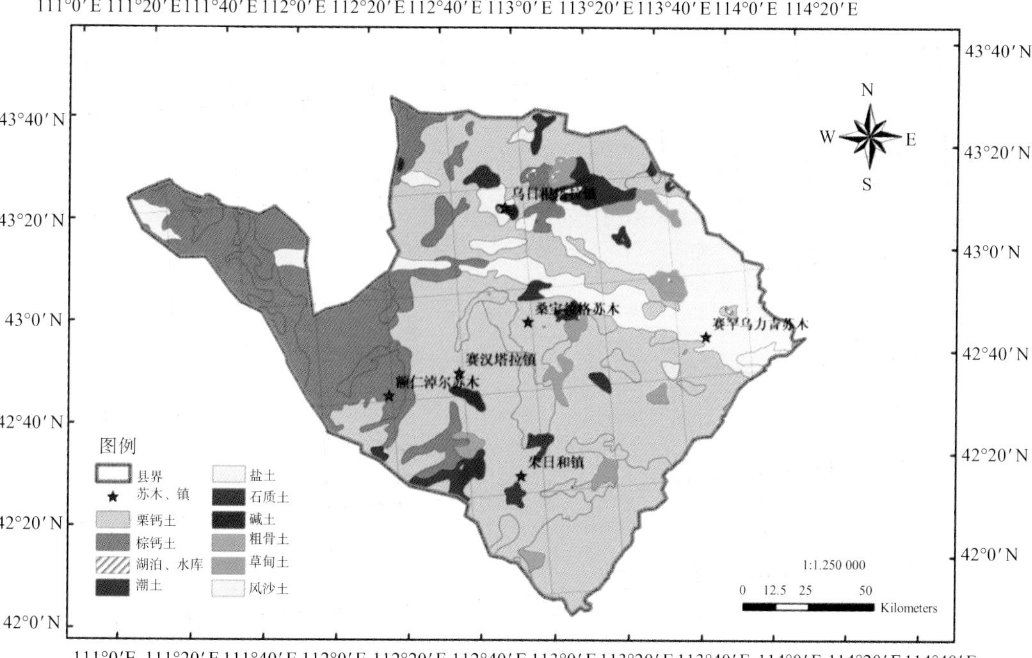

图 4-2　苏尼特右旗土壤类型图

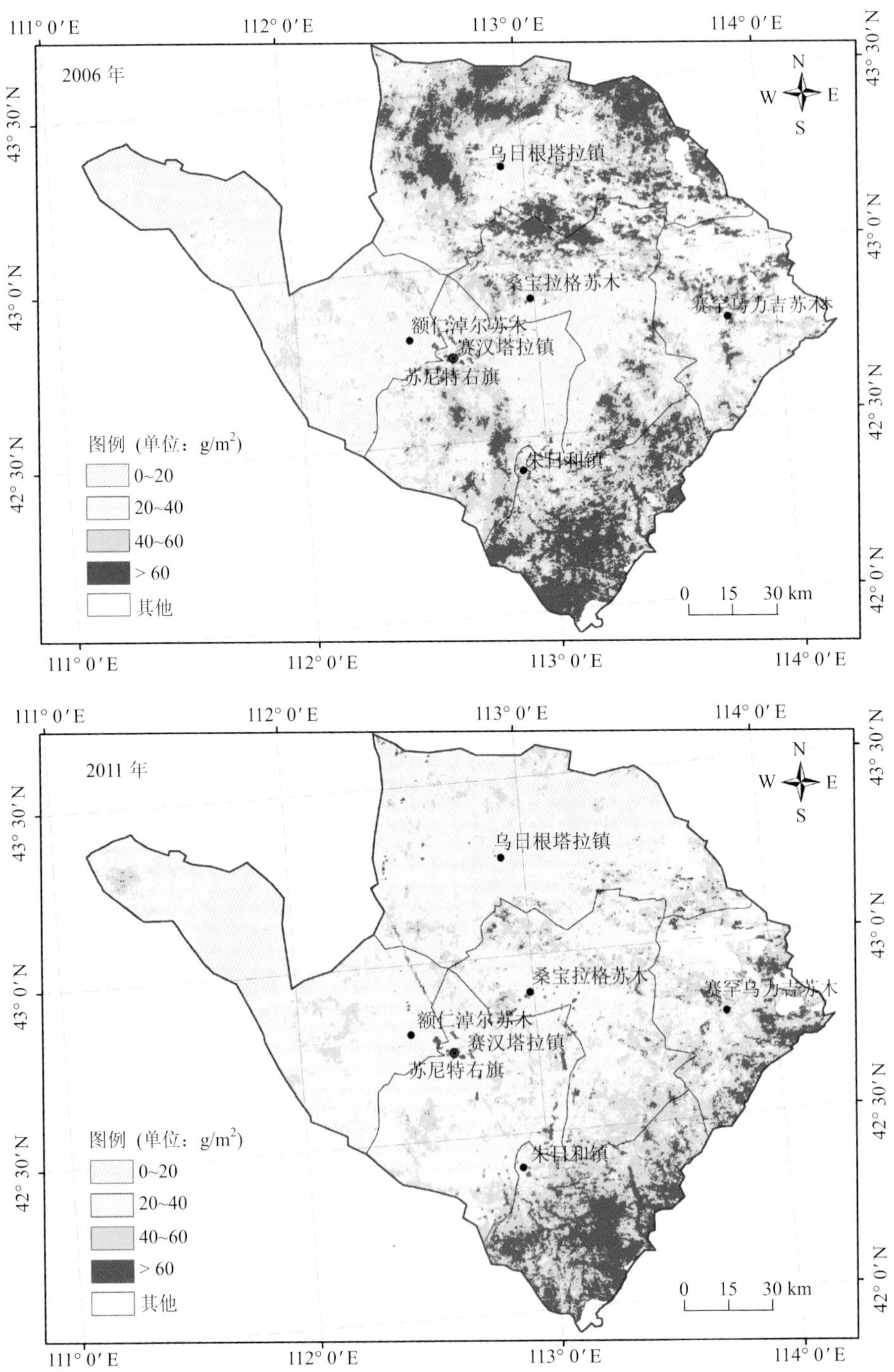

图 4-26　2006 年、2011 年和 2012 年苏尼特右旗地上生物量分布图

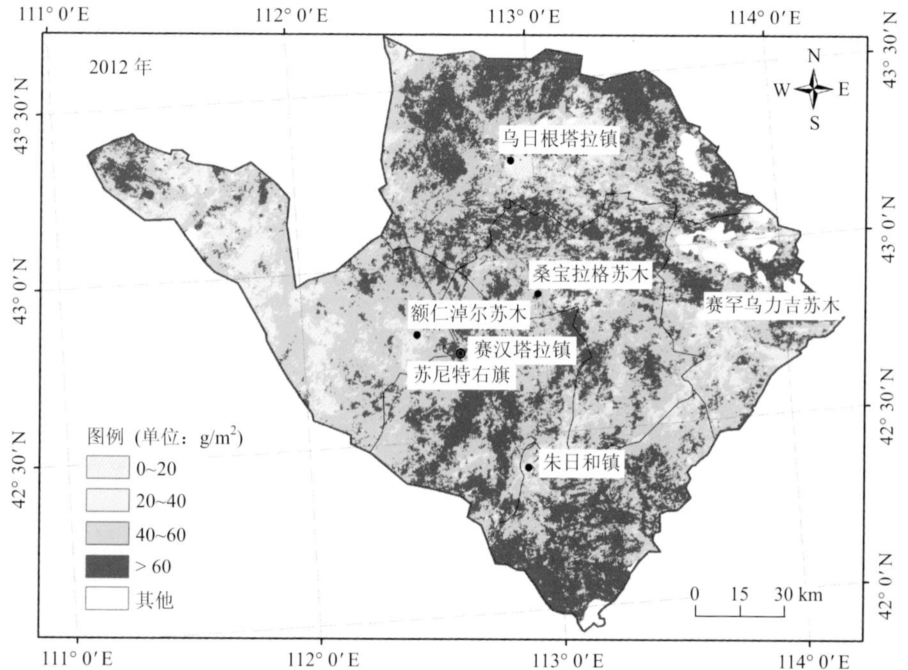

图 4-26　2006 年、2011 年和 2012 年苏尼特右旗地上生物量分布图（续）

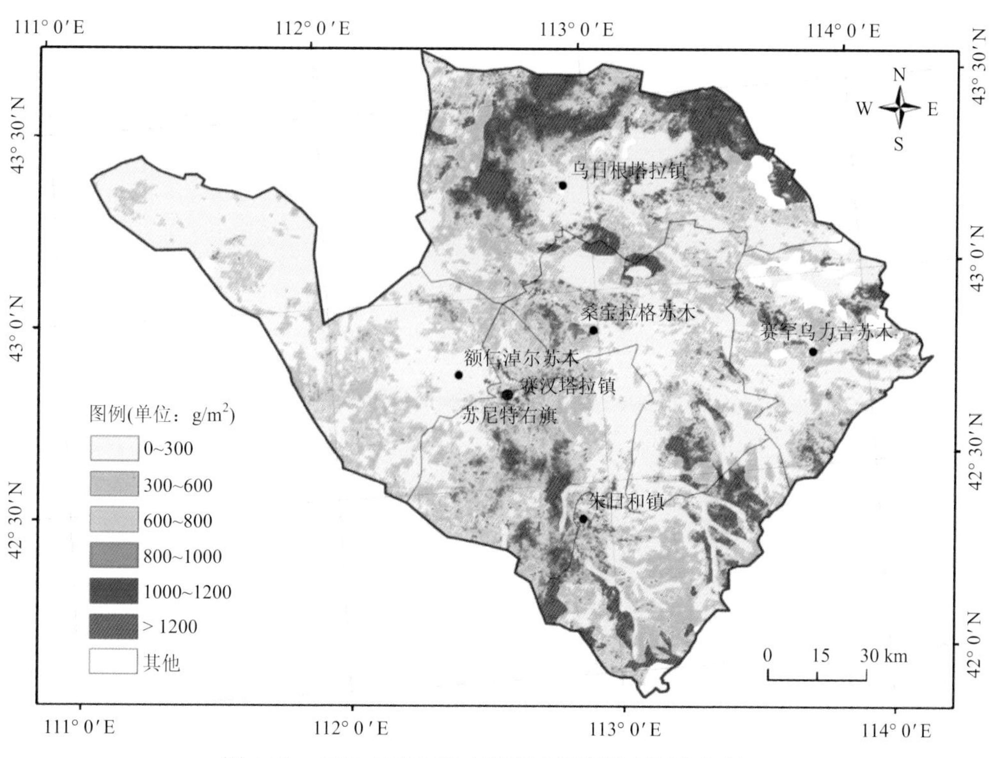

图 4-29　2006 年苏尼特右旗根系碳密度空间分布图

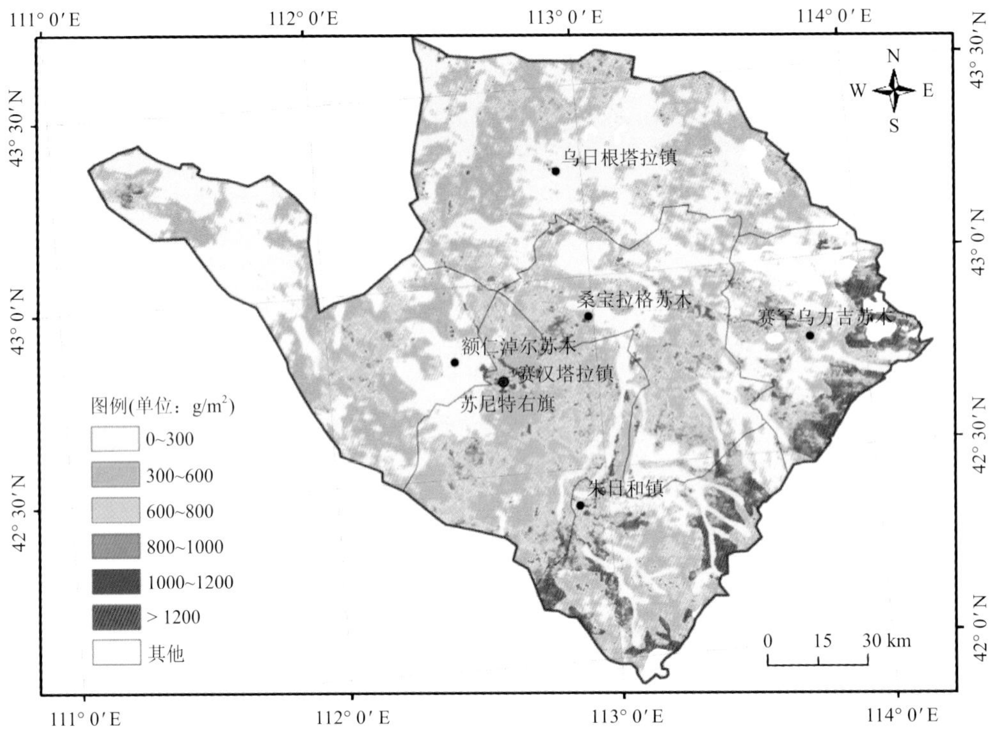

图 4-30　2011 年苏尼特右旗根系碳密度空间分布图

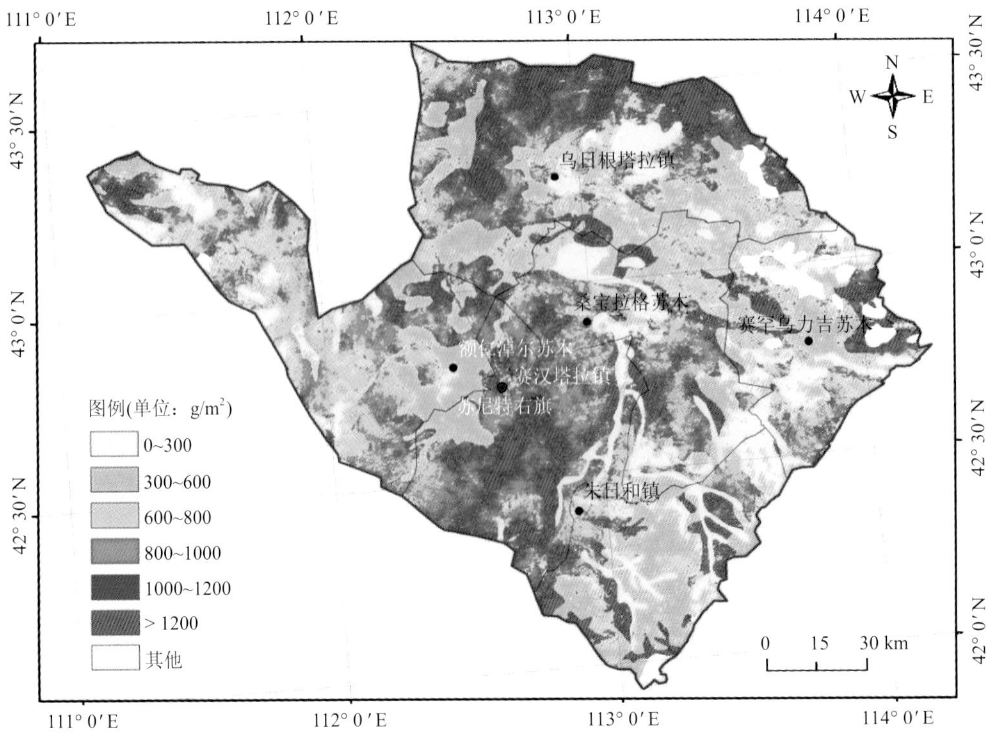

图 4-31　2012 年苏尼特右旗根系碳密度空间分布图

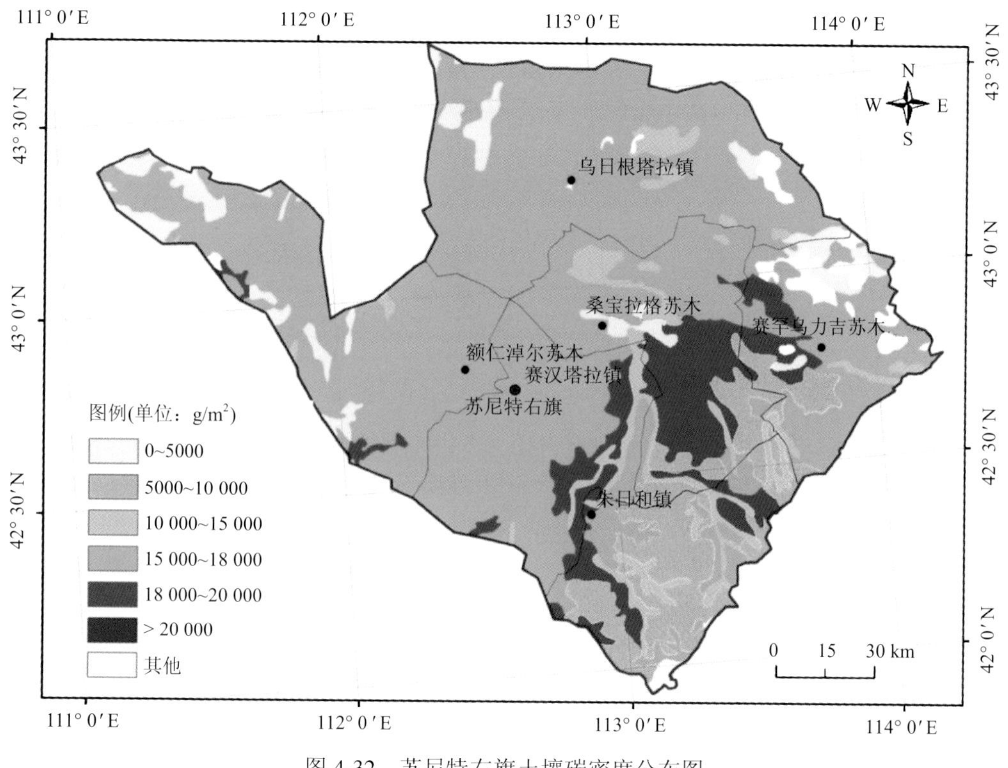

图 4-32　苏尼特右旗土壤碳密度分布图

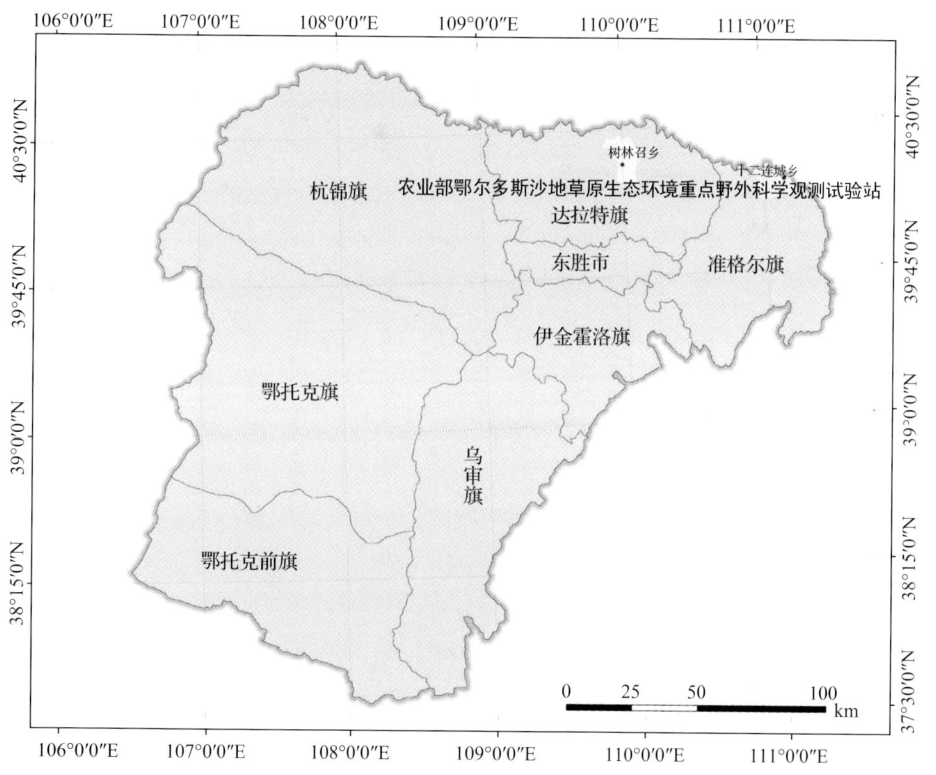

图 5-1　农业部鄂尔多斯沙地草原生态环境重点野外科学观测试验站位置图